计算机网络技术

主　编　乔寿合　付海娟　韩启凤
副主编　丁　蕊　袁　哲　汤春华　高伟聪
参　编　牛　群　孙中诺

北京理工大学出版社
BEIJING INSTITUTE OF TECHNOLOGY PRESS

内 容 简 介

本教材为适应计算机网络技术的快速发展，以满足工作岗位中网络构建、管理和维护为目标，采用“项目导向，任务驱动”的教学方式，把计算机网络方面的知识融入具体的工作任务中。本教材的主要内容包括计算机网络的组成和分类；中小型有线局域网、无线局域网的组建及广域网技术；Windows Server 2012 R2 操作系统的安装及服务配置；防火墙技术和网络故障排除等。

本教材根据计算机网络在工作生活中应用的场景，重构了计算机网络的基础知识，对知识点进行归属性分析，设计了 11 个教学项目。每个教学项目都配备了对应的实训任务，由实际工作任务驱动，将知识融合到项目任务的实施过程中。

本教材可作为计算机应用技术专业、计算机网络技术专业、物联网专业、电子商务专业及其他相关专业学生的教材，也可作为广大网络管理人员及技术人员学习网络知识的参考教材。

图书在版编目（CIP）数据

计算机网络技术 / 乔寿合，付海娟，韩启凤主编. — 北京：北京理工大学出版社，2019.9（2022.2 重印）

ISBN 978 - 7 - 5682 - 7635 - 1

Ⅰ.①计…　Ⅱ.①乔…　②付…　③韩…　Ⅲ.①计算机网络　Ⅳ.①TP393

中国版本图书馆 CIP 数据核字（2019）第 211534 号

出版发行 / 北京理工大学出版社有限责任公司
社　　址 / 北京市海淀区中关村南大街 5 号
邮　　编 / 100081
电　　话 / (010) 68914775（总编室）
(010) 82562903（教材售后服务热线）
(010) 68944723（其他图书服务热线）
网　　址 / http://www.bitpress.com.cn
经　　销 / 全国各地新华书店
印　　刷 / 三河市天利华印刷装订有限公司
开　　本 / 787 毫米 ×1092 毫米　1/16
印　　张 / 17
字　　数 / 390 千字
版　　次 / 2019 年 9 月第 1 版　2022 年 2 月第 4 次印刷
定　　价 / 49.80 元

责任编辑 / 封　雪
文案编辑 / 毛慧佳
责任校对 / 周瑞红
责任印制 / 施胜娟

图书出现印装质量问题，请拨打售后服务热线，本社负责调换

前　言

随着计算机网络技术的发展，计算机网络的应用已经渗透到社会的各行各业，正在逐渐改变着人们传统的工作、学习和生活方式，推动着社会的进步和发展。目前计算机网络已经作为一种生产和生活的工具被人们广泛接纳和使用，因此掌握与计算机网络相关的知识和技能就变得尤为重要。

计算机网络方面的教材很多，多数是针对本科生、研究生等层面的教材，理论知识讲解较深，实践性、技能类知识略少；即使是高职类教材，大多也是重理论轻实践。本教材编者针对高职学生的培养目标及学习特点，总结多年高职计算机网络教学经验，结合目前流行的计算机网络技术，并借鉴了华为认证系列课程内容，提炼出计算机网络理论与实践应用一体化的适用于高职学生学习的职业类教材。

"计算机网络技术"是高职高专计算机应用技术及相关专业学生学习的一门专业基础课程，该课程涉及的知识面较广，理论性和实践性都较强。高职学生的培养目标中要求在理解掌握适度理论知识的同时，注重技能应用能力的培养。本教材根据计算机网络在工作和生活中的应用场景，重构了计算机网络的基础知识，对知识点进行归属性分析，设计了 11 个教学项目。每个教学项目都配备了对应的实训任务，由实际工作任务驱动，将知识融合到项目任务的实施过程中。通过训练加深学生对知识的理解、记忆和运用，在实训过程中提高学生的职业技能。希望学生通过本课程的学习，能够在适度掌握计算机网络知识的基础上，熟练进行计算机网络的构建、调试、使用、管理和维护。

本教材具有以下特点：

（1）教材采用"项目导向、任务驱动"的编写方式，通过工程实例加强学生对知识点和技能点的掌握。

（2）强调实践教学。本书设计了 11 个教学项目，每个项目包括理论知识点、实训任务、练习题等部分，可以说每个教学项目都是知识和技能的综合实战。

（3）教材编写团队是山东省省级精品资源共享课程"计算机网络技术"教学团队的主讲教师，团队教师既有丰富的一线教学经验，又具有企业实践经历及相关的职业资格证书。在本教材的编写过程中，内容的选取不仅考虑到教学角度，还充分渗透了应用方面的需求。

（4）本教材面向专业广，受益学生多。本教材不仅适用于计算机应用技术专业、计算机网络技术专业、物联网专业、电子商务专业及其他相关专业的学生学习，也可作为广大网络管理人员及技术人员学习网络知识的参考用教材。

本教材配套网络课程，网址为 http://umooc. sdws. edu. cn.

本教材由山东外事职业大学乔寿合、付海娟和山东工程职业技术大学韩启凤担任主编，丁蕊、袁哲、汤春华和高伟聪担任副主编。乔寿合负责教材的构思及大纲的编写。教材最终由乔寿合统稿定稿。牛群、孙中诺等也参加了本教材的编写和电子教案的制作，王梅、贾佳、马倩也对本教材的编写做出了贡献，在此一并表示感谢。

本教材在编写过程中参考了国内外近年来出版的计算机网络方面的优秀教材、专著和文献，在此对所有引用教材、专著和文献的作者表示最衷心的感谢。

由于编者水平有限，教材中难免存在疏漏和不妥之处，恳请读者批评指正，以便再版时进行更正。编者的电子邮件地址是 qiaosh@ 163. com。

编　者

2019 年 4 月

目　　录

项目 1
初识计算机网络

任务描述

佳明是计算机专业的在校大学生，他在学习过程中经常需要通过计算机网络获取相关知识。在使用计算机网络的过程中，佳明接触到了“云计算”“大数据”“互联网 +”“三网融合”“电子商务”等与计算机网络相关的名词，他对此十分好奇。计算机网络是如何发展起来的？计算机网络的功能有哪些？我们的个人计算机又是如何连接到网络上的？本项目将揭开计算机网络的神秘面纱。

学习目标

- 了解计算机网络的发展历史；
- 掌握计算机网络的定义；
- 了解计算机网络的功能；
- 掌握计算机网络的组成；
- 了解计算机网络中常用传输介质的类型；
- 掌握计算机网络的分类；
- 掌握 OSI/RM 网络体系结构相关知识；
- 掌握双绞线的制作方法。

1.1 知识要点

1.1.1 计算机网络的发展

计算机网络的发展经历了四个阶段：面向终端的计算机网络、面向资源共享的计算机网络、开放式标准化的计算机网络和网际互联与高速发展的计算机网络。

1. 面向终端的计算机网络

在发展的早期阶段，计算机所使用的操作系统多为分时系统。分时系统允许每一个操作者通过只含有显示器和键盘的哑终端来使用主机。哑终端没有自己的 CPU（Central Processing Unit，中央处理器）、内存和硬盘，不具备独立处理数据的功能。这就是早期的面向终端的联机系统，即由一台中央主计算机连接大量处于分散地理位置上的终端。早在 20 世纪 50

年代初，美国建立的半自动地面防空系统（Semi - Automatic Group Environment，SAGE）就将远距离的雷达和其他测量控制设备的信息通过通信线路汇集到一台中心计算机中进行处理，从而开创了把计算机技术和通信技术相结合的新局面。

随着连接的终端数目增多，为减小承担数据处理的中心计算机的负载，在通信线路和中心计算机之间设置了前端计算机（Front End Processor，FEP）或通信控制器（Communication Control Unit，CCU），专门负责与终端（Terminal，T）之间的通信控制。另外，在终端比较集中的地区设置集中器或多路复用器，利用它们首先将附近群集的终端通过低速线路连接起来，然后再通过高速通信线路、调制解调器（Modem）与远程中心计算机的前端处理机相连，组成图 1 - 1 所示的以单个计算机为中心的远程联机系统，提高了通信线路的利用率，节省了远程通信线路的投资。

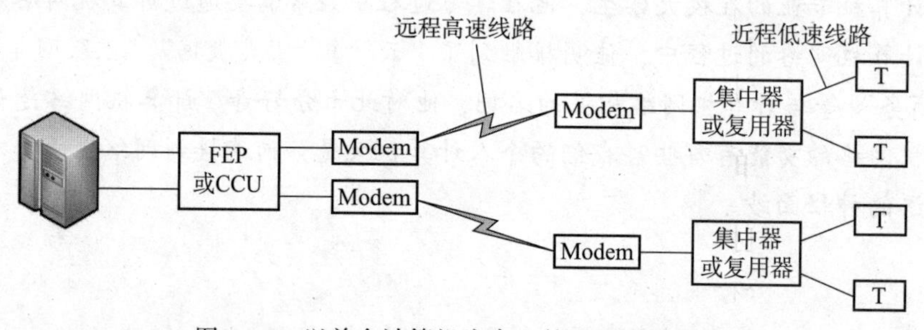

图 1 - 1　以单个计算机为中心的远程联机系统

2. 面向资源共享的计算机网络

20 世纪 60 年代中期，英国国家物理实验室的戴维斯提出了分组的概念。1969 年 12 月，由美国国防部高级研究计划署 ARPA（现称 DARPA，Defense Advanced Research Projects Agency，美国国防部高级计划局）提供经费，由计算机公司与大学联合研制而发展起来的分组交换网 ARPANET（阿帕网）投入运行，标志着计算机网络的兴起。

ARPANET 的主要目标是借助通信系统，使网络中的计算机系统间能够资源共享。ARPANET是计算机网络技术发展中的一个里程碑，是现代 Internet 的雏形。它在概念、结构和网络设计方面都对后继的计算机网络技术的发展起到了重要作用，也为 Internet 的形成奠定了基础。

3. 开放式标准化的计算机网络

20 世纪 80 年代，随着计算机应用的推广，计算机联网的需求也随之增大，各种不同的分层网络体系结构相继出现。以 IBM 公司研制的系统网络体系结构（System Network Architecture，SNA）和 DEC 公司研制的数字网络体系结构（Digital Network Architecture，DNA）最为著名。

由于不同网络体系结构的分层结构不尽相同，因此它们的产品之间也很难实现互联。这种自成体系的系统称为“封闭”系统。为此，人们希望建立一系列开放的国际标准，渴望有一个“开放”的系统。国际标准化组织（International Standards Organization，ISO）于 1977 年成立了专门的机构来研究该问题，在 1984 年正式颁布了开放系统互连参考模型

(Open System Interconnection Reference Model，OSI/RM)。OSI/RM 由 7 层组成，因此也称为 OSI 七层模型。OSI/RM 的提出，开创了一个具有统一的网络体系结构并遵循国际标准化协议的计算机网络新时代。

4. 网际互联与高速发展的计算机网络

20 世纪 90 年代，计算机技术、通信技术及建立在计算机技术和通信技术基础上的计算机网络技术迅猛发展。在此期间，计算机网络技术中最富有挑战性的话题是 Internet 与高速通信网络技术、接入网技术、网络与信息安全技术等。

1993 年美国宣布建立国家信息基础设施（National Information Infrastructure，NII）后，全世界许多国家纷纷建立本国的 NII，从而极大地推动了计算机网络技术的发展，使计算机网络技术进入了一个崭新的阶段。Internet 作为全球性的信息网络，在社会经济、文化、科学研究、教育与人类生活中发挥着越来越重要的作用。宽带网络技术的发展为全球信息高速公路的建设提供了技术支持。

1.1.2　计算机网络的定义

计算机网络是计算机技术和通信技术相结合的产物。

计算机网络是指将分布在不同地理位置、具有独立功能的多台计算机及其外部设备用通信设备和通信线路连接起来，在网络操作系统、通信协议和网络管理软件的协调下实现资源共享和数据通信功能的系统。

1.1.3　计算机网络的功能

计算机网络的功能主要体现在以下几个方面。

1. 实现计算机系统的资源共享

资源共享是计算机网络基本的功能之一。所有的单机系统，无论硬件还是软件资源都是有限的。接入网络后，用户就可以使用网络中其他计算机的资源来处理自己提交的大型复杂问题。网络中可共享的资源包括硬件资源（如大容量磁盘、光盘阵列、打印机等）、软件资源（如各类应用软件和工具软件等）和数据资源（如数据文件和数据库等）。

2. 实现数据信息的快速传递

利用计算机网络将分布在不同地区的计算机系统连接起来，能够及时、快速地传递各种信息，极大地缩短了不同地点计算机之间数据传输的时间。这对于股票和期货交易、收发电子邮件、网上购物、电子贸易而言，是必不可少的。

3. 提高系统的可靠性

在一个系统中，单个部件、计算机或通信链路出现故障的概率还是存在的，一旦发生故障，可以通过更换资源的方法来维护系统的继续运行，此时不可避免地会出现服务间断。通过建立计算机网络，重要资源可通过网络在多个地点互做备份。用户可通过多条路由来访问某些资源，从而有效地避免了系统中单个部件、计算机或通信链路故障对用户访问造成的影响。

4. 提供负载均衡能力

一个大型 Internet 内容提供商（Internet Content Provider，ICP）为了支持更多用户访问其网站，在全世界多个地方放置了相同内容的 WWW 服务器。利用 WWW 服务器和一定技术使不同地区的用户看到放置在离他最近的服务器上的相同内容，以实现各服务器间的负载均衡，同时用户也获得了最快捷的访问路由。

5. 提供分布式处理能力

分布式处理是把任务分散到网络中不同的计算机上并行处理，而不是集中在一台大型计算机上处理。其具有解决复杂问题的能力，可以提高效率并降低成本。

6. 集中管理

对于那些地理位置上分散而需要集中管理事务的组织和部门，可通过计算机网络来实现这个目标。如飞机、火车票订票系统、银行通存通兑系统、证券交易系统等。由于这些系统中的信息或数据分散在不同地区，且又需要对信息或数据进行集中处理，只有单个计算机系统是无法完成的，因此就必须借助于计算机网络来完成管理和集中处理。

1.1.4　计算机网络的组成

（1）计算机网络从系统的组成方面划分，可分为网络硬件系统和网络软件系统。

①网络硬件系统主要是指组成计算机网络的硬件设备，包括计算机系统、终端及通信设备。常见的网络硬件有主机系统、终端、传输介质、网卡、集线器、交换机和路由器等。

②网络软件系统包括网络操作系统、网络通信协议和各种网络应用软件等。

网络操作系统包括服务器操作系统和工作站操作系统。常见的服务器操作系统有 Novell 公司的 Netware 系统、微软公司的 Windows Server 系统、UNIX 系统及 Linux 系统等；常见的工作站操作系统有 Windows 7、Windows 8 和 Windows 10 等。

网络通信协议是指实现网络协议规则和功能的软件，它运行在网络计算机和设备之间。网络中的通信双方必须遵循相同的通信协议才能实现连接并进行数据的传输，完成信息的交换。使用不同协议的计算机之间要进行通信，必须经过中间协议转换设备的转换。一般主流网络协议都集成在操作系统中。用户安装操作系统时，即把协议软件安装在计算机中了，如 Windows 操作系统中的 TCP/IP（Transmission Control Protocol/Internet Protocol，传输控制协议/网际协议）。

网络应用软件是指在网络环境下开发出来的供用户在网络上使用的应用软件，如网络浏览器软件 Internet Explorer 及基于本地网络开发的应用软件。

（2）计算机网络从逻辑功能划分，可分为资源子网和通信子网。

①资源子网提供访问网络和处理数据的功能，由主机系统、终端控制器和终端组成。

②通信子网提供数据的传输、交换及通信控制功能，由网络节点和通信链路组成。

1.1.5　计算机网络的分类

1. 按计算机网络覆盖范围分类

（1）局域网（Local Area Network，LAN）。局域网覆盖范围一般在十几千米以内，属于规模较小的部门或企业的内部网。局域网组建方便，速度较快，误码率较低，是目前计算机网络应用最广泛的一个分支。

（2）城域网（Metropolitan Area Network，MAN）。城域网覆盖范围可达到几十千米，可以覆盖一个城市范围内的公司、学校、住宅区等，所采用的技术与局域网有所类似，基本等同于局域网的概念。

（3）广域网（Wide Area Network，WAN）。广域网覆盖范围在几十千米到几千千米，甚至更远，可以覆盖一个地区或国家。广域网网络规模较大，组建技术较为复杂，与局域网相比速度较慢，误码率较高。Internet 是目前世界上最大的一种广域网。

2. 按使用的传输介质划分

传输介质是网络中连接收发的物理链路，也是通信中实际传送信息的载体。网络传输介质一般分为有线传输介质和无线传输介质。计算机网络按照物理链路中使用的传输介质可分为有线网和无线网。

（1）有线网。有线网物理链路中使用的传输介质为有线传输介质，常用的有线传输介质主要有双绞线、同轴电缆和光纤等。

①双绞线。

双绞线是由两根具有绝缘保护层的铜导线组成的，两根绝缘的铜导线按一定的绞合度互相绞在一起，可降低信号的干扰程度，每一根导线在传输中辐射出来的电波会被另一根导线上发出来的电波抵消。双绞线可分为非屏蔽双绞线（Unshielded Twisted Pair，UTP）和屏蔽双绞线（Shielded Twisted Pair，STP）。非屏蔽双绞线由外部保护层和多对多绞线组成，屏蔽双绞线由外部保护层、屏蔽层和多对多绞线组成。

双绞线是布线工程中最常用的一种传输介质，使用双绞线组网时，与双绞线相连的是 RJ－45 接头，俗称“水晶头”。双绞线两端必须都安装 RJ－45 接头，以便插在网卡、集线器或交换机的 RJ－45 接口上。

RJ－45 接口上双绞线的线序有两种标准，即 T568A 和 T568B（图 1－2），工程中最常用的是 T568B 的打线方法。

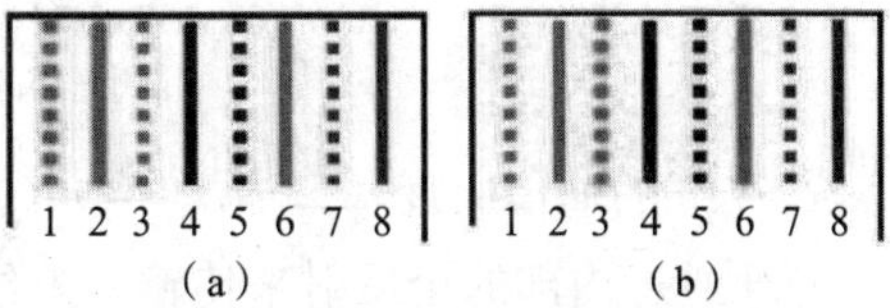

1 2 3 4 5 6 7 8　　1 2 3 4 5 6 7 8

（a）　　（b）

图 1－2　双绞线的两种线序标准

（a）T568A；（b）T568B

T568A：绿白－1、绿－2、橙白－3、蓝－4、蓝白－5、橙－6、棕白－7、棕－8；

T568B：橙白－1、橙－2、绿白－3、蓝－4、蓝白－5、绿－6、棕白－7、棕－8。

非屏蔽双绞线由 4 对 8 芯线组成，直接参与通信的导线是 1、2、3、6 这 4 根线，其中 1 和 2 负责发送数据，3 和 6 负责接收数据。

双绞线根据两端线序的不同分为直通线和交叉线。直通线是指双绞线两端线序都是

T568A 或 T568B，用于不同类设备的相连；交叉线是指双绞线一端线序为 T568A/T568B，而另一端线序为 T568B/T568A，用于同类设备的连接。

②同轴电缆。

同轴电缆由一个中心的铜质导线外包一层绝缘层，再包上一层金属网状编织的屏蔽网及塑料封套共同组成（图 1 -3）。由于外导体的金属屏蔽层的作用，同轴电缆具有很好的抗干扰性，目前被广泛用于较高速率的数据传输中。

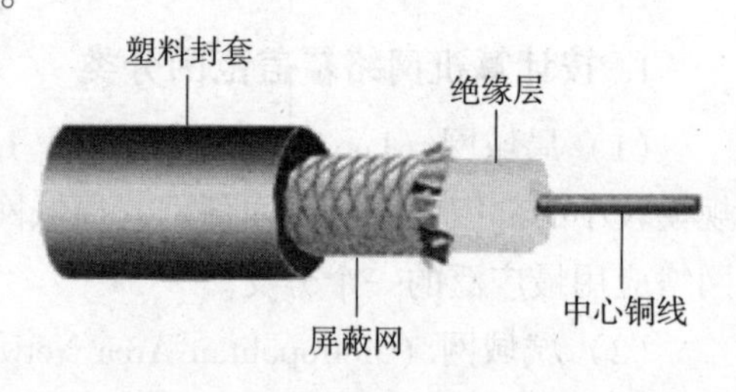

图 1 -3　同轴电缆的结构

同轴电缆根据用途可分为基带同轴电缆和宽带同轴电缆。同轴电缆分 50 Ω 基带电缆和 75 Ω 宽带电缆两类。50 Ω 基带电缆又分为细同轴电缆和粗同轴电缆。基带电缆仅用于数字传输，数据传输速率可达 10 Mbit/s。75 Ω 宽带电缆用于模拟传输系统，是社区公共电视天线系统（Community Antenna Television，CATV）中的标准传输电缆。

③光纤。

光纤是光导纤维的简称，由直径大约为 0.1 mm 的细玻璃丝外加绝缘护套组成，其结构如图 1 -4 所示。光束在玻璃纤维内传输。光纤通信就是以光纤为传输介质的一种通信方式。光纤通信具有传输频带宽，信息容量大，线路损耗低，传输距离远，抗干扰能力强，线径细，重量轻，抗化学腐蚀能力强等优点；但其本身也有缺点，如质地较脆和机械强度低等。

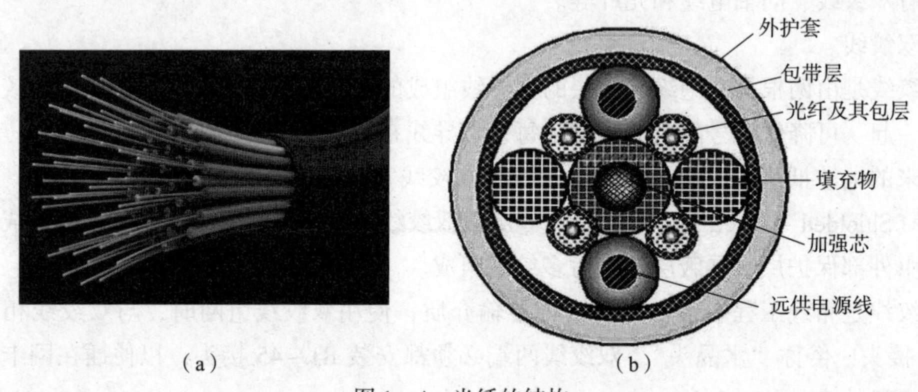

图 1 -4　光纤的结构

（a）光纤的外观；（b）光纤的剖面图

a. 光纤的通信原理。

光纤通过内部的全反射来传输一束经过编码的光信号。光波通过光纤内部全反射进行光传输，由于光纤的折射指数高于外部包层介质的折射指数，因此，可以形成光波在光纤与包层的界面上的全反射，以小角度进入纤维的光沿纤维反射，而锐角度的折射线被保护层吸收。

b. 光纤通信系统。

光纤通信系统是以光波为载体，利用光导纤维作为传输介质，通过光电变换，用光来传输信息的通信系统，如图 1 -5 所示。

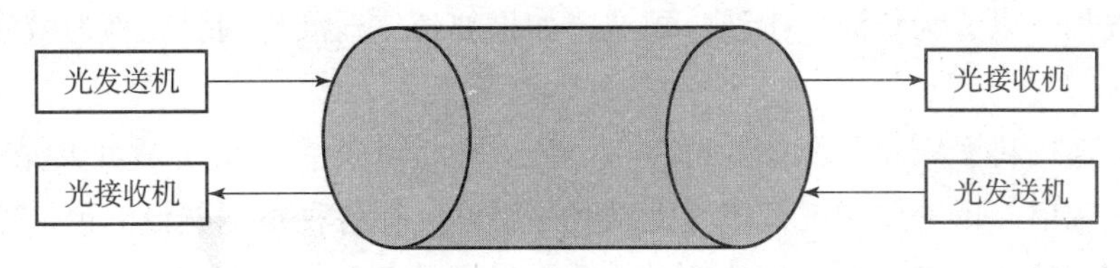

图1-5　光纤通信系统

光源：光波产生的根源。光纤系统使用两种不同类型的光源，即发光二极管和注入型激光二极管。发光二极管价格较低，工作在较大温度范围内，并且有较长的工作周期；注入型激光二极管效率较高，而且可以保持很高的数据传输速率。

光纤：传输光波的导体。

光发送机：负责产生光束，将电信号转变为光信号，再把光信号导入光纤。

光接收机：负责接收从光纤上传输过来的光信号，并将其转变为电信号，经解码后再做相应处理。

c. 光纤的分类。

光纤分为单模光纤和多模光纤两种（“模”指以一定的角度进入光纤的一束光线）。

单模光纤中，芯的直径一般为9 μm或10 μm，使用激光作为光源，并只允许一束光线穿过光纤。单模光纤定向性强，传递数据质量高，传输距离最远可达100 km，通常用于长途干线传输及城域网建设等。

多模光纤中，芯的直径一般为50 μm或62.5 μm，使用发光二极管作为光源，允许多束光线同时穿过光纤。多模光纤定向性差，最大传输距离为2 km，一般用于距离相对较近的区域内的网络连接。

（2）无线网。

无线网物理链路中使用的传输介质为无线传输介质。

常用的无线传输介质有：无线电波、微波和红外线。

①无线电波。

无线电波是指在自由空间（包括空气和真空）中传播的射频频段的电磁波。无线电技术是通过无线电波传播声音或其他信号的技术。无线电技术的原理是导体中电流强弱的改变会产生无线电波。利用这一现象，通过调制可将信息加载于无线电波之上。当无线电波通过空间传播到达收信端时，电波引起的电磁场变化又会在导体中产生电流。通过解调将信息从电流变化中提取出来，就达到了信息传递的目的。

采用无线电波作为传输介质的无线局域网根据调制方式不同，可分为扩频调制与窄带调制。使用扩频调制的无线局域网所使用的频段主要是S频段（2.4~2.483 GHz），该频段在美国不受美国联邦通信委员会的限制，属于工业自由辐射频段，不会对人体健康造成伤害，因此无线电波成为无线局域网最常用的传输介质。使用窄带调制方式的无线局域网一般选用专用频段，需要经过国家无线电管理部门的许可方能使用。

②微波。

通常所说的微波是无线电波的一种，即波长范围在1 mm~1 m（不含1 m）的电磁波，无线电波按波长可以分为长波、中波、短波，如果波长比短波更短，就称为微波。

③红外线。

红外线由德国科学家霍胥尔于1800年发现，是太阳光谱中众多不可见光线中的一种，又称为红外热辐射。霍胥尔用三棱镜将太阳光分解开，在各种不同颜色的色带位置上放置了温度计，试图测量各种颜色光的加热效应。结果发现位于红光外侧的那支温度计升温最快。因此得到结论：太阳光谱中，红光的外侧必定存在看不见的光线，这就是红外线。

红外线采用低于可见光的部分频谱作为传输介质，因此，其使用不受无线电管理部门的限制。红外信号要求视距传输，并且窃听困难，对邻近区域的类似系统不会产生干扰。在实际应用中，由于红外线具有很强的背景噪声，受日光和环境等影响较大，因此一般要求其发射功率较高。

3. 按拓扑结构分类

按拓扑结构可将计算机网络分为总线型网、环型网、星型网、树状网、网状网等。

4. 按网络的所有权分类

（1）公用网。公用网一般指由电信部门组建，由政府和电信部门管理和控制的网络，如中国公用计算机互联网（CHINANET），社会集团用户和公众可以租用；如数字数据网（DDN）、公共交换电话网（PSTN）、X.25、帧中继（FR）等。该类网络对集团用户和个人用户来说投资成本低，但安全性不如专用网。

（2）专用网。专用网一般指为某一组织组建的网络，该类网络不允许系统外的用户使用。例如，银行、公安、铁路等系统建立的网络是专为本系统内用户使用的。该类网络运行稳定，系统安全性高，但对于组建网络的组织来说投资成本巨大。

1.1.6 计算机网络的体系结构

1. 协议的要素

通过通信信道和设备互联起来的多个不同地址位置的计算机系统，要使其能协同工作以实现信息交换和资源共享，它们之间必须有共同的语言。交流什么、如何交流及何时交流，都需要遵循一种彼此都能接受的规则。为计算机网络中进行数据交换而建立的规则、标准或约定的集合称为网络协议。网络协议主要由以下三个要素组成。

（1）语义（Semantics）。语义解释控制信息每个部分的意义。它规定了需要发出何种控制信息，以及完成的动作与做出什么样的响应。

（2）语法（Syntax）。语法是用户数据与控制信息的结构与格式以及数据出现的顺序。

（3）时序（Timing）。时序是对事件发生顺序的详细说明（也称同步）。

为了便于理解，我们可以把这三个要素描述为：语义表示要做什么，语法表示要怎么做，时序表示做的顺序。

2. 分层体系结构

计算机网络系统是一个十分复杂的系统。将一个复杂的系统分散为若干个容易处理的子

系统，然后“分而治之”，逐个加以解决。这种结构化设计方法是工程设计中常用的手段，分层是系统分解的较好方法之一。系统经过分层后，每一层次的功能相对简单且易于实现和维护。

计算机网络各层次结构模型及其协议的集合称为网络的体系结构。体系结构是一个抽象的概念，它精确定义了网络及其部件所应实现的功能，但这些功能究竟用何种硬件或软件方法来实现则是一个具体实施的问题。也就是说，网络体系结构相当于网络的类型，而具体的网络结构相当于网络的实例。

3. 网络系统分层的优点

（1）各层之间是独立的。某一层并不需要知道它下一层是如何实现的，而仅需要知道该层通过层间的接口所提供的服务。由于每一层只实现一种相对独立的功能，因此，可以将一个难以处理的复杂问题分解为若干个较容易处理的更小问题，这样整个问题的复杂度就降低了。

（2）灵活性好。当任何一层发生变化时，只要层间接口关系保持不变，则在这层以上或以下各层均不受影响。此外，对某一层提供的服务还可以进行修改。当某层提供的服务不再被需要时，甚至可以将其取消。

（3）结构可以分割开。各层都可以采用最合适的技术来实现。

（4）易于实现和维护。这种分层结构使得实现和调试一个庞大而又复杂的系统变得易于处理，因为整个系统已被分解为若干个相对独立的子系统。

（5）能促进标准化工作。因为每一层的功能及其所提供的服务都已有了精确的说明，所以能促进标准化工作。

分层时应注意使每一层的功能非常明确，层数要恰当。若层次太少，会使每一层的协议太复杂；而层次太多，又会在描述和综述各层功能的系统工程任务时遇到较多的困难。

世界上第一个网络体系结构是 IBM 公司于 1974 年提出的，即系统网络体系结构。在此之后，许多公司纷纷提出了各自的网络体系结构。这些体系结构的共同之处是它们都采用了分层技术，但层次的划分、功能的分配与采用的技术术语均不尽相同。随着信息技术的发展，各种计算机系统的联网和各种计算机网络的互联成为人们迫切需要解决的问题。OSI/RM 就是在这样一个背景下提出和展开研究的。

1.1.7 OSI/RM 网络体系结构

OSI/RM 是由 ISO 制定的标准化开放式计算机网络层次结构模型，目的是为异种计算机互联提供一个共同的基础和标准框架，并为保持相关标准的一致性和兼容性提供共同的参考。这里所说的开放系统，实际上指的是遵循 OSI 参考模型和相关协议能够实现互联的具有各种应用目的的计算机系统。

OSI/RM 采用分层描述的方法，将网络划分为 7 层。OSI/RM 7 层模型从下到上分别为物理层（Physical Lay，PH）、数据链路层（Data Link Layer，DL）、网络层（Network Layer，N）、传输层（Transport Layer，T）、会话层（Session Layer，S）、表示层（Presentation Layer，P）和应用层（Application Layer，A），如图 1－6 所示。

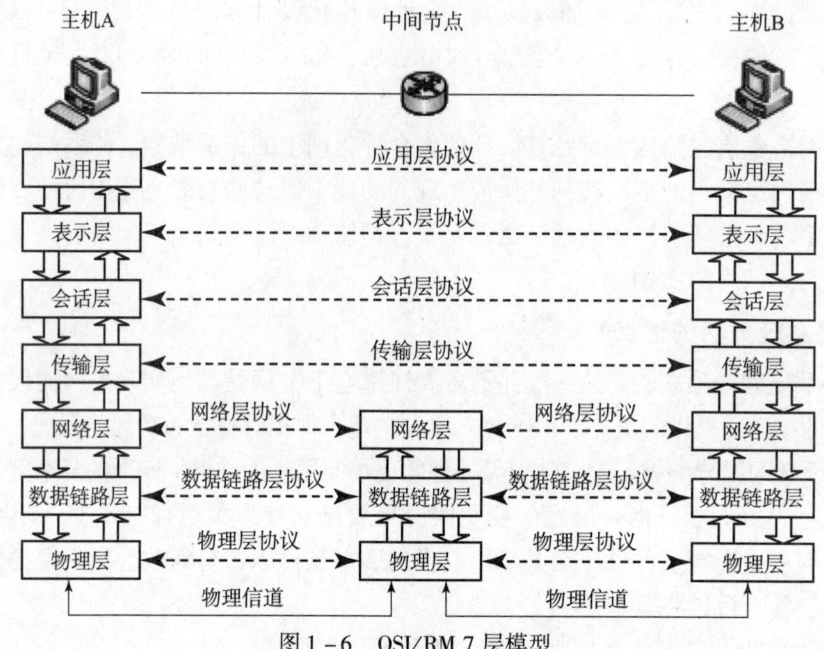

图 1-6　OSI/RM 7 层模型

1. 物理层

物理层是 OSI/RM 的最低层，它利用传输介质为数据链路层提供物理连接。物理层与传输介质直接相连，是计算机与网络连接的物理通道。其功能是控制计算机与传输介质的连接，即可以建立、保持和断开这种连接，以保证比特流的透明传输。物理层传送数据的基本单位是比特流。

2. 数据链路层

数据链路层是为网络层提供服务的，可以解决两个相邻节点之间的通信问题。数据链路层传送的协议数据单元称为数据帧。数据帧中包含物理地址（又称 MAC 地址）、控制码、数据及校验码等信息。该层的主要作用是通过校验、确认和反馈重发等手段，将不可靠的物理链路转换成对网络层来说无差错的数据链路。

此外，数据链路层还要协调收发双方的数据传输速率，即进行流量控制，以防止接收方因来不及处理发送方发来的高速数据而导致缓冲器溢出及线路阻塞。

3. 网络层

网络层是为传输层提供服务的，传送的协议数据单元称为数据包或分组。该层的主要作用是解决如何使数据包通过各节点传送的问题，即通过路径选择算法（路由）将数据包送到目的地。另外，为避免通信子网中出现过多的数据包而造成网络阻塞，需要对流入的数据包数量进行控制（拥塞控制）。当数据包要跨越多个通信子网才能到达目的地时，还要解决网际互联的问题。

4. 传输层

传输层的作用是为上层协议提供端到端的可靠和透明的数据传输服务，包括处理差错控

制和流量控制等问题。该层向高层屏蔽了下层数据通信的细节，使高层用户看到的只是在两个传输实体间的一条主机到主机的、可由用户控制和设定的、可靠的数据通路。传输层传送的协议数据单元称为段或报文。

5. 会话层

会话层的主要功能是管理和协调不同主机上各种进程之间的通信（对话），即负责建立、管理和终止应用程序之间的会话。会话层得名的原因是它类似于两个实体间的会话概念。例如，一个交互的用户会话以登录到计算机开始，以注销结束。

6. 表示层

表示层处理流经节点的数据编码的表示方式问题，以保证一个系统应用层发出的信息可被另一系统的应用层读出。如果有必要，该层可提供一种标准表示形式，用于将计算机内部的多种数据表示形式转换成网络通信中采用的标准表示形式。数据压缩和加密也是表示层可提供的转换功能之一。

7. 应用层

应用层是 OSI/RM 的最高层，是用户与网络的接口。该层通过应用程序来完成网络用户的应用需求，如文件传输、收发电子邮件等。

1.2 实训任务

双绞线制作

1. 任务目标

掌握双绞线的制作标准、制作步骤和制作技术，学会剥线钳、压线钳等工具的使用方法。

2. 任务准备

（1）5 类双绞线若干米。

（2）RJ－45 水晶头若干个。

（3）网线钳一把。

（4）剥线钳一把（可用网线钳代替）。

（5）网线测试仪一台。

3. 任务实施

双绞线分为直通线和交叉线，在本任务中分别进行制作。双绞线制作过程主要分为六步："剥""理""切""插""压""测"。

步骤1：准备好5类双绞线、RJ－45 水晶头、网线钳和网线测试仪等制作双绞线所需工具，如图1－7 所示。

步骤2：剥线。用网线钳将双绞线一端的外皮剥去 2～3 cm，如图1－8 所示。

步骤3：理线。将双绞线的4 组线对反向缠绕开，按 T568B 线序进行排列，如图1－9

所示。

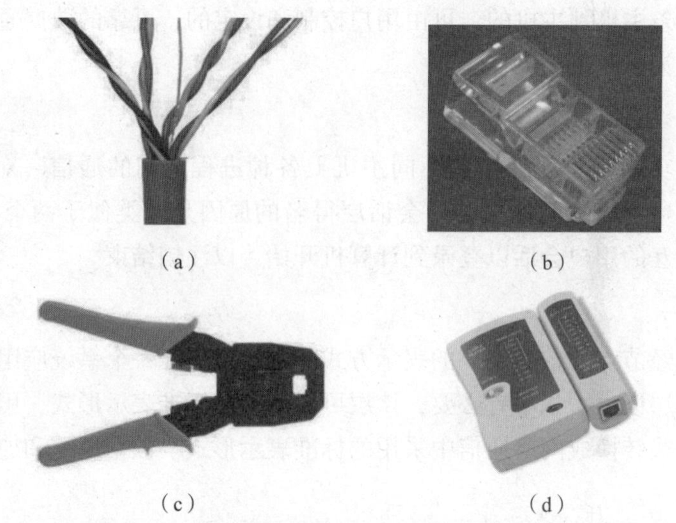

（a）　　（b）

（c）　　（d）

图 1－7　制作双绞线所需工具

（a）5 类双绞线；（b）RJ－45 水晶头；（c）网线钳；（d）网线测试仪

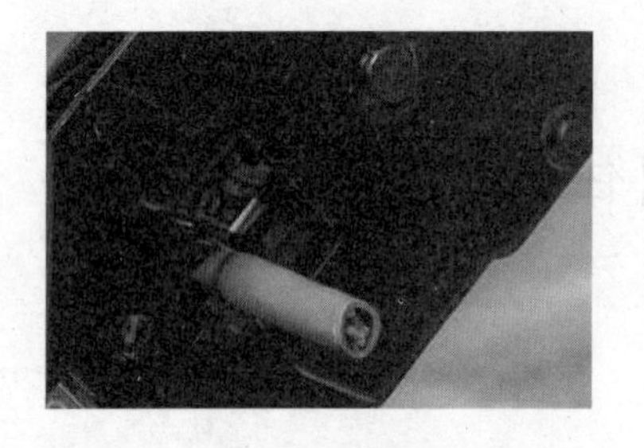

图 1－8　剥线

图 1－9　理线

步骤 4：切线。将芯线放到压线钳切刀处，8 根线芯要在同一平面上并拢，而且尽量直，留下一定的线芯长度，在约 1.5 cm 处剪齐，如图 1－10 所示。

步骤 5：插线。将双绞线插入 RJ－45 水晶头中，插入过程中注意力度直到插到尽头，确认 8 根线芯已经全部充分、整齐地排列在水晶头中，如图 1 －11 所示。

图 1－10　切线

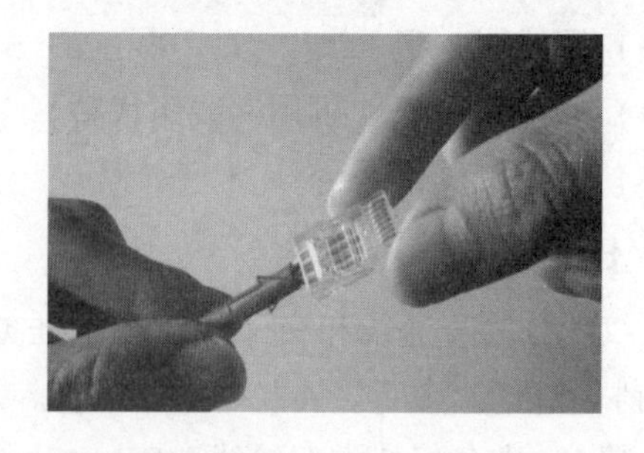

图 1－11　插线

步骤 6：压线。将 RJ－45 水晶头从一侧推入压线槽中，用网线钳用力压紧水晶头，抽出即可，如图 1－12 所示。

步骤7：按照上述方法制作双绞线的另一端。

步骤8：测试。将制作好的双绞线两端的水晶头分别插入网线测试仪的相应端口，打开开关，网线测试仪两端的绿色指示灯从1到8依次闪亮，表示测试通过，如图1-13所示。

图1-12 压线

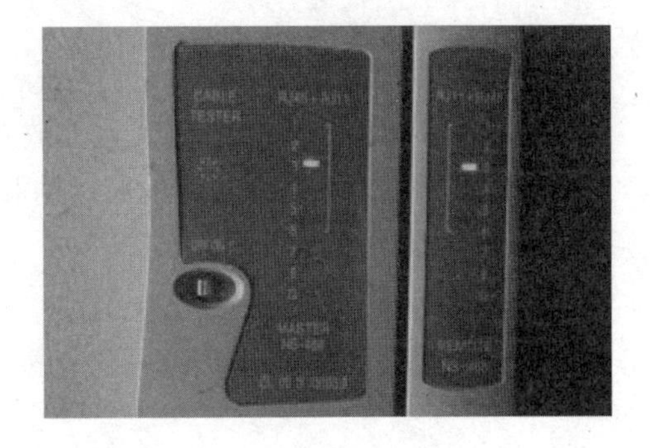

图1-13 测试

4. 注意事项

（1）剥线时注意剥线钳刀片高度，不要割到内部线缆包皮。

（2）剥线时注意剥皮长度（2～3 cm），以便插线操作时能够把外层的线皮插入水晶头内，否则容易松动。

（3）严格按照线序标准排序，否则双绞线可能不通。

（4）切线要整齐，插线时要保证每一根线头都紧紧地顶到水晶头末端，然后用网线钳压紧，否则双绞线可能不通。

练习题

一、填空题

1. ISO于1984年正式颁布了________________，使计算机网络体系结构实现了标准化。

2. 计算机网络是_______技术与_______技术结合的产物。

3. 从逻辑上划分，计算机网络分为_______子网和_________子网。

4. 按网络覆盖范围划分，计算机网络可分为_______、_______和_______。

5. 常见的有线传输介质有_______、_______和_______。

6. 网络协议三要素是_______、_______和_______。

7. OSI/RM中物理层传输协议数据单元的名称是_______，数据链路层传输协议数据单元的名称是_______，网络层传输协议数据单元的名称是_______。

8. 双绞线分为_______和_______。其中前者用于同类设备相连，后者用于不同类设备相连。

9. 光纤通信系统是以_______为载体，利用光导纤维作为传输介质，通过_______用光来传输信息的通信系统。

二、选择题

1. 世界上真正意义上最早的计算机网络是（　　），它也是现代 Internet 的雏形。

A. CHINANET　　B. CSTNET　　C. Telnet　　D. ARPANET

2. 计算机网络中可共享的资源包括（　　）。

A. 硬件、软件、数据　　B. 主机、外部设备、软件

C. 硬件、程序、数据　　D. 主机、程序、数据

3. 一个大型 ICP 在世界上多个地方放置相同内容的 WWW 服务器，通过一定技术可以使不同地区的用户较快地访问离他最近的服务器，这体现了网络的（　　）。

A. 资源共享功能　　B. 负载均衡功能

C. 分布式处理　　D. 集中处理

4. 把一个较大的任务分散到网络中的不同计算机上并行处理，这种做法应用的网络功能是（　　）。

A. 数据信息的快速传递　　B. 负载均衡

C. 分布式处理　　D. 集中管理

5. 下列不属于服务器操作系统的是（　　）。

A. Windows Sever 2012　　B. UNIX

C. Linux　　D. Windows 10

6. 从逻辑功能上看，负责提供访问网络和处理数据能力的网络组成部分是（　　）。

A. 访问节点　　B. 资源子网　　C. 通信子网　　D. 转接节点

7. 双绞线的两根绝缘铜导线互相绞合在一起的目的是（　　）。

A. 防止信号衰减　　B. 降低信号干扰程度

C. 增加数据安全性　　D. 没有作用

8. 光纤通信是指（　　）。

A. 以电波为载体，以光纤为传输介质的通信方式

B. 以光波为载体，以光纤为传输介质的通信方式

C. 以光波为载体，以电缆为传输介质的通信方式

D. 以激光为载体，以导线为传输介质的通信方式

9. 数据的压缩和加密是（　　）的功能。

A. 物理层　　B. 网络层

C. 表示层　　D. 应用层

三、简答题

1. 简述计算机网络的定义。

2. 简述计算机网络的功能。

3. 简述计算机网络的组成。

4. 简述 OSI/RM 网络体系结构的分层及各层次功能。

5. 计算机网络的传输介质有哪些？

6. 制作双绞线时有哪两种线序标准？各自的线序是如何排列的？

四、实训练习

1. 练习目的

（1）掌握直通双绞线的制作方法。

（2）掌握交叉双绞线的制作方法。

2. 练习环境

某企业在构建网络过程中，计算机、以太网交换机、双绞线、水晶头等硬件设备已经购置齐全。现需要制作直通双绞线以实现计算机与交换机的连接，制作交叉双绞线实现以太网交换机的级联。

3. 练习网络拓扑图（图1－14）

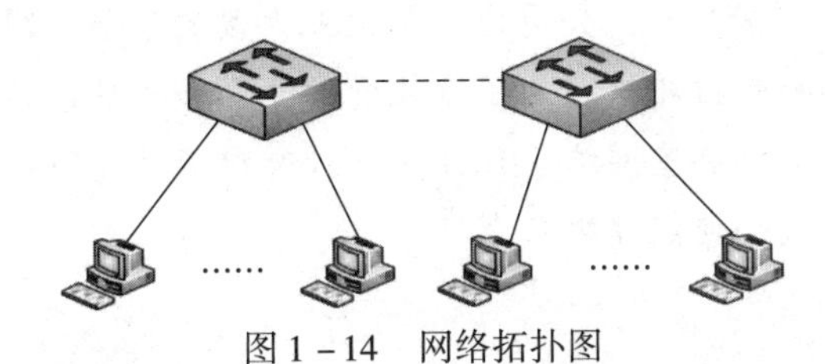

图1－14　网络拓扑图

4. 练习要求

（1）制作直通双绞线并测试。

（2）制作交叉双绞线并测试。

（3）用制作好的双绞线连接设备并进行全网连通性测试。

项目 2

组建小型对等网络

任务描述

佳明的父亲新成立了一家公司，公司位于某商业大厦的 3 层。现因公司办公信息化的需要，购买了 3 台计算机和 1 台打印机。为了方便资源共享和文件的传递及打印，佳明的父亲想组建一个经济实用的小型办公室网络，让在大学计算机专业学习的佳明利用所学知识来组建这个办公室网络。佳明该如何组建呢?

学习目标

➢ 掌握计算机网络拓扑结构分类;
➢ 了解计算机网络拓扑结构的优缺点;
➢ 了解局域网体系结构及标准;
➢ 熟练掌握局域网介质访问控制方式;
➢ 了解常用以太网组网技术;
➢ 掌握局域网中常用连接设备的名称及作用;
➢ 掌握用交换机组建小型交换式对等网的方法;
➢ 掌握 Windows 7 对等网中文件夹共享的设置方法;
➢ 掌握 Windows 7 对等网中打印机共享的设置方法;
➢ 掌握 Windows 7 对等网中映射网络驱动器的设置方法。

2.1 知识要点

2.1.1 计算机网络拓扑结构

拓扑是一个几何学名词，它是一种不考虑物体的大小、形状等物理属性，而仅仅使用点或者线描述多个物体实际位置与关系的抽象表示方法。拓扑不关心事物的细节，也不在乎相互的比例关系，只是以图的形式表示一定范围内多个物体之间的相互关系。

计算机网络借用“拓扑”这一名词，把网络主机及网络设备定义为节点，两节点间的连线定义为链路。网络节点和链路组成的几何图形就是网络拓扑结构。不同的网络拓扑结构，其介质访问控制方式、设备开销和网络性能方面都有所不同，分别适用于不同场合，对整个网络的设计、功能、可靠性和通信费用等各方面都有影响。常见的计算机网络拓扑结构

有总线型、星型、环型、树状和网状5种，如图2－1所示。

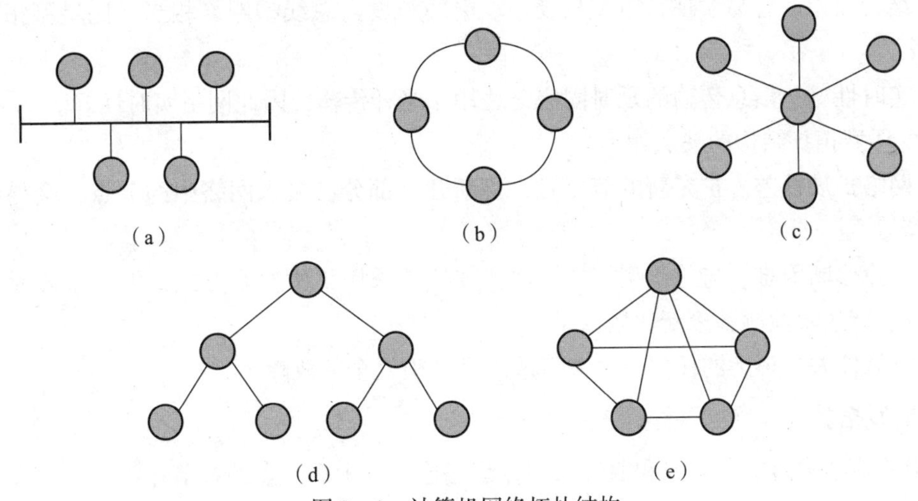

图2－1　计算机网络拓扑结构

(a) 总线型拓扑；(b) 环型拓扑；(c) 星型拓扑；(d) 树状拓扑；(e) 网状拓扑

1. 总线型拓扑

总线型拓扑结构中，各节点通过一个或多个通信线路与公共总线连接。由于所有的节点共享一条公用的传输链路，因此一次只能由一个节点发送数据，这就需要采用一种访问控制方式来决定下一次哪个站点可以发送数据。总线型拓扑结构常用的介质访问控制方式是具有冲突检测的载波侦听多路访问（CSMA/CD）和令牌总线访问控制方式（Token Bus）。

（1）总线型拓扑结构的优点如下：

- 结构简单，扩展容易。扩充新的站点时，可直接通过硬件接口连接到总线上。
- 电缆长度短，布线容易。由于所有站点连接到一个公共总线上，因此只需使用较短的电缆，易于布线和维护。
- 可靠性高。总线型网络中的传输介质属于无源元件，从硬件角度看，十分可靠。除非总线传输介质自身出现故障，否则网络中任何节点的故障都不会造成全网故障。

（2）总线型拓扑结构的缺点如下：

- 故障诊断和隔离困难。由于总线型拓扑结构不是集中控制，因此一旦出现故障，就需要对每个节点进行故障检测。如果故障发生在节点，则需要将该节点从总线上去除；如果故障发生在总线传输介质，则故障隔离比较困难，整段总线都需要进行检测。
- 实时性不强。由于所有节点都连接在一条总线上，在发送信息时容易产生冲突，因此无法确定信息何时能发送出去。网络实时性不强，不适合进行交互式通信。

2. 环型拓扑

网络中的各个节点连成环，就称之为环型拓扑结构。环路上信息单向从一个节点传送到另一个节点，传送路径固定，没有路径选择问题。环型拓扑结构与总线型拓扑结构类似，所有节点共享传输介质，因此，也需要采用访问控制方式来决定哪个节点可以发送信息。环型拓扑结构使用的是令牌环访问控制方式。

（1）环型拓扑结构的优点如下：

● 结构简单，容易实现，电缆长度短。电缆长度与总线型网络相当，比星型拓扑结构要短很多。

● 实时性好。信息传输的延时固定，适用于光纤传输，因此网络实时性好。

（2）环型拓扑结构的缺点如下：

● 网络扩展性差。扩充新的节点时，要断开一部分已接入网络中的节点，会导致网络服务暂停。

● 故障诊断困难。与总线型拓扑类似，如果不采用集中控制方式，发生故障时需要对每个节点进行故障检测，诊断比较困难。

● 可靠性差。环上的任何一个节点故障都会引发全网故障。

3. 星型拓扑

星型拓扑结构由中央节点和通过点到点链路连接到中央节点的各节点组成。中央节点接收各分散节点的信息，再转发给相应节点，具有中继交换和数据处理功能。星型拓扑结构采用集中控制策略。

（1）星型拓扑结构的优点如下：

● 方便服务。利用中央节点可方便地为各分散节点提供服务。

● 故障诊断和隔离容易。由于星型拓扑中每个分散节点直接连接到中央节点且采用集中式控制策略，因此故障容易检测和隔离。

● 访问协议简单。由于中央节点和分散节点是点对点的连接，因此控制介质访问的方式很简单，访问协议也十分简单。

（2）星型拓扑结构的缺点如下：

● 电缆长度长。每个节点需要直接与中央节点相连，因此需要大量电缆。

● 扩展困难。扩充新的节点时，需要增加到中央节点的连接，这需要在初始安装时预留冗余的电缆以配置更多的节点；如果节点离中央节点很远，还需要加长原来安装的电缆。

● 依赖于中央节点。由于所有分散节点都与中央节点相连，因此，对中央节点的可靠性和冗余度要求很高。中央节点容易成为全网的瓶颈，如果中央节点发生故障就会引发全网故障。

4. 树状拓扑

树状拓扑结构是分层结构，适用于分级管理和控制系统。

树状拓扑结构的优点如下：

● 扩展性好。从理论上来说，树状拓扑结构可以延伸出众多分支和子分支，新的分支和节点容易加入网络中。

● 故障隔离容易。如果某一分节的节点发生故障，很容易将这个分支和整个系统隔离开，而且节点故障只影响其所在分支网络的正常工作。

树状拓扑结构的缺点是对根的依赖性过大，如果根节点发生故障，则全网不能正常工作，这点与星型拓扑结构类似。

5. 网状拓扑

网状拓扑结构的节点之间有多条线路相连，网络的可靠性较高，但由于其结构比较复杂，建设成本较高，多用于广域网中。

在实际项目实施时也常使用混合型拓扑结构。混合型拓扑结构是将两种单一拓扑结构混合起来，取两者的优点构成的拓扑结构。一种是星型拓扑和环型拓扑混合而成的“星－环”拓扑，另一种是星型拓扑和总线型拓扑混合而成的“星－总”拓扑。这两种混合型结构有相似之处，如果将总线型拓扑的两个端点连在一起就变成了环型拓扑。在混合型拓扑结构中，汇聚层设备组成环型或总线型拓扑，汇聚层设备和接入层设备组成星型拓扑。这样的拓扑结构更能满足较大网络的拓展，解决环型拓扑或总线型拓扑在连接用户数量上的限制问题，同时也解决了星型拓扑在传输距离上的局限问题。

2.1.2　局域网体系结构

1. IEEE 802 标准

电气电子工程师协会（Institute of Electrical and Electronics Engineers，IEEE）下设的IEEE 802 委员会在局域网的标准制定方面做了卓有成效的工作，该委员会根据局域网介质访问控制方法适用的传输介质、网络拓扑结构、性能及实现难易等考虑因素，为局域网制定了一系列标准，称为 IEEE 802 标准。IEEE 802 标准已被美国国家标准协会（American National Standards Institute，ANSI）确定为美国国家标准，IEEE 还把草案送交给 ISO。ISO 把 IEEE 802 标准称为 ISO 802 标准，因此，许多 IEEE 标准也是 ISO 标准。

IEEE 802 现有系列标准如图 2－2 所示。

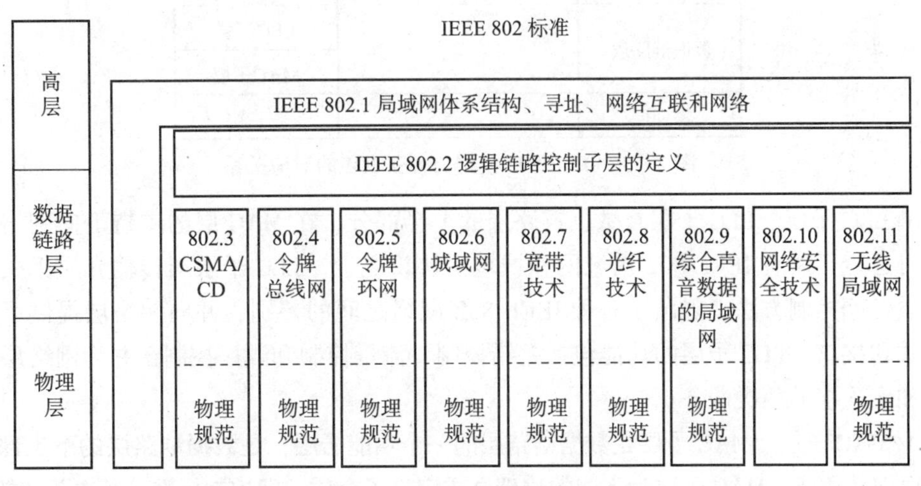

图 2－2　IEEE 802 系列标准

IEEE 802. 1：局域网体系结构、寻址、网络互联和网络。

IEEE 802. 2：逻辑链路控制（Logical Link Control，LLC）子层的定义。

IEEE 802. 3：以太网（Ethernet）介质访问控制协议（CSMA/CD）及物理层技术规范。

IEEE 802. 4：令牌总线网（Token－Bus Network）的介质访问控制协议及物理层技术

规范。

IEEE 802.5：令牌环网（Token－Ring Network）的介质访问控制协议及物理层技术规范。

IEEE 802.6：城域网介质访问控制协议 DQDB（Distributed Queue Dual Bus，分布式队列双总线）及物理层技术规范。

IEEE 802.7：宽带技术咨询组，提供有关宽带联网的技术咨询。

IEEE 802.8：光纤技术咨询组，提供有关光纤联网的技术咨询。

IEEE 802.9：综合声音数据的局域网（IVD LAN）介质访问控制协议及物理层技术规范。

IEEE 802.10：网络安全技术咨询组，定义了网络互操作的认证和加密方法。

IEEE 802.11：无线局域网的介质访问控制协议及物理层技术规范。

2. 局域网参考模型

IEEE 802 标准主要研究和定义局域网和城域网的物理层和 MAC 层中的服务和协议，对应于 OSI/RM 的最低两层（物理层和数据链路层）。事实上，IEEE 802 将 OSI/RM 的数据链路层分为两个子层，分别是 LLC 子层和介质访问控制（Media Access Control，MAC）子层。IEEE 802 模型与 OSI/RM 的对应关系如图 2－3 所示。

OSI/RM	IEEE 802
应用层	高层
表示层	
会话层	
传输层	
网络层	
数据链路层	LLC子层
	MAC子层
物理层	物理层

图 2－3　IEEE 802 模型与 OSI/RM 的对应关系

（1）LLC 子层。LLC 子层在数据链路层的上半部分，在 MAC 层的支持下向网络层提供服务，可运行于所有 IEEE 802 局域网和城域网协议之上。LLC 子层与传输介质无关，它独立于介质访问控制方法，隐蔽了各种 IEEE 802 网络之间的差别，并向网络层提供了一个统一的格式和接口。LLC 子层的功能包括差错控制、流量控制和顺序控制，并为网络层提供面向连接和无连接的两类服务。

（2）MAC 子层。MAC 子层是数据链路层的一个功能子层，是数据链路层的下半部分，它直接与物理层相邻。MAC 子层为不同的物理介质定义了介质访问控制标准，其主要功能如下：

- 传送数据时，将上层传来的数据组装成 MAC 帧，封装进去的数据包括地址字段和差错校验字段等。
- 接收数据时，将接收到的 MAC 帧进行分解、地址识别和差错检测。
- 管理和控制对局域网传输介质的访问。

2.1.3 局域网介质访问控制方式

局域网使用的是广播信道，即众多用户共享通信介质。要保证每个用户不发生冲突，能正常通信，关键是要解决信道争用问题。解决信道争用问题的协议称为介质访问控制协议，是数据链路层协议的一部分。

局域网常用的介质访问控制协议有载波侦听多路访问/冲突检测（Carrier Sense Multiple Access with Collision Detection，CSMA/CD）、令牌环网访问控制和令牌总线网访问控制。采用 CSMA/CD 的以太网已成为局域网的主流。

CSMA/CD 是一种适合于总线结构的介质访问控制方法。最初的以太网是基于总线拓扑结构的，使用的是粗同轴电缆，所有站点共享总线，一个站点发送数据帧给某个特定站点时，总线上的其他站点都会收到此数据帧，每个站点根据数据帧的目的地址决定是丢弃还是处理该帧。

总线上只能有一台计算机发送数据，否则数据信号就会在信道中叠加，相互干扰，产生数据冲突，会使发送出的数据无效。由于站点都是随机发送数据的，如果没有一个协议来规范，所有站点都来争用同一个信道，必然会发生冲突。CSMA/CD 正是解决这种冲突的协议，该协议实际上可分为"载波侦听"和"冲突检测"两部分。

1. 工作过程

CSMA/CD 又被称为"先听后讲，边听边讲"，其具体工作过程概括如下：

（1）想发送信息的站点先侦听信道，看是否有信号在发送。如果信道空闲，则立即发送信息；如果信道忙，则继续侦听，直到信道空闲时再进行发送。

（2）站点在发送信息后继续监听信道，进行冲突检测。如果发生冲突，立即停止发送，并向总线发出一串阻塞信号（连续几个字节全为1，一般是 32～48 位），通知总线上各站点冲突已发生，使各站点重新开始侦听与竞争。

（3）已发出信息的站点收到阻塞信号后，等待一段随机时间，重新进入侦听发送阶段。

CSMA/CD 的发送流程如图 2－4 所示。

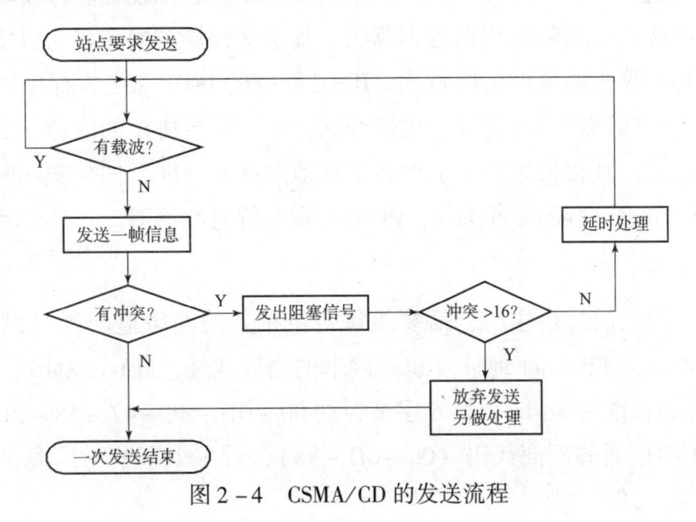

图 2－4 CSMA/CD 的发送流程

2. 二进制指数退避算法

在采用 CSMA/CD 介质访问控制方式时，发送信息的站点仍然需要对信道进行监听，目的是发现在信息传输过程中是否还会发生冲突。在多长时间范围内能够检测到该信息帧所有可能发生的冲突呢？一般认为这个时间范围不会超过该站点与距离该站点最远站点信息传输时延的 2 倍。假设 A 站点与距离 A 站点最远的 B 站点的传输时延为 T（图 2－5），$2T$ 就作为一个时间单位。若该站点在信息发送后 $2T$ 时间内无冲突，则该站点取得使用信道的权利，其他站点在准备发送信息侦听信道时，就会侦听到有信号在传输，从而不会再发生冲突。可见，要检测信息帧在发送过程中是否产生冲突，每个站点发送信息帧所用的时间必须不小于 $2T$。

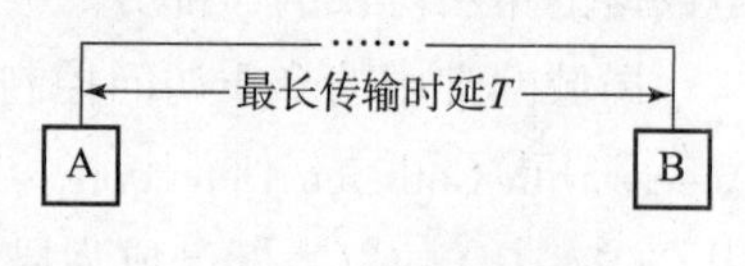

图 2－5　传输时延

二进制指数退避算法的工作过程如下：

（1）确定基本退避时间，一般为端到端的往返时间 $2T$，$2T$ 也成为冲突窗口或争用期。在标准以太网中，$2T$ 取 51.2 μs。在 51.2 μs 时间内，数据传输速率为 10 Mbit/s 时可以发送 512 bit，即 64 字节数据。因此，以太网发送数据时，如果发送 64 字节还没有发生冲突，那么后续的数据将不会发生冲突。

（2）定义参数 k，k 与冲突次数有关，规定 k 不能超过 10，$k = \min$［冲突次数，10］。当冲突次数大于 10 小于 16 时，k 不再增大，一直取值为 10。

（3）从离散的整数集合［0，1，2，…，$(2^k - 1)$］中随机取出一个数 r，等待的时延为 r 倍的基本退避时间，等于 $r \times 2T$。r 的取值范围与冲突次数 k 有关，r 可选的随机取值为 2^k 个，这也是该算法称为二进制退避算法的起因。

（4）当冲突次数大于 10 以后，都是从 $0 \sim 2^{10} - 1$ 个 $2T$ 中随机选择一个作为等待时间。

（5）当冲突次数超过 16 次后，发送失败，丢弃传输的帧，发送错误报告。

2.1.4　以太网技术

1976 年 7 月，鲍勃（Bob）在 ALOHA 网络的基础上提出总线型局域网的设计思想，并提出冲突检测、载波侦听与随机后退延迟算法，其将这种局域网命名为以太网。

以太网是一种计算机局域网组网技术。IEEE 制定的 IEEE 802.3 标准给出了以太网的技术标准。它规定了包括物理层的连线、电信号和介质访问层协议的内容。以太网是当前应用最普遍的局域网技术，其在很大程度上取代了其他局域网标准，如令牌环网、光纤分布式数据接口（Fiber Distributed Data Interface，FDDI）和令牌总线网等。

1. MAC 地址

为了标识以太网上的每台主机，需要给每台主机上的网络适配器（网卡）分配一个全球唯一的通信地址，即 Ethernet 地址（也称网卡的物理地址、MAC 地址）。

Ethernet 地址的长度为 48 bit，共 6 字节，如 00－0D－88－47－58－2C。其中，前 3 个字节为 IEEE 分配给厂商的厂商代码（00－0D－88），后 3 个字节为厂商自己设置的网络适配器编号（47－58－2C）。

2. 以太网的帧格式

以太网数据帧是在数据链路层进行的封装，网络层的数据包加上帧头和帧尾后成为可以被数据链路层识别的数据帧（成帧）。以太网的帧长度是 64 ~ 1 518 字节（不包括 8 字节的前导字符）。

以太网的帧格式有多种，在每种格式的数据帧开始处都有 64 bit（8 字节）的前导字符，其中前 7 个字节为前同步码（7 个 10101010），第 8 个字节为数据帧的起始标志（10101011），图 2 – 6 所示为 Ethernet Ⅱ 的数据帧格式（未包括前导字符）。

目的MAC地址（6字节）	源MAC地址（6字节）	类型（2字节）	数据（46~1 500字节）	FCS（4字节）

图 2 – 6　Ethernet Ⅱ 的数据帧格式

3. 以太网技术标准

（1）传统以太网。

起初的以太网只有 10 Mbit/s 的吞吐量，采用 CSMA/CD 的介质访问控制方式和曼彻斯特编码，这种早期的 10 Mbit/s 以太网称为传统以太网或标准以太网。

传统以太网使用粗同轴电缆、细同轴电缆、非屏蔽双绞线、屏蔽双绞线和光纤等多种传输介质进行连接。各站点共享信道，任何一个站点所发送的数据均以广播方式传输，总线上其他所有站点都可以接收到。IEEE 802. 3 标准中为以太网中不同的传输介质制定了不同的物理层标准，这些标准中前面的数字表示数据传输速率，单位是 Mbit/s，Base 表示基带传输，传统以太网中各标准之间的对比见表 2 – 1。

表 2 – 1　传统以太网中各标准之间的对比

特性	10Base – 5	10Base – 2	10Base – T	10Base – F
IEEE 标准	802. 3	802. 3a	802. 3i	802. 3j
数据传输速率/(Mbit · s^{-1})	10	10	10	10
传输方式	基带	基带	基带	基带
无中继电缆最大长度/m	500	185	100	2000
最大网络跨度	2 500/5	925/5	500/5	4 000/2
传输介质	粗同轴电缆	细同轴电缆	非屏蔽双绞线	光纤
编码方式	曼彻斯特编码	曼彻斯特编码	曼彻斯特编码	曼彻斯特编码

（2）快速以太网。

传统以太网由于协议简单、安装方便而得到了广泛的应用，但其有限的带宽成为其系统发展的瓶颈。为了提高传统以太网系统的带宽，制定了 IEEE 802. 3u 标准作为对 IEEE 802. 3 标准的追加。符合 IEEE 802. 3u 标准的以太网被称为快速以太网。快速以太网主要包括两种技术，即 100Base – T 和 100VG – AnyLAN。

100Base – T 的物理层包含 3 种介质选项，即 100Base – TX、100Base – FX 和 100Base – T4

（表2－2）。100Base－TX 和 100Base－FX 均采用两对链路，其中一对用于发送，另一对用于接收，每对链路实现单方向的 100 Mbit/s 数据传输速率。100Base－TX 使用屏蔽双绞线或 5 类非屏蔽双绞线，100Base－FX 则使用光纤。100Base－T4 是为在低质量要求的 3 类非屏蔽双绞线上实现 100 Mbit/s 数据传输速率而设计的，该规范也可使用 4 类或 5 类非屏蔽双绞线。

表 2－2　快速以太网标准

标准	传输介质	最大传输距离/m	编码
100Base－T4	4 对 3 类、4 类、5 类 UTP	100	8B/6T
100Base－TX	2 对 STP 或 5 类 UTP	100	4B/5B
100Base－FX	2 对光纤	2 000	4B/5B

100VG－AnyLAN 是一种崭新的 100 Mbit/s 共享介质技术，由 HP 公司和 AT&T 公司共同开发，符合 IEEE 802.12 标准。它采取了与 100Base－T 完全不同的介质访问控制方式和协议，因此它的设备不能与现有以太网设备一起使用。如果要将标准以太网升级到 100VG－AnyLAN，原有的系统及网卡均需更换，目前采用 100VG－AnyLAN 技术组网的用户很少。

（3）千兆以太网。

随着多媒体技术、网络分布式计算、桌面视频会议等应用的不断发展，用户对局域网的带宽提出了更高的要求，同时快速以太网也要求主干网、服务器一级有更高的带宽。另外，由于以太网简单、实用廉价及应用的广泛性，人们从建网成本角度出发，又迫切要求高速网技术与现有以太网技术保持最大的兼容性。

IEEE 802.3 工作组于 1998 年 6 月完成了 IEEE 802.3z 标准，该标准定义了 1000Base－SX、1000Base－LX 和 1000Base－CX 这 3 种标准。其中前两种标准采用光纤为传输介质，后一种标准采用铜线为传输介质。1999 年 6 月，IEEE 802.3 委员会正式公布了第二个铜线标准 IEEE 802.3ab。

- 1000Base－SX：工作波长为 850 nm 的短波，采用 8B/10B 的编码方式，使用芯径为 62.5 μm、50 μm 的多模光纤，最长有效传输距离分别可达 275 m 和 550 m，适用于建筑物中同一层的短距离主干网。

- 1000Base－LX：工作波长为 1 300 nm 的长波，采用 8B/10B 的编码方式，使用芯径为 62.5 μm、50 μm 的多模光纤及 9 μm 的单模光纤，最长有效传输距离分别为 525 m、550 m和3 000 m，主要用于校园主干网。

- 1000Base－CX：使用屏蔽双绞线，采用 8B/10B 编码方式，传输距离为 25 m，主要用于集群设备的连接，如一个交换机房内的设备互连。

- 1000Base－T：使用 4 对 5 类非屏蔽双绞线，最长有效传输距离为 100 m，主要用于结构化布线中同一层建筑的通信。

（4）万兆以太网。

万兆以太网与千兆以太网类似，仍然保留了以太网帧结构。通过不同的编码方式或波分复

用方式提供10 Gbit/s的数据传输速率。就其本质而言，万兆以太网仍然是以太网的一种类型。基于光缆的万兆以太网标准IEEE 802.3ae于2002年正式颁布；基于同轴电缆的万兆以太网标准IEEEE 802.3ak于2004年正式颁布；基于非屏蔽双绞线的万兆以太网标准IEEE 802.3an于2006年通过。万兆以太网的特性如下：

①万兆以太网不再支持半双工数据传输，所有数据传输都以全双工方式进行。这样不仅极大地扩展了网络的覆盖范围，而且使标准得以大大简化。

②万兆以太网标准对物理层进行了重新定义，将物理层分为两部分，分别为LAN物理层和WAN物理层。LAN物理层提供了现在正广泛使用的以太网接口，数据传输速率为10 Gbit/s；WAN物理层则提供了与SONET OC－192c和SDH VC－4－64c相兼容的接口，数据传输速率为9.58 Gbit/s。重新定义后的万兆以太网不但能以更优的性能为企业骨干网服务，而且能从根本上对广域网及其他长距离网络应用提供最佳支持。

③万兆以太网有5种物理接口。千兆以太网的物理层每发送8 bit数据，就要用10 bit组成编码数据段，网络带宽的利用率只有80%；万兆以太网每发送64 bit只需要用66 bit组成编码数据段，比特利用率达97%。虽然这是牺牲了纠错位和恢复位而换取的，但万兆以太网采用更先进的纠错和恢复技术，确保了数据传输的可靠性。

2.1.5 网络常用连接设备

在网络中，为了实现不同主机或不同子网间数据的传输与交换，需要借助于多种网络连接设备。常用的连接设备主要包括中继器（Repeater）、集线器（Hub）、网桥（Bridge）、交换机（Switch）、路由器（Router）、网关（Gateway）、网卡（Network Interface Card，NIC）等。

1. 中继器

中继器是局域网互连的最简单设备，它工作在OSI/RM的物理层。常用于在两个网络节点之间进行物理信号的双向转发，负责在两个节点物理层上按位传递数据，并完成信号的复制调整和放大功能，以此来延长网络段的长度或将两个网络段连接在一起。485串行通信中继器如图2－7所示。

要保证中继器能够正确工作，首先要保证由中继器连接起来的两端采用相同的介质访问控制方式，即具有相同的数据链路层协议。但中继器可以用来连接不同的物理介质，并在各种物理介质中传输数据包。

图2－7 485串行通信中继器

从理论上来说，中继器可以无限次使用，因此网络段的长度可以得到无限延长。事实上这是不可能的，网络中对信号的延迟范围做了具体规定，中继器只能在规定范围内有效工作。以太网标准中规定了一个以太网中最多允许出现5个网段，使用4个中继器。只有3个网段可以连接计算机终端，其他2个网段用来扩大网络覆盖范围。

2. **集线器**

集线器（图2-8）是单一总线的共享式设备，其提供了多个接口将网络中的多台计算机连接起来。集线器内部采用电气互连结构，与中继器一样，其在收到信号后，也会将信号调整放大，再发送给其他节点。因此从某种意义上可以将集线器看作是多端口中继器，它也是在OSI/RM中的物理层中工作的。集线器的所有端口共享带宽，任何一个端口收到信息后，都会以广播的方式发送给除接收端之外的其他端口，容易产生广播风暴。

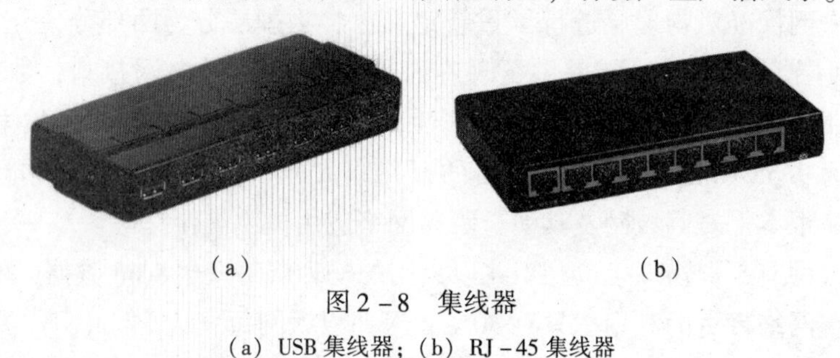

（a）　　　　（b）

图2-8　集线器

（a）USB集线器；（b）RJ-45集线器

用集线器组建的网络在物理上属于星型拓扑结构，在逻辑上属于总线型拓扑结构，其使用的介质方向控制方式是CSMA/CD方式。

3. **网桥**

网桥工作于OSI/RM的数据链路层，所以OSI/RM的数据链路层以上各层的信息对网桥来说是透明的。各高层协议的理解依赖于各自的计算机，无线网桥如图2-9所示。

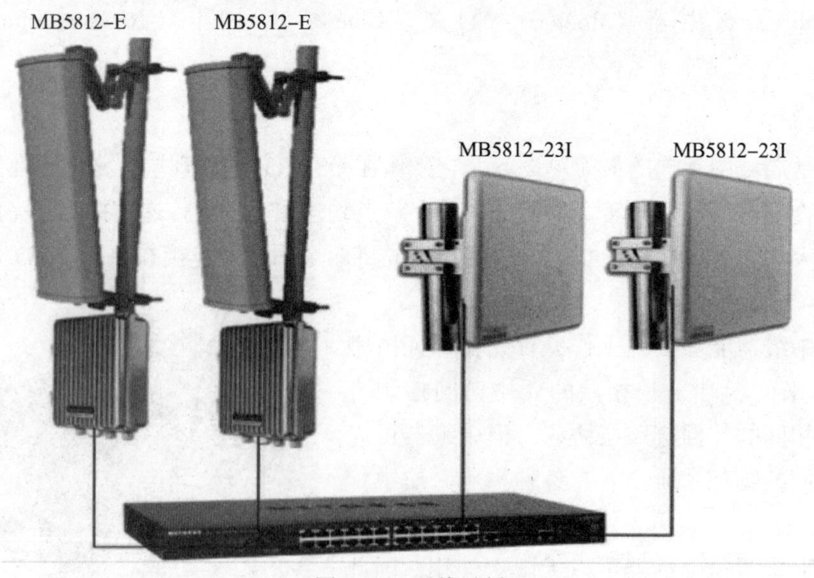

图2-9　无线网桥

网桥包含中继器的功能和特性，不仅可以连接多种介质，还能连接不同的物理分支，如以太网和令牌环网能在更大的范围内传送数据包。网桥的典型应用是将局域网分段成子网，从而降低数据传输的瓶颈，这种网桥称为“本地”桥；用于广域网上的网桥称为“远地”桥。两种类型的网桥执行同样的功能，只是所用的网络接口不同。

网桥的功能在延长网络跨度上的作用类似于中继器，但它能提供智能化连接服务，即能够根据数据帧的目的地址处于哪一网段来进行转发和过滤，如图2－10所示。网桥对站点所处网段的了解是靠“自学习”实现的。

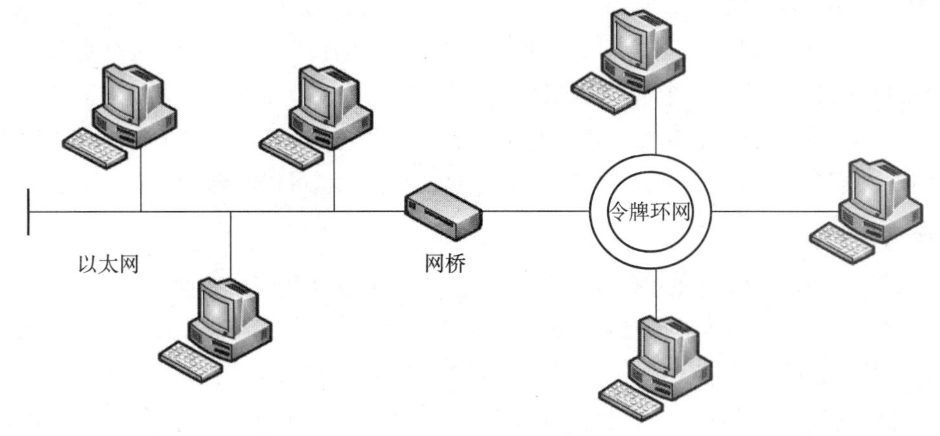

图2－10　网桥的功能

4. 交换机

交换机是一种工作在数据链路层中，基于MAC地址识别，完成信息帧交换和转发功能的设备。

交换机也称为交换式集线器。它的每个端口可视为一个独立网段，连接在其上的设备可以共享该端口的总带宽。交换机可以学习每个端口所连设备的MAC地址，并把其存放在内部地址表中。发送数据帧时，交换机通过在内部地址表中查找发送数据帧的目的地址，将其从源端口地址转发到目的端口地址，而不进行广播式发送，这就避免了和其他端口发生冲突，从而提高数据传输效率。48口千兆交换机如图2－11所示，交换机柜如图2－12所示。

图2－11　48口千兆交换机

图2－12　交换机柜

交换机与集线器的区别如下：

（1）OSI/RM层次上的区别。集线器是工作在OSI/RM中物理层上的设备，而交换机则是工作在OSI/RM中数据链路层上的设备。

（2）发送方式上的区别。集线器的工作原理是广播，无论从哪一个端口接收到信息包，该端口都会以广播的发送方式将数据帧发送给集线器中其余的所有端口，这样很容易产生广播风暴，当网络规模较大时网络性能会受到很大的影响；交换机在发送数据帖时，只有发出请求的源端口和目的端口之间相互响应，不影响其他端口，因此其能够隔离冲突域并有效地抑制广播风暴的产生。

（3）带宽占用方式上的区别。对集线器而言，无论其有多少个端口，所有端口都共享一条带宽，在同一时刻只能有一个端口发送数据，其他端口只能等待；同时集线器只能在半双工模式下工作。对交换机而言，每个端口都有一条独占的带宽，当两个端口工作时并不影响其他端口的工作；同时交换机不但可以工作在半双工模式下，而且可以在全双工模式下工作。

5. 路由器

路由器工作在 OSI/RM 中的网络层，这意味着它可以在多个网络上交换和路由数据包。路由器通过在相对独立的网络中交换具体协议的信息来实现这个目标。与交换机相比，路由器不但能过滤和分隔网络信息流，连接网络分支，还能访问数据包中更多的信息，并且可以提高数据包的传输效率。路由表包含网络地址、连接信息、路径信息和发送代价等。路由器比交换机的转发速度慢，主要用于广域网与广域网或广域网与局域网之间的互连，如图 2－13 所示。

图 2－13　路由器

（a）小型无线路由器；（b）3G 路由器；（c）大型路由器；（d）小型路由器端口说明

6. 网关

网关又称网间连接器、协议转换器。网关在网络层以上实现网络互连，是最复杂的网络互连设备，仅用于两个高层协议不同的网络互连。网关既可以用于广域网互连，也可以用于局域网互连。网关是一种充当转换重任的计算机系统或设备。在不同的通信协议、数据格式或语言，甚至体系结构完全不同的两种系统之间。网关是一个翻译器，图2－14所示为VPN网关。

图2－14　VPN网关

说　　明

由于历史原因，许多有关TCP/IP的文献曾经把网络层使用的路由器称为网关。现在很多局域网都采用路由来接入网络，因此，通常说的网关指的是路由器的IP地址。

7. 网卡

网卡又称为网络接口卡，是计算机或其他网络设备所附带的适配器。其提供传输介质与网络主机的接口电路，主要用于主机和网络间的连接。

网卡实现了OSI/RM中数据链路层的功能，它定义了与传输介质进行连接的物理方式和在网络上传输二进制数据位的组帧方式。计算机联网后，网卡能够接收和执行各种网络控制命令。此外，网卡还可以对传送和接收的数据进行缓存。

网卡根据网络类型可分为以太网卡、令牌环网卡、ATM网卡等；根据总线类型可分为ISA总线型网卡、PCI总线型网卡、PCMCIA总线型网卡（适用于笔记本电脑）、USB网卡（外置式网卡）等；根据连接头不同可分为BNC接头网卡、AUI接头网卡、RJ－45接头网卡、光纤接头网卡等，如图2－15所示。

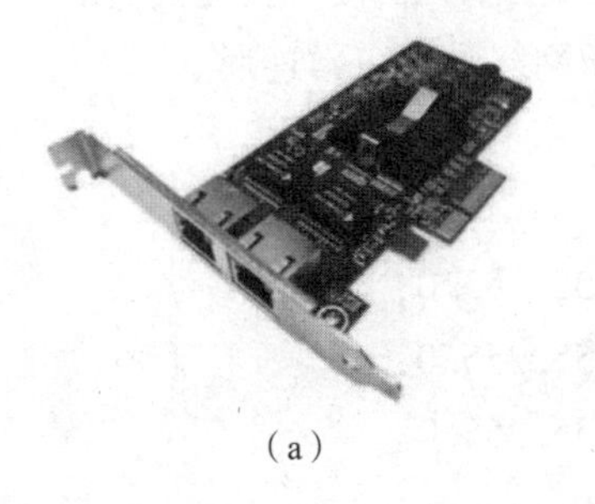

（a）

（b）

（c）

图2－15　网卡

（a）PCI总线型网卡；（b）PCMCIA总线型网卡；（c）USB网卡

2.2 实训任务

组建小型交换式对等网络

1. 任务目标

（1）掌握利用交换机组建小型交换式对等网的方法。

（2）实现计算机之间的文件共享。

（3）实现计算机之间的打印机共享。

2. 任务环境

（1）装有 Windows 7 操作系统的 PC 3 台。

（2）交换机 1 台。

（3）直通线 3 根。

（4）打印机 1 台。

（5）任务拓扑结构图。

小型交换式对等网络拓扑图如图 2－16 所示。

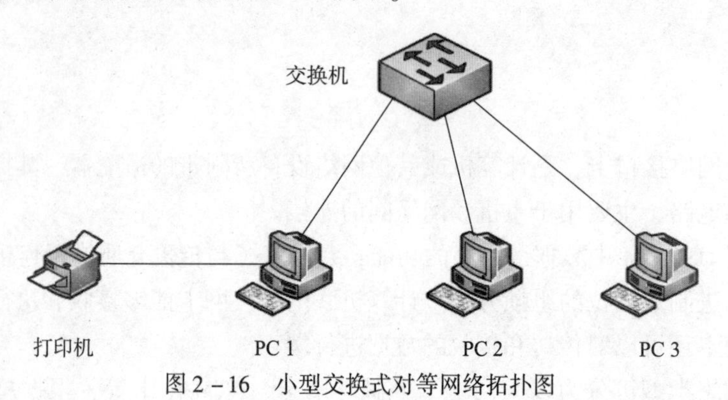

图 2－16　小型交换式对等网络拓扑图

3. 任务实施

步骤 1：连接硬件。

（1）将 3 根直通双绞线的两端分别插入每台计算机网卡的 RJ－45 接口和交换机的 RJ－45 接口中，检查网卡和交换机的相应指示灯是否亮起，判断网络是否正常连通。

（2）将打印机连接到 PC 1。

步骤 2：配置 TCP/IP。

PC1 配置：IP 地址为 192. 168. 1. 10，子网掩码为 255. 255. 255. 0；

PC2 配置：IP 地址为 192. 168. 1. 20，子网掩码为 255. 255. 255. 0；

PC3 配置：IP 地址为 192. 168. 1. 30，子网掩码为 255. 255. 255. 0。

步骤 3：测试网络连通性。

（1）在 PC1 中，分别执行“ping 192. 168. 1. 20”和“ping 192. 168. 1. 30”命令，测试其与 PC2、PC3 的连通性。

（2）在 PC2 中，分别执行“ping 192. 168. 1. 10”和“ping 192. 168. 1. 30”命令，测试其与 PC1、PC3 的连通性。

（3）在 PC3 中，分别执行“ping 192. 168. 1. 10”和“ping 192. 168. 1. 20”命令，测试其与 PC1、PC2 的连通性。

步骤 4：设置文件共享与打印机共享。

（1）设置计算机名和工作组名。

- 右击“计算机”，在弹出的快捷菜单中选择“属性”命令，打开“系统”窗口，单击“更改设置”超链接，弹出“系统属性”对话框，如图 2－17 所示。
- 单击“更改”按钮，弹出“计算机名/域更改”对话框，设置计算机名及工作组名，设置完成后单击“确定”按钮，设置必须重启计算机后方可生效，如图 2－18 所示。

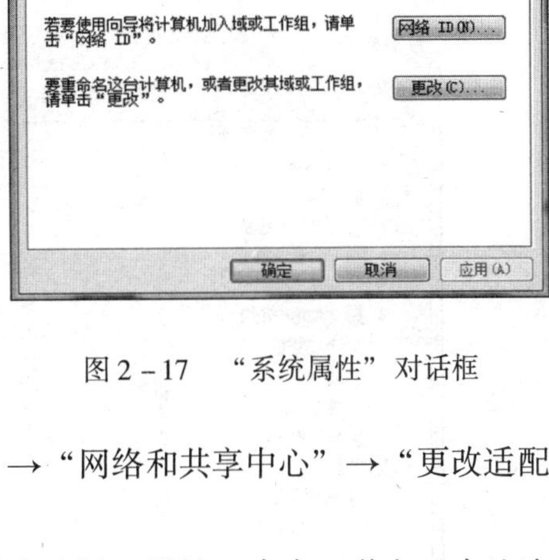

图 2－17 “系统属性”对话框

（2）安装共享服务。

- 选择“开始”→“控制面板”命令，打开“控制面板”窗口，依次单击“网络和 Internet”→“网络和共享中心”→“更改适配器设置”超链接，打开“网络连接”窗口。
- 右击“本地连接”图标，在弹出的快捷菜单中选择“属性”命令，弹出“本地连接属性”对话框，如图 2－19 所示。

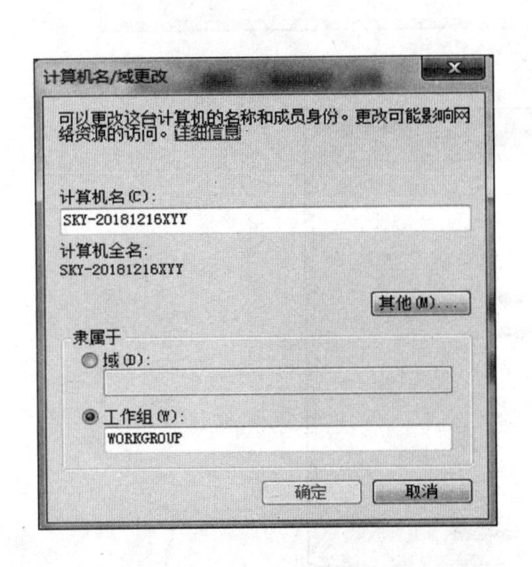

图 2－18 “计算机名/域更改”对话框

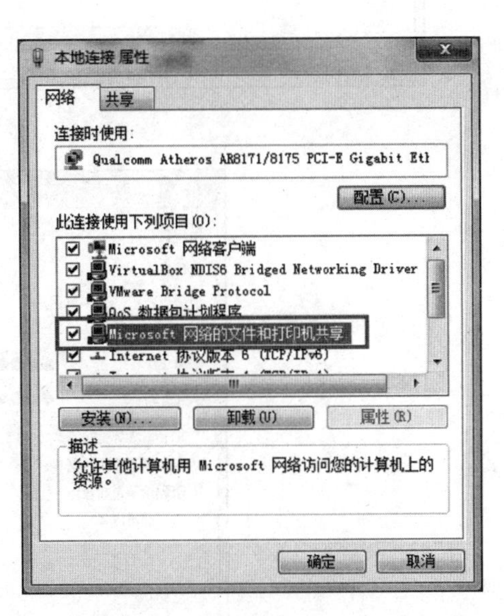

图 2－19 “本地连接 属性”对话框

- 如果“Microsoft 网络的文件和打印机共享”复选框已选中，则说明共享服务安装正确，否则应选中该复选框。

- 单击“确定”按钮，重启计算机后设置生效。

（3）设置有权限共享的用户。

- 单击“开始”按钮，在弹出的菜单中右击“计算机”命令，在弹出的快捷菜单中选择“管理”命令，打开“计算机管理”窗口。
- 选择“本地用户和组”，右击“用户”选项，在弹出的快捷菜单中选择“新用户”命令，弹出“新用户”对话框。
- 在“新用户”对话框中依次输入用户名、密码等信息，单击“创建”按钮，创建新用户“shareuser”，如图 2－20 所示。

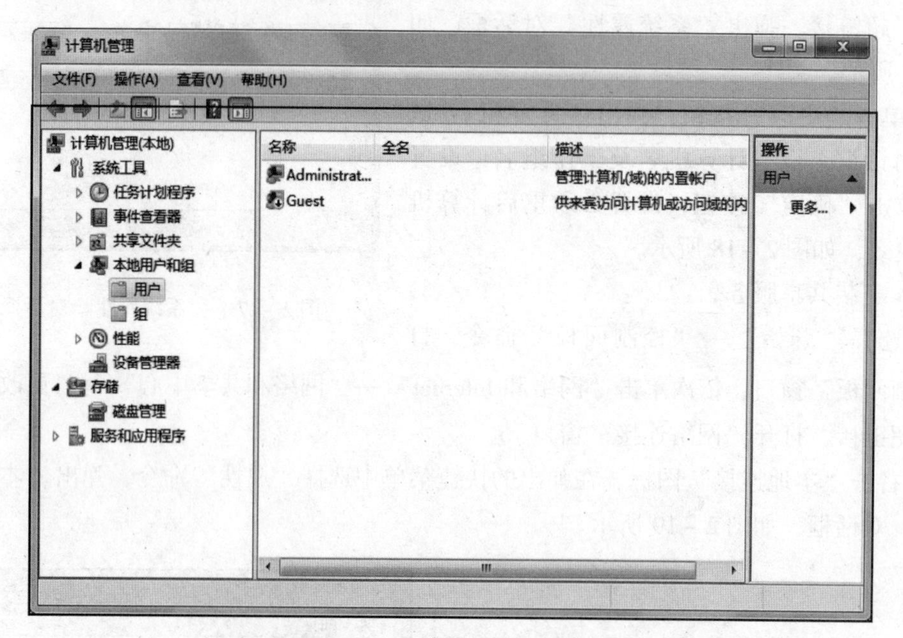

（a）

（b）

图 2－20 设置有权限共享的用户

（a）“计算机管理”窗口；（b）“新用户”对话框

（4）设置文件夹共享。

- 右击某一需要共享的文件夹，在弹出的快捷菜单中选择“共享”→“特定用户”命令。
- 弹出“文件共享”对话框，在下拉列表框中选择能够访问共享文件夹 share 的用户“shareuser”。
- 单击“共享”按钮，完成文件夹共享的设置，如图 2－21 所示。

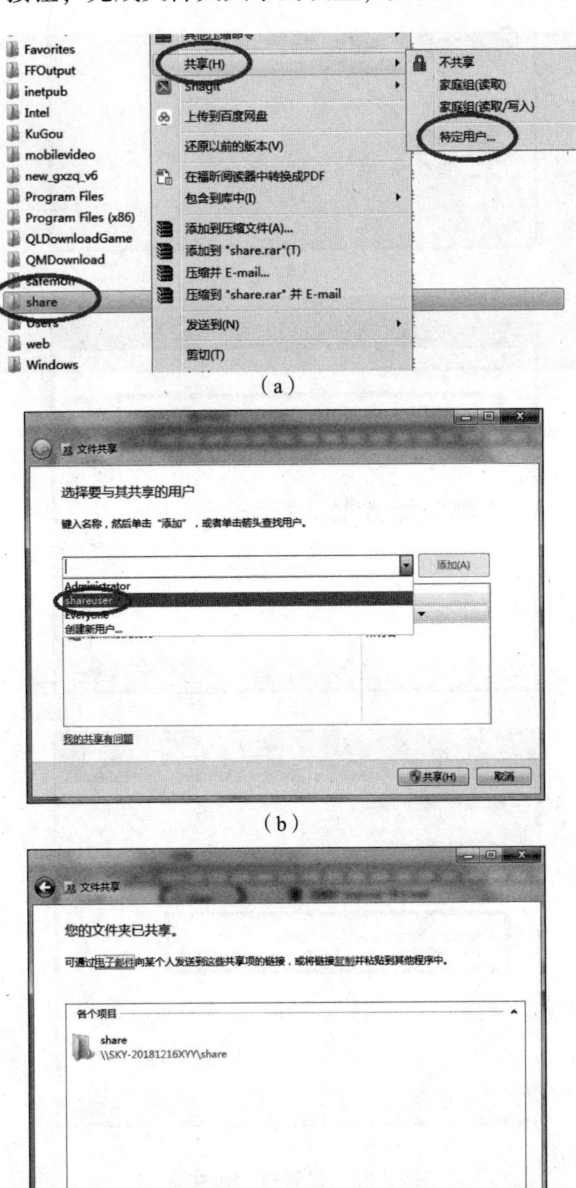

（a）

（b）

（c）

图 2－21　设置文件夹共享

（a）完成文件夹共享；（b）选择要与其共享的用户；（c）共享文件夹给特定用户

（5）设置打印机共享。

- 选择“开始”→“设备和打印机”命令，打开“设备和打印机”窗口，如图 2－22 所示。

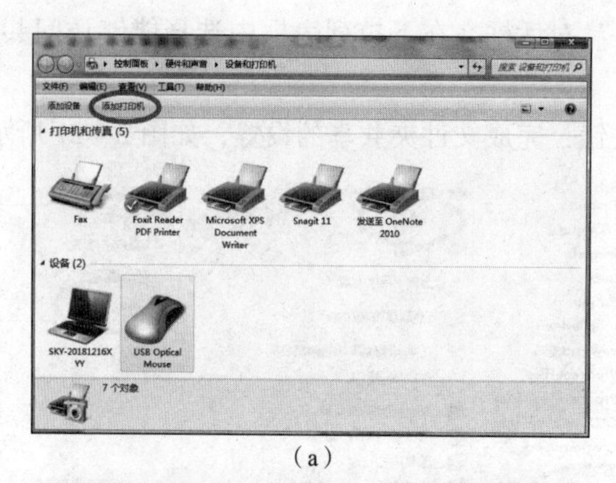

（a）

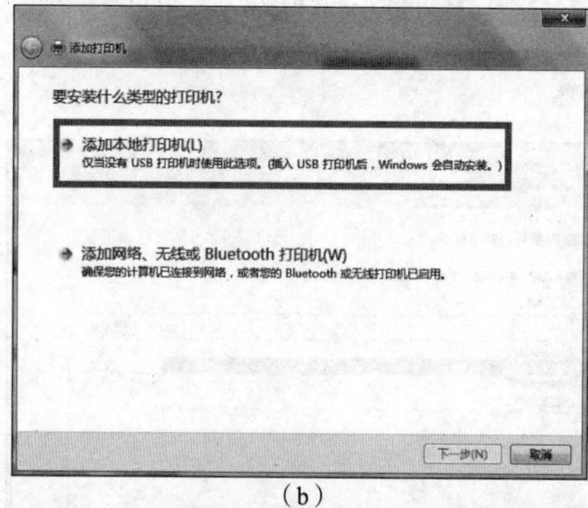

（b）

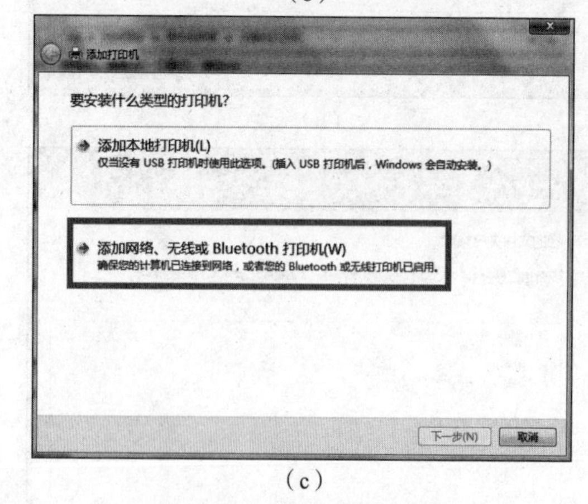

（c）

图 2－22　设置打印机共享

（a）设备和打印机；（b）选择安装打印机类型 1；（c）选择安装打印机类型 2

- 单击“添加打印机”按钮，弹出打印机选择对话框。
- 单击“添加本地打印机”超链接，弹出“选择打印机端口”对话框。
- 单击“下一步”按钮，选择厂商和打印机型号。

- 单击“下一步”按钮，在弹出的对话框中输入打印机名称。
- 单击“下一步”按钮，选中“共享此打印机以便网络中的其他用户可以找到并使用它”单选按钮，共享该打印机。
- 单击“下一步”按钮，设置默认打印机，单击“完成”按钮完成打印机的安装。

（6）使用共享文件夹。

- 在其他计算机（如PC2）的资源管理器或IE浏览器的地址栏中输入共享文件夹所在的计算机名和IP地址。如输入“\\192.168.0.10”或“\\PC1”，然后输入用户名和密码，即可访问共享资源（如共享文件夹“share”）。
- 右击共享文件夹“share”图标，在弹出的快捷菜单中选择“映射网络驱动器”命令，弹出“映射网络驱动器”对话框。
- 单击“完成”按钮，完成映射网络驱动器操作。双击打开“计算机”窗口，这时可以看到共享文件夹已经被映射成“Z”驱动器，如图2－23所示。

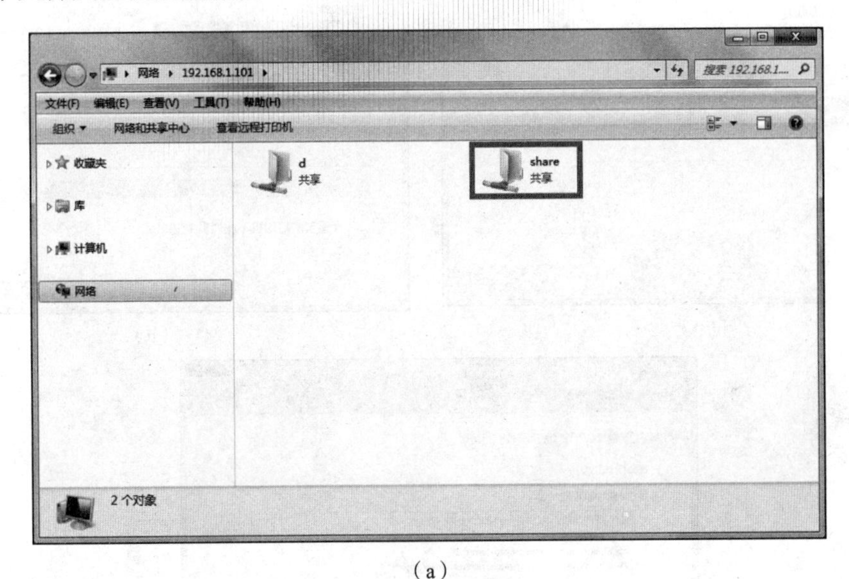

（a）

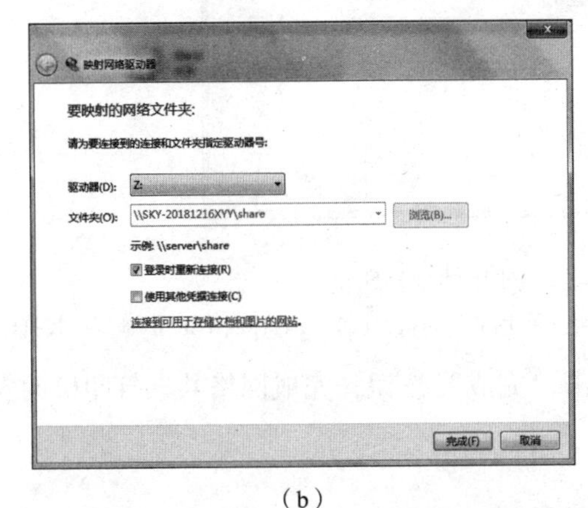

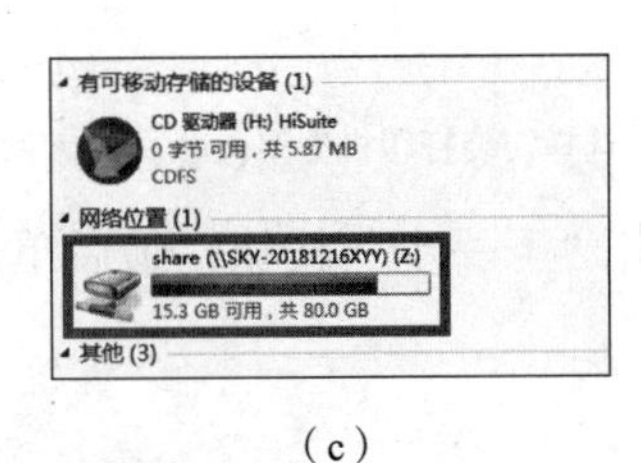

（b）　　　　（c）

图2－23　使用共享文件夹

（a）查看共享文件夹；（b）选择要映射的文件夹；（c）映射成功的网络驱动器

（7）使用共享打印机。

- 在PC2和PC3中，选择“开始”→“设备和打印机”命令，打开“设备和打印机”窗口。
- 单击“添加打印机”按钮，弹出图2－24（a）所示的“要安装什么类型的打印机”对话框。
- 单击“添加网络、无线或Bluetooth打印机”超链接，弹出“搜索网络打印机”对话框，如图2－24（b）所示。一般网络上共享的打印机会被自动搜索，如果没有搜索到，则单击“我需要的打印机不在列表中”超链接，弹出图2－24（c）所示的对话框，选中“按名称选择共享打印机”单选按钮，输入UNC方式的共享打印机，本例中输入“\\192.168.1.10\共享打印机名称”或“\\PC1\共享打印机名称”。

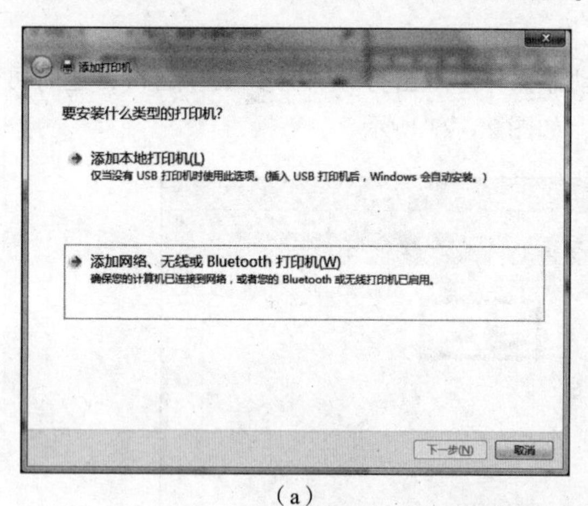

（a）

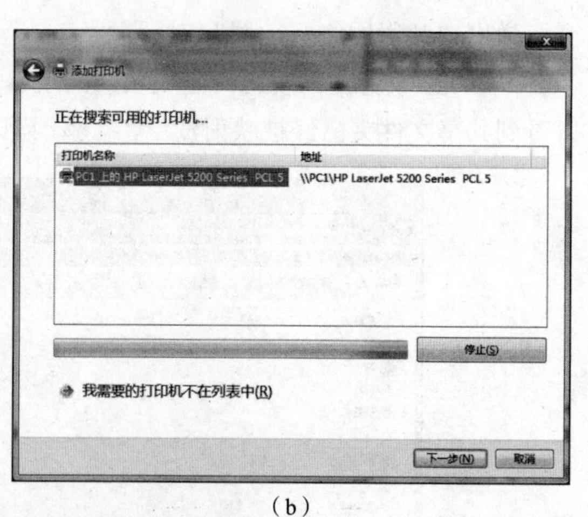

（b）

（c）

图2－24　使用共享打印机

（a）选择安装打印机类型；（b）搜索网络上可用的打印机；（c）按名称或TCP/IP地址查找打印机

- 单击“下一步”按钮，最后单击“完成”按钮，完成网络共享打印机的安装。

练习题

一、填空题

1. 常用的网络拓扑结构有________、________、________、________和网状。

2. IEEE 802 标准中将数据链路层分为________和________两个子层。

3. CSMA/CD 的中文名称为__________。

4. 工作在物理层的网络连接设备有______和______。

5. 工作在数据链路层的网络连接设备有______和______。

二、选择题

1. 网络中任何节点故障都不会造成全网故障，该网络的拓扑结构是（　　）。

A. 总线型　　B. 星型　　C. 环型　　D. 树状

2. 下列关于环型拓扑结构的说法不正确的是（　　）。

A. 故障隔离困难　　B. 故障诊断困难

C. 实时性不强　　D. 扩展困难

3. IEEE 802.3 定义的介质访问控制方式是（　　）。

A. CSMA/CD　　B. Token Bus

C. Token Ring　　D. ATM

4. 网卡地址用（　　）位二进制位来标识，表示时采用（　　）进制数描述。

A. 32　二　　B. 48　八　　C. 48　十六　　D. 128　十六

5. IEEE 802 为局域网规定的标准只对应于 OSI/RM 的（　　）。

A. 第一层　　B. 第二层

C. 第一层和第二层　　D. 第二层和第三层

6. 10Base－T 标准中，Base 代表的是（　　）。

A. 频带传输　　B. 基带传输

C. 宽带传输　　D. 以太网

7. 下列网络连接设备，工作在网络层的是（　　）

A. 中继器　　B. 集线器　　C. 交换机　　D. 路由器

三、简答题

1. 计算机网络的拓扑结构有哪些？各自的优缺点是什么？

2. 简述 CSMA/CD 的工作过程。

3. 简述标准以太网技术及快速以太网技术中各标准之间的区别。

4. 简述网络中常用连接设备及其作用。

四、实训练习

1. 练习目的

（1）掌握利用交换机组建小型交换式对等网络的方法。

（2）掌握 Windows 7 操作系统中设置共享文件夹的方法。

（3）掌握 Windows 7 操作系统中设置共享打印机的方法。

2. 练习环境

（1）装有 Windows 7 操作系统的 PC 3 台。

（2）交换机 1 台。

（3）直通线 3 根。

（4）打印机 1 台。

3. 练习拓扑图

参看图 2－16。

4. 练习要求

（1）利用直通线将 PC 连接到交换机上。

（2）在 PC 上进行合适的 TCP/IPv4 属性设置，使 PC 之间能够互相通信。

（3）在 PC1 上新建一个名为 share 的文件夹，将其设置为共享文件夹。

（4）将连接在 PC1 上的打印机设置为共享打印机。

项目 3
组建无线局域网

任务描述

随着计算机网络技术的快速发展，网络成了人们工作和生活中不可或缺的一部分。为了充分享受信息高速公路带来的便利，许多家庭拥有多台上网设备。为了方便学习专业知识，佳明上大学后家里专门为他添置了一台笔记本电脑。为了让家里原有的台式计算机和佳明的笔记本电脑同时实现上网，佳明在老师的建议下购买了一台无线路由器。该如何进行无线路由器的设置才能实现他的目的呢？本项目讲解的无线局域网知识可以帮助佳明解决这个问题。

学习目标

- 熟练掌握无线局域网的基本概念和标准；
- 熟练掌握无线局域网的接入设备应用；
- 掌握组建 Ad－Hoc 模式无线局域网的方法；
- 掌握组建 Infrastructure 模式无线局域网的方法。

3.1　知识要点

3.1.1　无线局域网概述

局域网大多采用双绞线、同轴电缆或光纤等为传输介质，这些有线传输介质往往存在敷设费用高、施工周期长、改动不方便、维护成本高、覆盖范围小等问题。日趋成熟的无线技术为人们带来了享受无线移动联网的高效接入和自由沟通的便利。无线局域网（Wireless Local－Area Network，WLAN）是局域网技术与无线通信技术相结合的产物。无线局域网利用无线技术来传输数据、语音和视频信号，为通信的移动化、个性化和多媒体应用提供了可能性。与有线网络相比，无线局域网具有以下优点。

1. **安装便捷**

在网络建设中，施工周期最长、对周边环境影响最大的就是网络综合布线施工工程。在网络综合布线施工过程中，往往需要破墙掘地、穿线架管。而无线局域网最大的优势就是免去或减少了网络布线施工的工作量，一般只需要安装一个或多个接入点（Access Point，AP）设备，就可建立覆盖整个建筑或地区的无线局域网。

2. 使用灵活

在有线网络中，网络设备的安放位置受网络信息点位置的限制。一旦无线局域网建成后，在无线网信号覆盖区域内的任何一个位置都可以接入网络。

3. 经济节约

由于有线网络缺少灵活性，这就要求网络规划者尽可能地考虑未来发展的需要，因此往往导致预设大量利用率较低的信息点。而一旦网络的发展超出了设计规划，又要花费更多资金进行网络改造。无线局域网可以避免或减少以上情况的发生。

4. 易于扩展

无线局域网能够提供多种配置方式供用户灵活选择。用户可以组建只有几个站点的小型无线局域网，也可以组建拥有上千个站点的大型无线局域网，并且能够提供如“漫游(Roaming)”等有线网络无法提供的特性。

无线局域网的不足之处在于，与有线局域网相比数据传输速率较低，有时会存在通信盲点或信号强度弱等情况。

近年来，作为有线局域网的补充，无线局域网的发展十分迅速，已经在医院、商店、工厂和学校等不适合有线网络布线的场合得到了广泛应用。

3.1.2 无线局域网的标准

网络标准是指为了规定网络的通信标准、访问控制方式、传输介质等技术而制定的规则。为各种无线设备互通信息而制定的规则称为无线网络协议标准。目前常用的无线网络协议标准为由美国IEEE所制定的IEEE 802.11系列标准。无线局域网技术已经发展得很成熟，下面介绍几种常见的无线局域网技术标准。

无线局域网标准主要是针对物理层和介质访问控制层，涉及其所使用的无线频率范围、空中接口通信协议等的技术规范与技术标准。在众多标准中，人们了解得最多的是IEEE 802.11系列标准。此外，无线局域网的标准还有欧洲电信标准化协会（European Telecommunication Standards Institute，ETSI）提出的HiperLan和HiperLan2，HomeRF工作组的HomeRF和HomeRF2，另外还有蓝牙特别兴趣组织（Bluetooth Special Interest Group，BSIG）提出的简称蓝牙SIG的蓝牙技术标准。本节将从目前业界最为关心的容量、兼容性、应用前景等方面出发，对无线局域网技术标准逐一进行分析比较。

1. IEEE 802.11 标准

IEEE 802.11标准于1997年6月公布，是第一代无线局域网标准。当时规定了一些诸如介质接入控制层功能、漫游功能、自动速率选择功能、电源消耗管理功能、保密功能等的标准。1999年随着无线网络国际标准的更新及完善，进一步规范了不同频点的产品及更高网络速率产品的开发和应用。除原IEEE 802.11的内容之外，增加了基于简单网络管理协议(Simple Network Management Protocol，SNMP）的管理信息库（Management Information Base，MIB)，以取代原OSI协议的管理信息库。另外还增加了高速网络的相关内容。

IEEE 802.11 系列标准由很多子集组成，它详细定义了无线局域网中从物理层到 MAC 层的通信协议。该系列中的 802.11b、802.11a、802.11g 和 802.11n 标准都已经崭露头角，尤其是 802.11b，它的产品普及率最高，在众多标准中处于先导地位。

（1）IEEE 802.11b。

1999 年 9 月通过的 IEEE 802.11b（Wi－Fi）使用开放的 2.4 GHz 频段，物理调制方式为补码键控（Complementary Code Keying，CCK）编码的直接序列扩频（Direct Sequence Spread Spectrum，DSSS），最大数据传输速率为 11 Mbit/s，无须直线传播。其实际的数据传输速率在 5 Mbit/s左右，与普通的 10Base－T 规格有线局域网处于同一水平。使用动态速率转换，根据噪声状况自动调整，当射频情况变差时，可将数据传输速率降至 5.5 Mbit/s、2 Mbit/s 和 1 Mbit/s，且当其工作在 2 Mbit/s 和 1 Mbit/s 速率时可向下兼容 IEEE 802.11。IEEE 802.11b的使用范围在室外为 300 m，在办公环境中则最长为 100 m。使用与以太网类似的连接协议和数据包确认来保证可靠的数据传输和网络带宽的有效使用。IEEE 802.11b 运作模式基本分为两种：点对点模式和基本结构模式（Basic Service Set，BSS）。点对点模式是指无线网卡（Wireless LAN Card）和无线网卡之间的通信方式，即 Ad－Hoc 模式或者独立基本服务集（Independent Basic Service Set，IBSS）。基本结构模式是指仅使用一个接入点的无线网络；使用多个接入点的两个或多个 BSS 无线网络可以组成扩展服务集（Extended Service Set，ESS），这是无线网络规模扩充或无线和有线网络并存时的通信方式，是 IEEE 802.11b 最常用的通信方式。

然而随着网络应用中视频、语音等关键数据传输的需求越来越多，速率问题成为 IEEE 802.11b 进一步发展的主要障碍。此外，IEEE 802.11b 的安全问题也不容忽视，目前主要通过 WEP 加密协议来弥补这一缺陷。不过 IEEE 已经出台了一个名为 IEEE 802.11i 的标准来专门解决无线局域网中的安全问题。

（2）IEEE 802.11a。

与 IEEE 802.11b 相比，IEEE 802.11a 在整个覆盖范围内提供了更高的数据传输速率，其数据传输速率高达 54 Mbit/s。IEEE 802.11a 的工作频段是 5 GHz，从而避开了拥挤的 2.4 GHz频段，所以相对 IEEE 802.11b 来说几乎没有干扰。物理层数据传输速率可达 54 Mbit/s，传输层数据传输速率可达25 Mbit/s。物理层采用正交频分复用（Orthogonal Frequency Division Multiplexing，OFDM）的独特扩频技术代替 802.11b 的 DSSS 来传输数据。OFDM 技术的最大优势是其无与伦比的多途径回声反射，因此特别适合于室内机移动环境。IEEE 802.11a 可提供 25 Mbit/s 的无线 ATM 接口、10 Mbit/s 以太网无线帧结构接口和 TDD/TDMA 的空中接口。支持语音、数据、图像业务，一个扇区可接入多个用户，每个用户可带多个用户终端。

IEEE 802.11a 在使用频率的选择和数据传输速率上都优于 IEEE 802.11b，但是其与 IEEE 802.11b 不兼容，空中接力不好，点对点连接很不经济，不适合应用于小型设备。另外，由于 IEEE 802.11a 的技术成本过高，缺乏价格竞争力，经济规模始终无法扩大，再加上 5 GHz 并非免费频段，在部分地区面临频谱管制的问题，所以市场销售情况一直不理想。相比而言，业界非常看好 IEEE 802.11b。

（3）IEEE 802.11g。

IEEE 802.11g 是 IEEE 为了解决 IEEE 802.11a 与 IEEE 802.11b 的互通问题而出台的一个标准，它是 IEEE 802.11b 的延续。两者同样使用 2.4 GHz 通用频段，互通性高，IEEE 802.11g 被认为是新一代的无线局域网标准。其数据传输速率上限已经由 11 Mbit/s 提升至 54 Mbit/s，但由于 2.4 GHz 频段干扰过多，在数据传输速率上低于 IEEE 802.11a。

与 IEEE 802.11a 和 IEEE 802.11b 同时兼容是 IEEE 802.11g 的一大亮点，它同时支持 IEEE 802.11b 的 CCK 和 IEEE 802.11a 的 OFDM。IEEE 802.11g 还支持分组二进制卷积码（Packet Binary Convolutional Coding，PBCC）技术。IEEE 802.11g 中规定的调制方式有两种，一种为原 Intersil 公司提案采用的 CCK - OFDM；另一种为 TI 公司提案采用的 PBCC - 22（也称 CCK - PBCC）。采用 PBCC - 22 方式的 TI 提案保持了对 IEEE 802.11b 的完全兼容，并使最高数据传输速率达到了 22 Mbit/s，目前已经有不少符合该标准的产品。而 CCK - OFDM 则作为 IEEE 802.11g 的强制 54 Mbit/s 模式，同时支持两种模式的 IEEE 802.11g 产品便可以在与 IEEE 802.11b 网络兼容的情况下，提供最高与 IEEE 802.11a 标准相同的 54 Mbit/s 连接速率。

IEEE 802.11g 的兼容性和高数据传输速率弥补了 IEEE 802.11a 和 IEEE 802.11b 的缺陷，一方面使得 IEEE 802.11b 产品可以平稳地向高数据传输速率升级，满足日益增加的带宽需求；另一方面使得 IEEE 802.11a 实现了与 IEEE 802.11b 的互通，克服了 IEEE 802.11a 一直难以进入主流市场的尴尬。因此，IEEE 802.11g 出现之初就获得众多厂商的支持。IEEE 标准委员会已经通过了 IEEE 802.11g 标准。

（4）IEEE 802.11n。

IEEE 802.11n 发布于 2009 年 9 月，其主要目的是提升无线局域网的吞吐量。相对于之前的 IEEE 802.11 a/b/g，IEEE 802.11n 引入了许多新的技术，如 OFDM、MIMO（Multi - in Multi - out，多入多出）等。借助于这些新技术，IEEE 802.11n 的网络接入速率最高可达 600 Mbit/s。为了保持与旧有标准的兼容性，IEEE 802.11n 沿用了IEEE 802.11a/b/g所用的频带资源，即 IEEE 802.11n 的工作频段和信道资源与 IEEE 802.11a/b/g 保持一致。

随着 IEEE 802.11n 标准的正式发布，各个无线厂商的 IEEE 802.11n 的产品无论是种类还是性能都会得到很大的提升，不同厂商生产的产品之间的兼容性和互通性也会得到提高。同时，IEEE 802.11n 技术的逐渐成熟、IEEE 802.11n 产品的逐渐丰富及 IEEE 802.11n 产品的价格不断下降等诸多因素，都会促使用户选择 IEEE 802.11n 技术构建自己的无线网络，从而使无线局域网从补充地位成为网络服务的主体。

（5）IEEE 802.11ac。

IEEE 802.11ac 是 IEEE 802.11 家族的一项无线上网标准，由 IEEE 标准协会制定。其通过 5 GHz 频带提供高通量的无线局域网，俗称 5G Wi - Fi（5th Generation of Wi - Fi）。理论上它能够提供最少 1 Gbit/s 带宽进行多站式无线局域网通信，或是最少 500 Mbit/s 的单一连线传输带宽。2008 年年底，IEEE 802 标准组织成立了新的小组，目的是创建新标准来改善 IEEE 802.11：2007 标准，包括创建提高无线传输速率的标准，使无线上网能够提供与有线上网相当的传输性能。

IEEE 802.11ac 是 IEEE 802.11n 的继承者，它采用并扩展了源自 IEEE 802.11n 的空中

接口（Air Interface）概念。其包括更宽的 RF 带宽（提升至 160 MHz）、更多的 MIMO 空间流（Spatial Streams）(增加到 8)、下行多用户的 MIMO（最多 4 个）以及高密度的调变（Modulation）（达到 256QAM）。

2013 年推出的第一批 IEEE 802.11ac 产品称为 Wave 1，2016 年推出的较新的高带宽产品称为 Wave 2。目前市面上新款的无线路由器大多采用 IEEE 802.11ac 标准。

2. 蓝牙

1998 年，爱立信、IBM、Intel、诺基亚和东芝等公司联合推出了一项最新的无线网络技术，即蓝牙（Bluetooth）技术。随后这 5 家公司组建了一个特殊兴趣组织（Special Interest Group，SIG）负责开发此技术及其协议，如今已有 1 800 多家公司加入这个组织。1999 年 7 月，蓝牙 SIG 推出了蓝牙协议的 1.0 版，将其推向应用阶段。该技术的最初预想是使用蓝牙技术将手机、PDA 和便携式计算机等便携设备连接起来，取代各种物理传输线，让用户摆脱连线的烦恼，实现设备间的资源共享。经过不断地发展与改进，蓝牙技术应用已经朝着多元化方向发展，越来越多的家电也开始配备蓝牙功能。

蓝牙技术使用扩频（Spread Spectrum）技术，在携带型装置和区域网络之间提供一个快速而安全的短距离无线连接。它提供的服务包括网际网络（Internet）、电子邮件、影像和数据传输及语音应用。延伸容纳于 3 个并行传输的 64 Kbit/s PCM 通道中，提供 1 Mbit/s 的流量。

蓝牙技术既支持点到点连接，又支持点到多点的连接。蓝牙技术蕴藏在便携式计算机、Palm 和 PDA、Windows CE 设备、蜂窝手机、PCS 电话及其他外部设备的转发设备中，可以使这些设备在各种网络环境中进行通信。现在的规范允许 7 个“从属”设备和一个“主”设备进行通信。几个这样的小网络（Piconet）也可以连接在一起，彼此通过灵活的配置进行沟通。在同一个小网络中的设备有同步优先权，但是其他设备也可以通过设置在任何时候加入其中。这种网络的拓扑结构可以被描述为一个由灵活的、多个小网络组成的结构。更进一步，小网络或者单个设备可以和固定的使用蓝牙无线技术的访问点及附近其他蓝牙小网络相连。遵循蓝牙协议的各种应用都保证简单易用的安装和操作、高效的安全机制和完全的互操作性，从而实现随时随地通信。

蓝牙技术在多个领域迅速发展，其典型应用环境包括个人娱乐（便携式电子设备）、无线办公环境（Wireless Office）、汽车工业、信息家电、医疗设备等。

3. 家庭网络的 HomeRF 标准

HomeRF 工作在 2.4 GHz 频段，它采用数字跳频扩频技术，最高数据传输速率可达 1.6 Mbit/s。该标准由 HomeRF 工作组开发，目的是在家庭范围内连接家庭计算机及其他支持 HomeRF 协议的产品，实现计算机与其他设备间的无线通信。HomeRF 是 IEEE 802.11 与 DECT（Digital Enhanced Cordless Telecommunications，数字增强无绳通信）的结合，作用距离为 100 m，数据传输速率为 1 ~2 Mbit/s，支持流媒体传输，但在抗干扰能力上略有不足。然而 HomeRF 技术并没有公开，目前仅有为数很少的企业支持，因此应用前景并不乐观。

目前来看，IEEE 802.11b/g/n 技术的性价比远远超过了蓝牙和 HomeRF 等技术，因此逐渐成为无线局域网应用最为广泛的标准。随着 IEEE 802.11b/g/n 技术的不断成熟，全球范围内正在兴起无线局域网应用的高潮。

3.1.3 无线局域网的接入设备

1. 无线网卡

无线网卡与普通网卡一样，安装在台式计算机或笔记本电脑中，实现无线数据的发送和接收。与普通网卡不同的是，无线网卡在其外端一侧增加了一个类似于天线的设备，其数据传输依赖于无线电波，而普通网卡则是通过一般的网线传输数据。

目前无线网卡的规格大致可分成 2 Mbit/s、5 Mbit/s、11 Mbit/s 三种数据传输速率，按不同的接口标准又可分为 USB 接口、PCI 接口、PCMCIA 接口和 MINI－PCI 接口等，如图 3－1 所示。

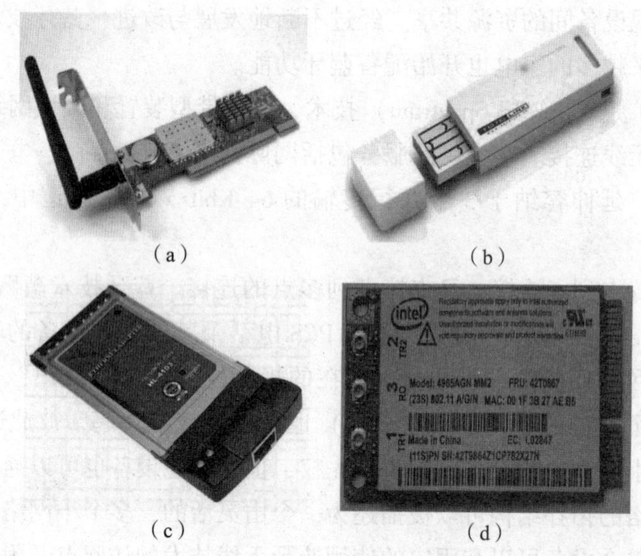

(a)　(b)　(c)　(d)

图 3－1　无线网卡

(a) PCI 接口无线网卡（台式计算机）；(b) USB 接口无线网卡（台式计算机和笔记本电脑）；
(c) PCMCIA 接口无线网卡（笔记本电脑）；(d) MINI－PCI 接口无线网卡（笔记本电脑）

2. 无线接入点

无线接入点主要实现网络多点访问与外部网络的连接，在介质存取控制层中作为无线工作站及有线局域网络的桥梁。其功能类似于有线网络的集线器，使多点接入构成以接入点设备为中心的星型网络结构，在有多个接入点时，用户可以在接入点之间漫游切换。接入点的有效范围是 20～500 m。根据技术、配置和实用情况，一个接入点可以支持 15～250 个用户。通过添加更多的接入点，可以比较轻松地扩充无线局域网，从而减少网络拥塞并扩大网络的覆盖范围。因此，任何一台装有无线网卡的工作站均可透过无线接入点分享有线局域网甚至广域网的资源。除此之外，无线接入点本身又具有可管理功能，可针对接入的无线工作站进行必要的管控，如图 3－2 所示。

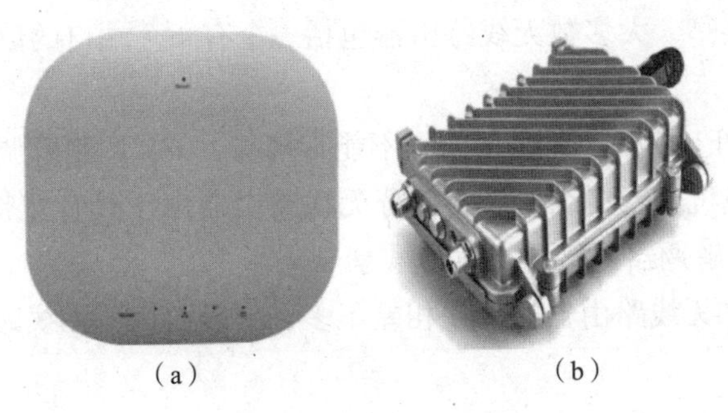

（a）　　　　　　　　　　（b）

图3－2　无线接入点

（a）室内吸顶接入点；（b）室外无线接入点

3. 无线路由器

无线路由器（Wireless Router）是将单纯性无线接入点和宽带路由器合二为一的扩展型产品，它不仅具备单纯性无线接入点的所有功能（如支持DHCP客户端、VPN、防火墙、WEP加密等），而且还包括网络地址转换（Network Address Translation，NAT）功能，可支持局域网用户的网络连接共享。无线路由器可实现家庭无线网络中的Internet连接共享，实现非对称数字用户线路（Asymmetric Digital Subscriber Line，ADSL）和小区宽带的无线共享接入。

无线路由器的端口有WAN口和LAN口，如图3－3所示。

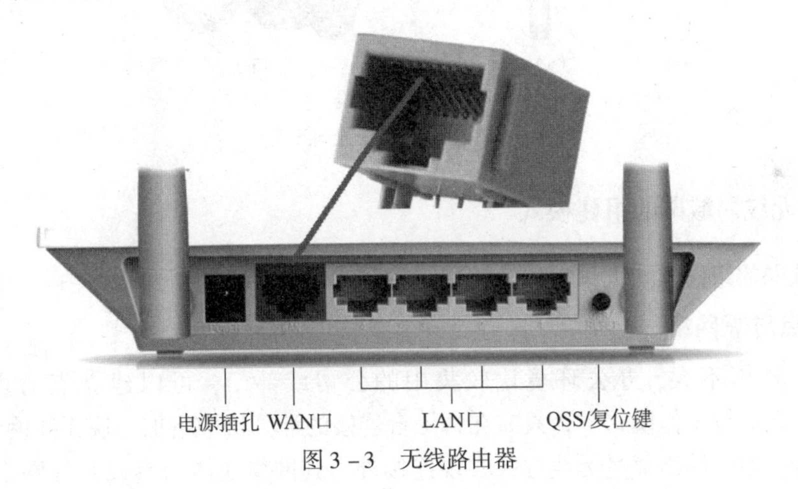

图3－3　无线路由器

无线接入点和无线路由器的外形非常相似，二者的主要区别如下：

（1）功能方面的区别。无线接入点主要提供无线工作站对LAN和LAN对无线工作站的访问，在访问接入点覆盖范围内的无线工作站上可以通过无线接入点进行相互通信。无线接入点是WLAN和LAN之间沟通的桥梁。无线路由器就是无线接入点、路由功能和交换机的集合体，支持有线和无线组成同一子网，直接接上调制解调器，连接Internet。

（2）应用方面的区别。无线接入点在需要进行大面积网络覆盖的公司使用得比较多，所有无线接入点通过以太网连接起来并连接到独立的无线局域网防火墙。

无线路由器在家庭网络的环境中使用得比较多，它整合了宽带接入路由器和无线接入点的功能，解决了单台计算机的上网问题。无线路由器包含网络地址转换协议，以支持无线局域网用户的网络连接共享。大多数无线路由器包括一个有4个端口的以太网转换器，可以连接几台有线计算机。

（3）从组网拓扑图上分析，无线接入点不能直接与ADSL调制解调器相连，所以在使用时必须再添加一台交换机或者集线器。大部分无线路由器由于具有宽带拨号的能力，因此，可以直接与ADSL调制解调器连接进行宽带共享。

（4）无线接入点和无线路由器的价钱相差不多，一般而言，无线路由器略贵一些。

4. 天线

无线局域网的天线（Antenna）与一般电视和移动电话所用的天线不同，其原因是工作频率不同。

天线的功能是将源信号以无线电波的形式传送至远处或从远处接收源信号。天线一般可分定向（Uni－Direction）天线与全向（Omni－Direction）天线两种。前者较适合于长距离使用，后者则较适合区域性应用，如图3－4所示。

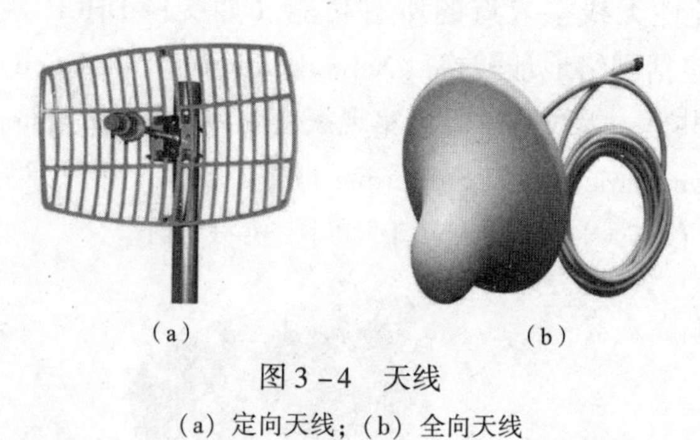

（a）　　（b）

图3－4　天线

（a）定向天线；（b）全向天线

3.1.4　无线局域网的组建模式

无线局域网的组网模式大致可以分为以下两种。

1. 点对点对等网络

对于一个规模不大、办公环境比较集中的公司或部门，可以建立点对点对等网络（Ad－Hoc）。在对等工作模式下，只需在每一台连接的计算机中增加一块无线网卡，无须接入无线接入点。除了网络通过无线方式实现连接外，其网络功能与有线对等网络完全相同。如果其中有一台计算机与外部网络连接，通过将其配置成网关，网络中的其他成员也可以访问外部网络。由于网络中没有接入点设备，因此网络成员之间只能实现点对点访问，无法同时建立多台计算机之间的访问通道。

由于省去了无线接入点，Ad－Hoc的网络架设过程十分简单，但是一般的无线网卡在室内环境下传输距离通常仅为40 m左右。当超过有效传输距离时，就不能实现彼此之间的通信，因此，该种模式非常适合一些简单甚至是临时性的无线互联需求。

2. 集中控制式网络

集中控制式网络（Infrastructure）是一种整合有线与无线局域网架构的应用模式。在这种模式中，无线网卡与无线接入点进行无线连接，再通过无线接入点与有线网络建立连接。

集中控制式网络还可以分为两种模式。一种是由无线路由器 + 无线网卡建立连接的模式。无线路由器 + 无线网卡模式是目前很多家庭都使用的模式，这种模式下无线路由器相当于一个集合了路由功能的无线接入点，用来实现有线网络与无线网络的连接。另一种是由无线接入点 + 无线网卡建立连接的模式。在这种模式下，无线接入点应该如何设置、应该如何与无线网卡或者是有线网卡建立连接，主要取决于所要实现的具体功能及预定要用到的设备。因为无线接入点有多种工作模式，不同的工作模式所能连接的设备不一定相同，所以连接方式也不一定相同。

3.2 实训任务

3.2.1 组建 Ad - Hoc 模式无线对等网络

1. 任务目标

组建 Ad - Hoc 模式无线对等网络，熟悉无线网络安装配置过程。

2. 任务环境

（1）装有 Windows 7 操作系统的台式计算机或笔记本电脑 2 台。

（2）无线网卡 2 块。

3. 任务实施

组建 Ad - Hoc 模式无线对等网络的拓扑结构，如图 3 - 5 所示。

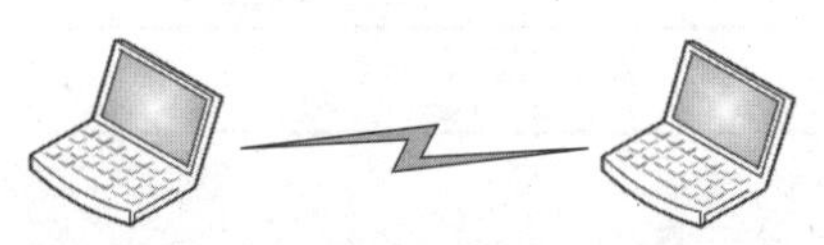

图 3 - 5 组建 Ad - Hoc 模式无线对等网络的拓扑结构

组建 Ad - Hoc 模式无线对等网络的操作步骤如下。

步骤 1：安装无线网卡及其驱动程序。

（1）安装无线网卡硬件。把 USB 接口的无线网卡插入 PC1 的 USB 接口中。

（2）安装无线网卡驱动程序。安装好无线网卡硬件后，Windows 7 操作系统会自动识别新硬件，提示开始安装驱动程序。安装无线网卡驱动程序的方法和安装有线网卡驱动程序的方法类似。

（3）无线网卡安装成功后，在桌面任务栏上会出现无线网络连接图标。

（4）同理，在 PC2 上安装无线网卡及其驱动程序。

步骤 2：配置 PC1 的无线网络

（1）在 PC1 上，将原来的无线网络连接 CMCC - 9rdj 断开。单击任务栏右侧的无线连接图标，在弹出的菜单中选择 CMCC - 9rdj 并展开，单击“断开”按钮，如图 3 - 6 所示。

（2）选择“开始”→“控制面板”命令，在打开的“控制面板”窗口中依次单击“网络和 Internet”→“网络和共享中心”超链接，打开“网络和共享中心”窗口，如图 3 - 7 所示。

图 3-6 断开 CMCC-9rdj 连接

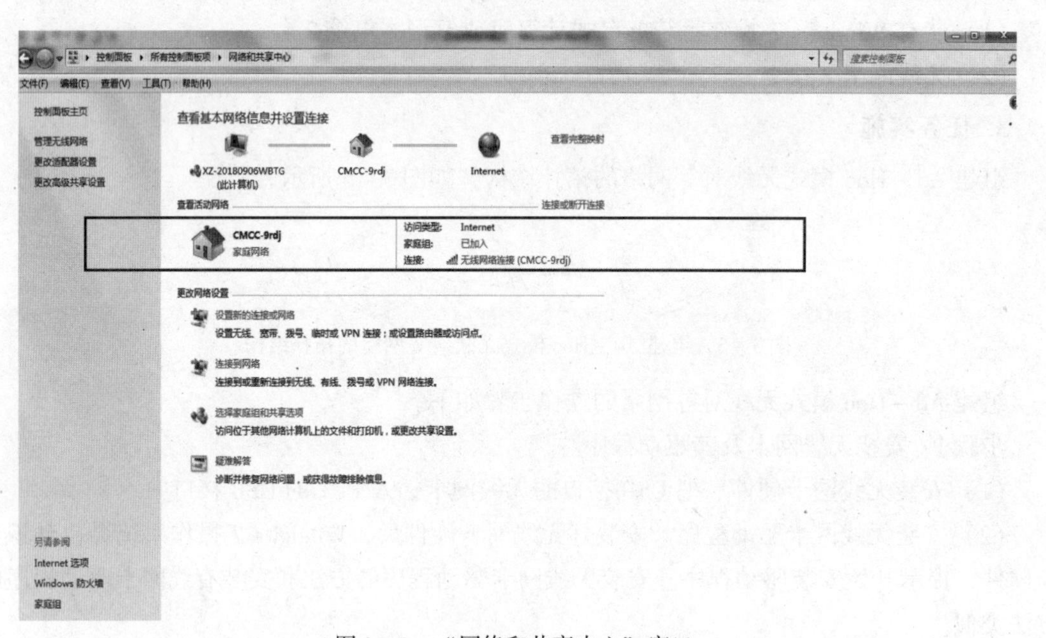

图 3-7 “网络和共享中心”窗口

（3）单击“设置新的连接网络”超链接，打开“设置连接或网络”窗口，如图 3-8 所示。

（4）选择“设置无线临时（计算机到计算机）网络”选项，单击“下一步”按钮，打开“设置临时网络”窗口，如图 3-9 所示。

（5）临时网络设置完成，单击“下一步”按钮，打开设置完成窗口，显示设置的无线网络名称和密码（不显示），如图 3-10 所示。

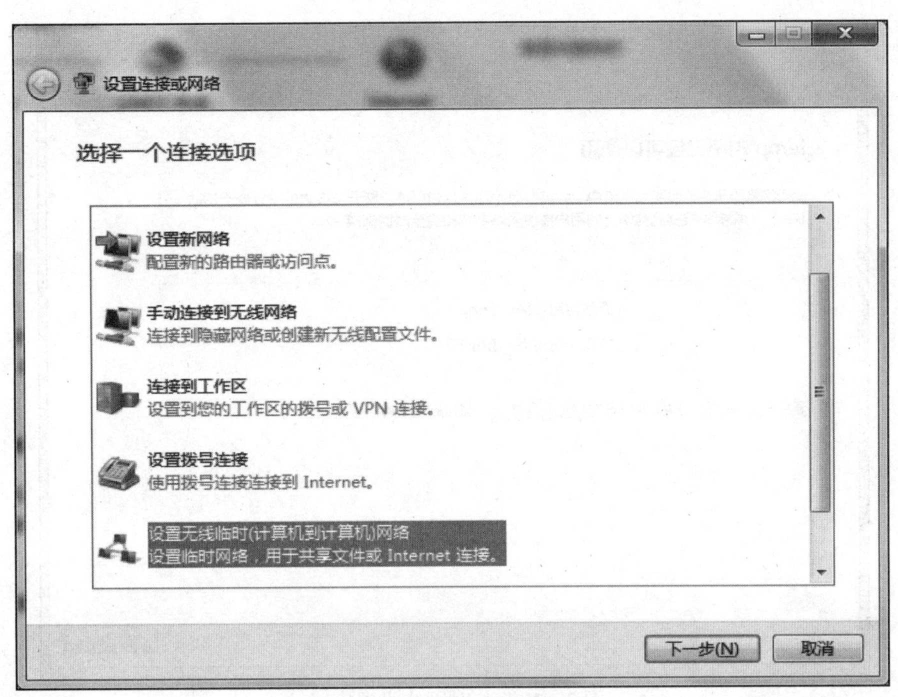

图 3－8　“设置连接或网络”窗口

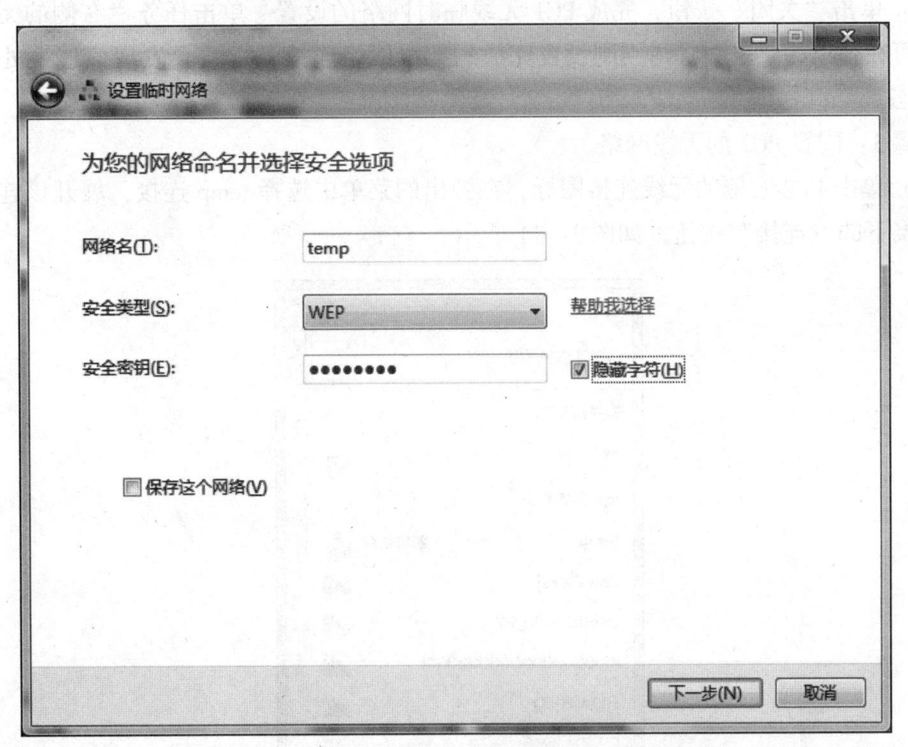

图 3－9　“设置临时网络”窗口

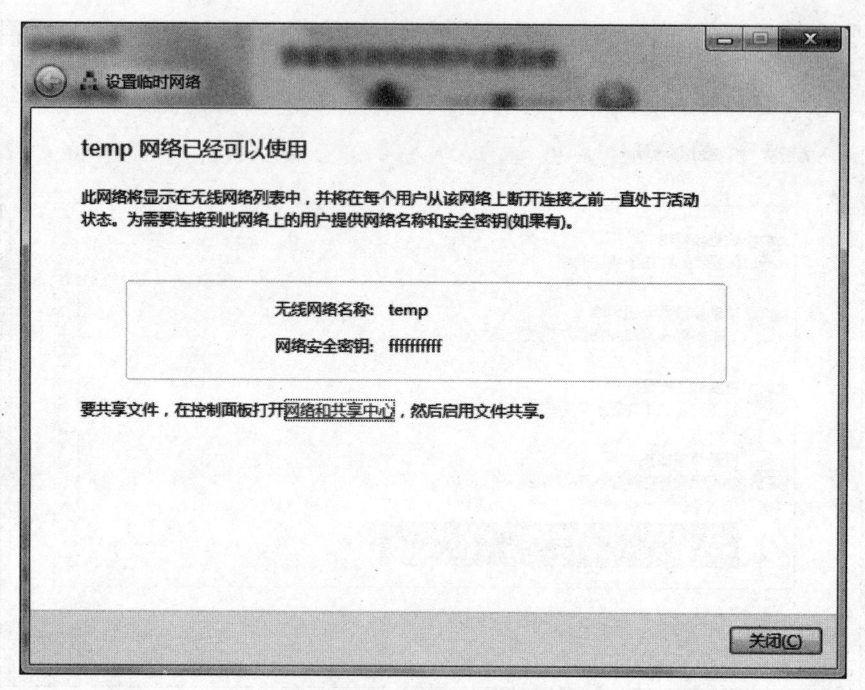

图 3－10　临时网络设置完成

（6）单击“关闭”按钮，完成 PC1 无线临时网络的设置。单击任务栏右侧的无线连接图标，可在弹出的菜单中看到刚刚设置完成的无线网络连接 temp，会发现该连接处于“断开”状态。

步骤 3：配置 PC2 的无线网络。

（1）单击 PC2 右侧的无线连接图标，在弹出的菜单中选择 temp 连接，展开该连接后单击该连接下的“连接”按钮，如图 3－11 所示。

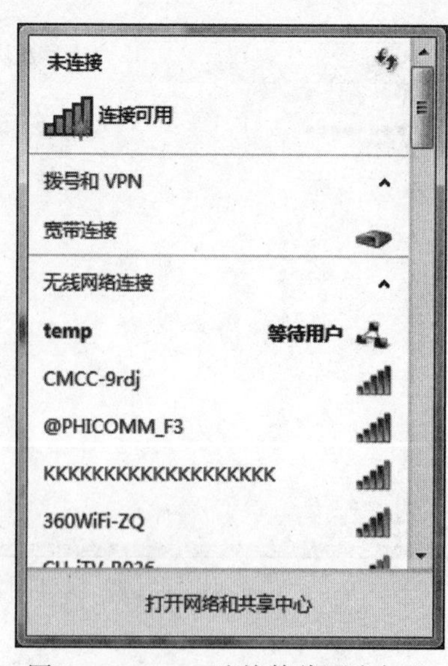

图 3－11　temp 连接等待用户加入

（2）弹出输入密码对话框，在该对话框中输入在 PC1 上设置的 temp 无线连接的密码，如图 3－12 所示。

（3）单击“确定”按钮，完成 PC1 和 PC2 的无线对等网络的连接。

（4）这时查看 PC2 的无线连接，发现“等待用户”已经变成了“已连接”状态，如图 3－13 所示。

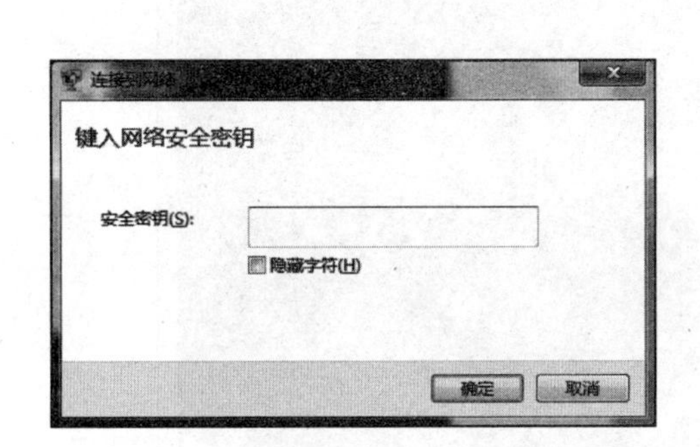

图 3－12　输入 temp 无线连接的密码

图 3－13　“已连接”状态

步骤 4：配置 PC1 和 PC2 无线网络的 TCP/IP。

（1）在 PC1 的“网络和共享中心”窗口中单击“更改适配器设置”超链接，打开“网络连接”窗口，右击无线网络适配器 Wireless Network Connection，弹出快捷菜单，如图 3－14 所示。

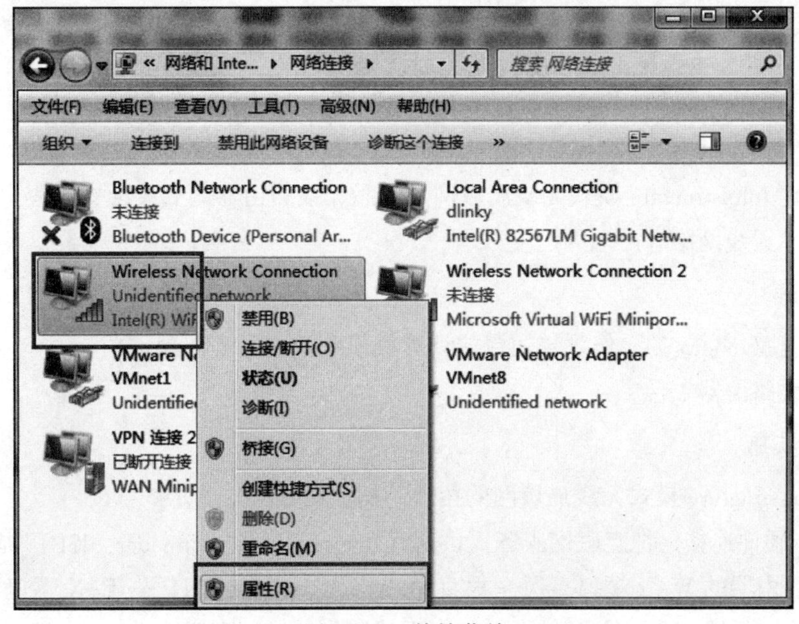

图 3－14　快捷菜单

（2）选择“属性”命令，弹出“无线网络连接 属性”对话框。在此对话框中设置 IP 地址为 192.168.0.1，子网掩码为 255.255.255.0。

（3）同理，设置 PC2 的无线网卡的 IP 地址为 192.168.0.2，子网掩码为 255.255.255.0。

步骤 5：测试连通性。

（1）测试 PC1 与 PC2 的连通性。在 PC1 中运行 ping 192.168.0.2 命令，如图 3－15 所示，表明与 PC2 连通良好。

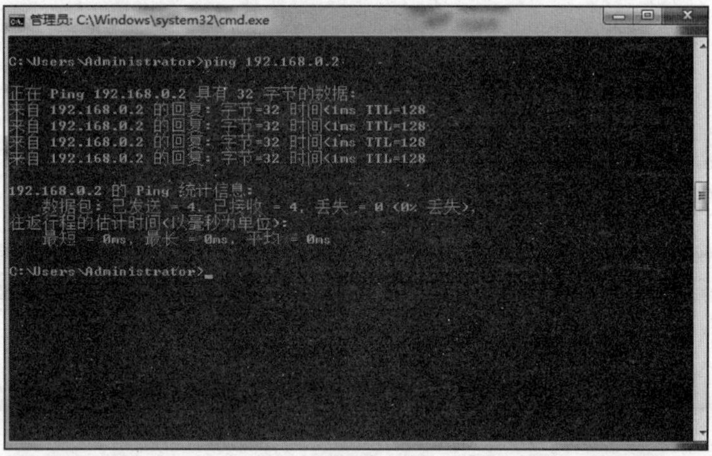

图 3－15 在 PC1 上测试与 PC2 的连通性

（2）测试 PC2 与 PC1 的连通性。在 PC2 中运行 ping 192.168.0.1 命令，测试与 PC1 的连通性。

至此，Ad－Hoc 模式无线对等网络组建完成。

3.2.2 组建 Infrastructure 模式无线局域网

1. 任务目标

（1）组建 Infrastructure 模式无线局域网，熟悉无线路由器的安装配置过程。

（2）熟悉无线网络客户端的配置方法。

2. 任务环境

（1）装有 Windows 7 操作系统的台式计算机或笔记本电脑 2 台。

（2）无线路由器 1 台。

3. 任务实施

组建 Infrastructure 模式无线局域网的拓扑结构如图 3－16 所示。

步骤 1：硬件连接。把互联网服务提供商（Internet Service Provider，ISP）提供的入室网线接入无线路由器的 WAN 端口，用一根直通线将无线路由器的任一 LAN 端口与 PC1 上的网卡接口相连。后续的步骤中将利用 PC1 对无线路由器进行配置。

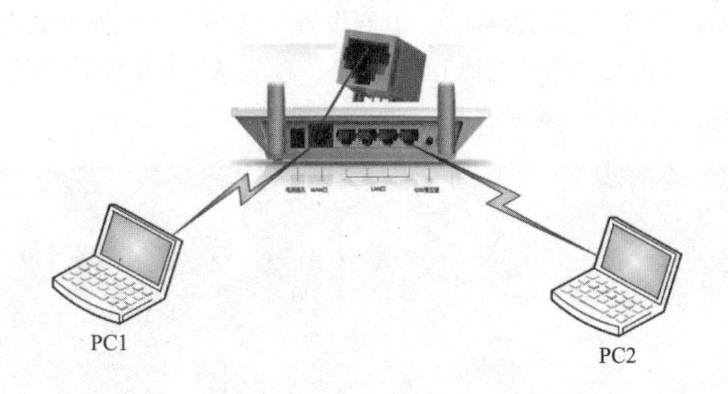

图3－16　Infrastructure模式无线局域网的拓扑结构

步骤2：配置PC1的网络参数。将PC1的IP地址设置为192.168.1.8，子网掩码设置为255.255.255.0，网关设置为192.168.1.1。

步骤3：登录并管理无线路由器。

（1）在浏览器中输入路由器的管理页面地址，一般都是192.168.1.1（有一些老式的路由器是192.168.0.1，如果不确定，可以查看该路由器的产品说明书）。

（2）如果是新购买的或是已经恢复了出厂设置后的TP－Link路由器，此时显示的是设置管理员密码界面。在相应的文本框中输入密码，并再次输入进行确认，创建完毕后，单击"确定"按钮，如图3－17所示。如果不是首次登录，则显示登录界面。在相应的文本框中输入首次登录时设置的管理员密码，单击"确定"按钮即可进入无线路由器的管理界面，如图3－18所示。

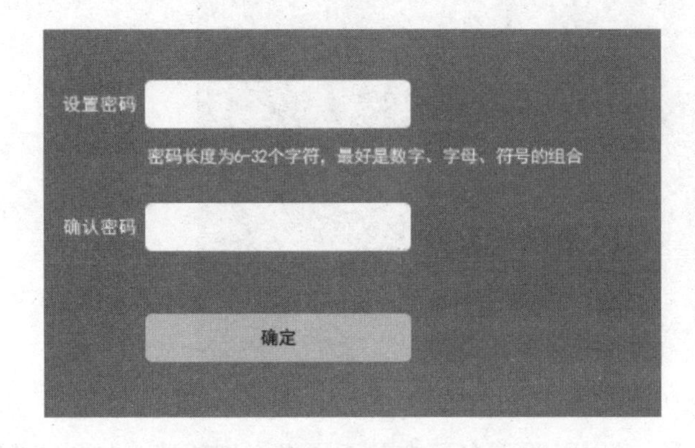

图3－17　设置管理员密码

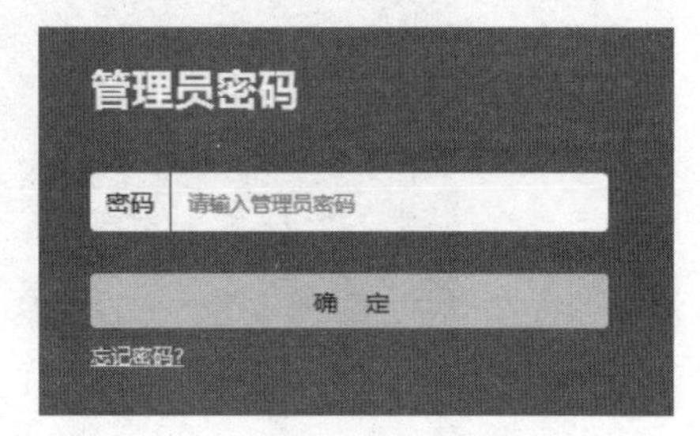

图3－18　管理员登录界面

（3）登录后，选择界面右下方的"路由设置"选项，如图3－19所示。

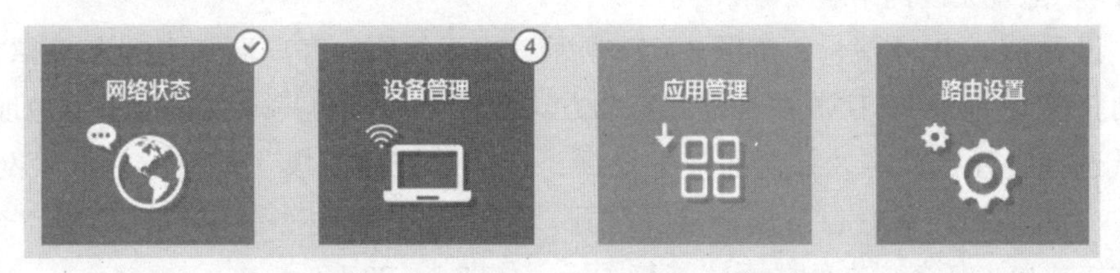

图3－19　选择"路由设置"选项

（4）选择“路由设置”左侧窗格的“上网设置”选项卡，上网方式选择“宽带拨号上网”（PPPOE 方式，现在大多都是这种上网方式），输入从 ISP 中申请到的宽带账号和密码，单击“连接”按钮，如图 3－20 所示。

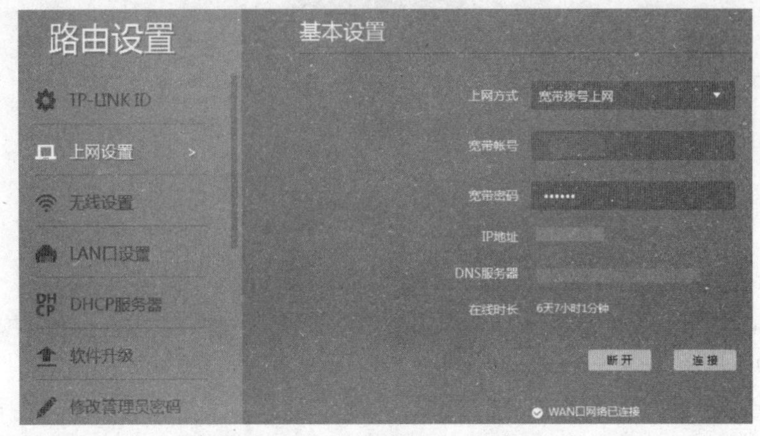

图 3－20　路由设置——上网设置

（5）为使家庭中的无线设备也能连网，选择“路由设置”左侧窗格的“无线设置”选项卡，在右侧窗格中设置无线名称和无线密码，设置完毕后，单击“保存”按钮，如图 3－21 所示。

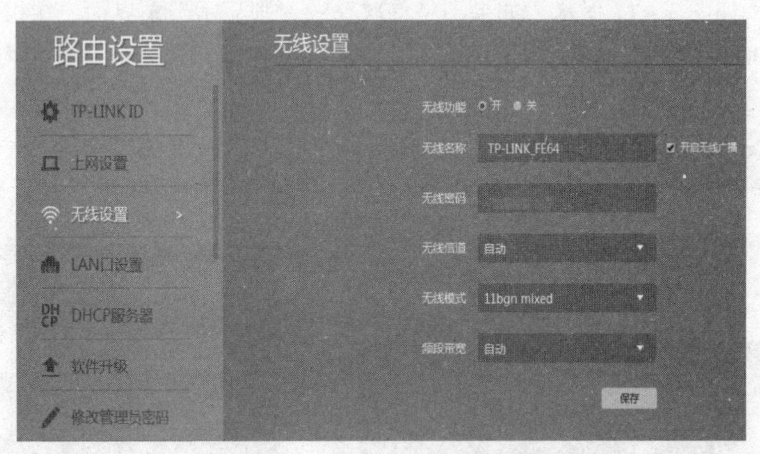

图 3－21　路由设置——无线设置

无线路由器还有其他的高级设置，但平时用得并不多，在此不再做详细阐述，如果有需要，请自行查阅相关资料。

步骤 4：配置无线网络客户端。

（1）设置 TCP/IPv4 属性，如图 3－22 所示，将无线网络客户端 IP 地址的获取方式设置为“自动获得 IP 地址”，DNS 服务器的获取方式设置为“自动获得 DNS 服务器地址”。

（2）选择“开始”→“控制面板”命令，打开“控制面板”窗口，单击“网络和 Internet”→“网络和共享中心”超链接，打开“网络和共享中心”窗口，单击“连接到网络”超链接或单击任务栏右侧的无线连接图标，如图 3－23 所示。

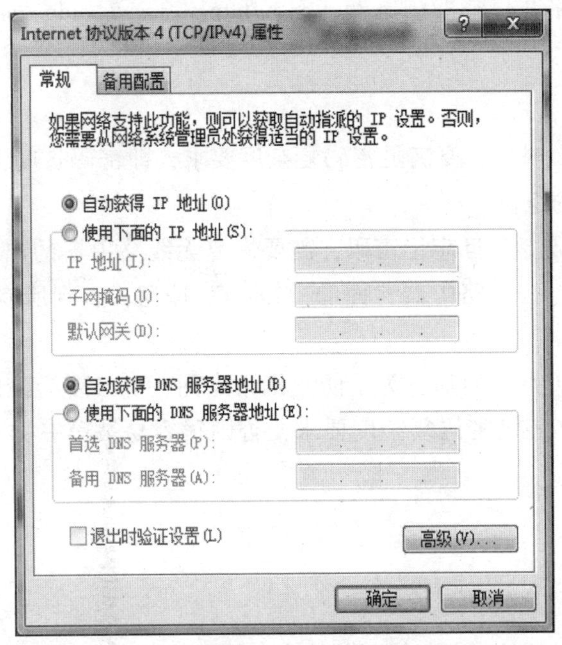

图 3－22　设置 TCP/IPv4 属性

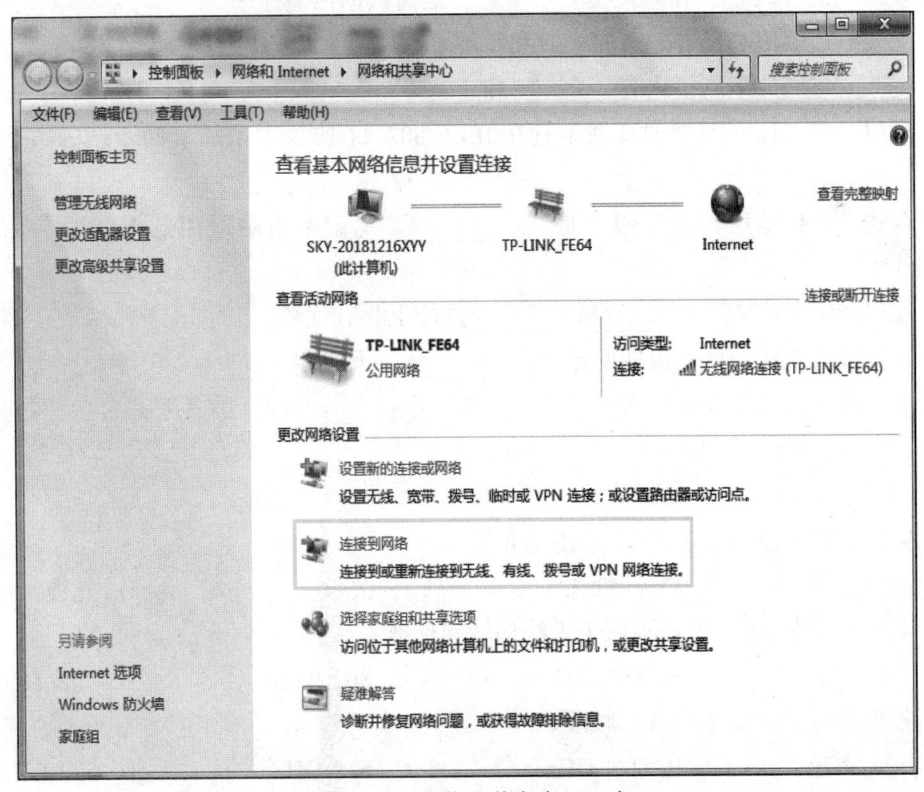

图 3－23　“网络和共享中心”窗口

（3）在弹出的菜单中选择前面设置的无线路由器的名称，单击“连接”按钮，输入正确的密码后即可成功连接。连接成功后，任务栏右下角的图标由 变成 。

(4) 打开无线网络客户端的浏览器，输入 http://www.baidu.com，测试是否能够成功登录百度首页。

4. 注意事项

(1) 设置登录密码时，需要满足密码复杂度要求，即密码长度为 6 ~ 32 个字符，最好是数字、字母和符号的组合。

(2) 牢记登录密码。一旦忘记密码，需要恢复无线路由器的出厂设置。恢复方法是：在设备通电的情况下，按住路由器背面的“Reset”按钮，直到所有指示灯同时亮起后再松开。

(3) 家用无线路由器开启后，为了防止别人蹭网，有必要为该路由器设置连接密码。设置密码时，同样需要满足密码复杂度要求，否则很容易被第三方 Wi - Fi 破解软件成功破解。

练习题

一、填空题

1. ________是局域网技术与无线通信技术相结合的产物。

2. IEEE 802.11a 的工作频段是________，最高数据传输速率________。

3. 无线路由器的端口有________口和________口。

4. 无线局域网的组网模式有________和________。

5. IEEE 802.11g 的重要改变在于它在 IEEE 802.11 协议中增加了两个新的数据传输速率：________和________。

6. 台式计算机适用的无线网卡是__________，笔记本电脑适用的无线网卡是__________。

7. IEEE 802.11a 在________和________性能上具有优势。

8. 无线接入点在结构上包括发送器、________、天线和________。

9. 无线局域网的天线可分为__________与__________两种，前者较适合于长距离使用，而后者则较适合区域性应用。

二、选择题

1. WLAN 技术使用了（　　）传输介质。

A. 无线电波　　B. 双绞线　　C. 光波　　D. 光缆

2. 下列选项中，（　　）不属于无线局域网标准。

A. 802.11a　　B. 802.11b　　C. 802.11ab　　D. 802.11n

3. 蓝牙设备工作在（　　）频段。

A. 900 MHz　　B. 2.4 GHz　　C. 5.8 GHz　　D. 5.2 GHz

4. 一个学生在自习室里使用无线连接到他的实验合作者的笔记本电脑，他正在使用的是（　　）无线模式。

A. Ad - Hoc 模式　　B. 基础结构模式

C. 固定基站模式　　D. 漫游模式

5. 当无线客户端检测不到信号时，不太可能的原因是（　　）。

A. 可能是配置问题，配置有误可能导致接入点没有发射信号

B. 可能是信号弱的问题，信号弱可能导致覆盖不到

C. 可能是客户端问题，客户端设置错误可能导致搜索不到信号

D. 信号相互干扰的问题

6. 要想组建一个基础结构的无线局域网，以下（　　）设备是必须的。

A. 交换机　　B. 路由器

C. 接入点　　D. 笔记本电脑

7. 无线局域网技术中，按数据传输速率比较，最快的是（　　）。

A. RFID　　B. Bluetooth

C. Zigbee　　D. UWB

8. 以下（　　）不是无线局域网常见的故障。

A. 安装了与无线网卡配套的软件，但不能用它更改网络设置

B. 安装好 USB 无线网卡后却访问不到

C. 拔下 PCMCIA 接口的无线网卡时系统死机

D. 无线信号较弱

9. （　　）是宽带路由器必备的功能之一。

A. 虚拟拨号　　B. 分流

C. 防火墙　　D. 拨号

10. 人们通常所说的 IEEE 802. 11a/b/g 等无线局域网标准主要是根据（　　）的不同来区分的。

A. 物理层　　B. 网络层

C. 传输层　　D. 应用层

三、简答题

1. 简述无线局域网的优缺点。

2. 简述 IEEE 802. 11a/b/g/n 的区别。

3. 简述无线接入点与无线路由器的区别。

4. 简述蓝牙技术及其具备的特点。

四、实训练习

1. 练习目的

（1）掌握无线路由器的硬件连接方法。

（2）掌握无线路由器的配置过程。

（3）掌握无线网络接入设备的网络配置方法。

2. 练习环境

佳明的父亲在联通营业厅申请了一个宽带账户，账户名为 LT2019002，初始密码为 666666。考虑到家里除了一台台式计算机外，还有笔记本电脑和手机等无线接入设备，他又

从科技市场购买了一款 TP－Link 无线路由器。

3. 练习要求

（1）假如联通宽带的进口网线已经接入佳明家中，为实现上网目的，请帮助佳明的父亲完成相关的硬件连接（写出连接方法）。

（2）利用家中原有的台式计算机完成对无线路由器的配置。

（3）利用笔记本电脑连接无线路由器，测试网络的连通性。

项目 4

划分网络地址

任务描述

Internet 是世界上最大的广域网，我们可以在这个网络上聊天、购物、娱乐、上传或下载文件。然而这些连接在网络上的计算机是如何找到对方的呢？它们应该具有各自的地址标识，就像我们通信时需要知道彼此的地址一样。网络中计算机的地址是如何标识的？本项目将带领大家学习此内容。

学习目标

➢ 掌握 TCP/IP 体系结构的相关知识；
➢ 掌握 IP 地址的相关知识；
➢ 掌握子网划分的方法；
➢ 掌握 IPv6 的相关知识；
➢ 了解 IPv4 与 IPv6 数据报的组成。

4.1 知识要点

4.1.1 TCP/IP 体系结构

TCP/IP 是当今计算机网络最成熟、应用最广泛的网络互联技术。TCP/IP 的开始发于 20 世纪 60 年代后期，先于 OSI/RM，因此不完全符合 OSI/RM 标准。OSI/RM 概念清晰，但结构复杂，实现起来比较困难，特别适合用来解释其他的网络体系结构；而 TCP/IP 简单、实用，因此得到了广泛的应用，现已成为事实上的工业标准。

TCP/IP 解决了异构网络系统的通信问题，向高层隐藏低层物理网络技术的细节，为用户提供了统一的通信服务。TCP/IP 是一个协议集，TCP 和 IP 只是其中的两个协议，也是最基本、最重要的两个协议，因此通常用 TCP/IP 来代表整个 TCP/IP 网络体系。

TCP/IP 与 OSI/RM 一样，也采用分层体系结构，但与 OSI/RM 不同的是，它分为 4 层，分别是网络接口层、网际层、传输层和应用层。其中每一层完成不同的通信功能。OSI/RM 与 TCP/IP 协议集的对应关系见表 4－1。

表 4－1　OSI/RM 参考模型与 TCP/IP 协议集的对应关系

OSI/RM	对应	TCP/IP 协议集	
应用层	✍	应用层	HTTP、DNS、FTP、SMTP、Telnet 及其他应用协议
表示层			
会话层			
传输层	✍	传输层	TCP、UDP
网络层	✍	网际层	IP、ARP、RARP、ICMP
数据链路层	✍	网络接口层	各种通信网络接口（物理网络）
物理层			

1. 网络接口层

网络接口层与 OSI/RM 中的物理层和数据链路层相对应。网络接口层是 TCP/IP 与各种 LAN 或 WAN 的接口。

网络接口层在发送端将上层的 IP 数据报封装成帧后发送到网络上，数据帧通过网络到达接收端时，该节点的网络接口层对数据帧拆封，并检查数据帧中包含的 MAC 地址。如果该地址就是本机的 MAC 地址或者广播地址，则将其上传到网际层，否则丢弃该帧。

2. 网际层

网际层与 OSI/RM 中的网络层相对应，该层负责管理不同设备之间的数据交换。网际层包含以下几个主要协议。

（1）网际协议：发送方与接收方使用 IP 地址来唯一地识别发送端和接收端。IP 规定了计算机在 Internet 上通信时所必须遵守的一些基本规则，以确保路由的正确选择和报文的正确传输。

（2）网际控制报文协议（Internet Control Message Protocol，ICMP）：处理路由，协助 IP 实现报文传送的控制机制，提供错误和信息报告。

（3）地址解析协议（Address Resolution Protocol，ARP）：将网际层地址转换为数据链路层地址。

（4）逆向地址解析协议（Reverse Address Resolution Protocol，RARP）：将数据链路层地址转换为网际层地址。

3. 传输层

传输层与 OSI/RM 七层模型的传输层功能相对应，该层的功能是确保所有传输到某个系统的数据正确无误地到达该系统。该层的主要协议如下：

（1）传输控制协议（Transmission Control Protocol，TCP）：该协议提供面向连接的可靠数据传输服务。它通过提供校验位，为每个字节分配序列号，提供确认与重传服务，确保数据的可靠传输。

（2）用户数据报协议（User Datagram Protocol，UDP）：该协议采用无连接的数据报传输

方式，提供不可靠的数据传输。UDP 与 TCP 相比更加简单，数据传输速率也比较高。UDP 一般用于一次传输少量信息的情况，如数据查询等。

4. 应用层

应用层作为 TCP/IP 模型的最高层，与 OSI/RM 的上三层对应，为各种应用程序提供了使用的协议。标准的应用层协议主要有以下几种。

（1）超文本传输协议（Hyper Text Transfer Protocol，HTTP）：用来访问在 WWW 服务器上的各种 Web 页面［用 HTML（Hyper Text Markup Language，超文本标记语言）编写的页面］。

（2）文件传输协议（File Transfer Protocol，FTP）：为文件的传输提供了途径，允许主机从 FTP 服务器上下载文件，也可以向 FTP 服务器上传文件。

（3）远程登录协议（Telnet）：实现 Internet 中的工作站登录到远程服务器的能力。

（4）简单邮件传输协议（Simple Mail Transfer Protocol，SMTP）：实现 Internet 中电子邮件的传送功能。

（5）域名系统（Domain Name System，DNS）：用于实现域名到 IP 地址的相互转换。

（6）简单网络管理协议（Simple Network Management Protocol，SNMP）：实现网络设备彼此之间交换管理信息，使网络管理员能够管理网络性能、定位和解决网络故障。

TCP/IP 的特点可以归纳如下：

（1）开放的协议标准，独立于特定的计算机硬件和操作系统。

（2）统一的网络地址分配方案，采用与硬件无关的软件编址方法，可使网络中的所有设备都具有唯一的 IP 地址。

（3）独立于特定的网络硬件，可以运行在局域网、广域网中，特别适用于 Internet。

（4）标准化的高层协议，可以提供多种可靠的用户服务。

5. TCP/IP 通信模型

图 4－1 所示为 TCP/IP 的通信模型，该模型尽管是由分析主机 A 和主机 B 通信而来的，但该模型也适合于网络中其他主机之间的通信描述。主机 A 的物理网络是以太网，数据链路层使用的是以太网网卡和以太网驱动程序。路由器是一个具有多个接口的网络互连设备，它的功能是把分组从一个网络转发到另一个网络。在 TCP/IP 中，网络互联是通过网际层来实现的，因此路由器通常只处理与互联网数据传输有关的低两层协议。在该模型中，主机 A 和主机 B 组成了端到端（End to End）的系统。

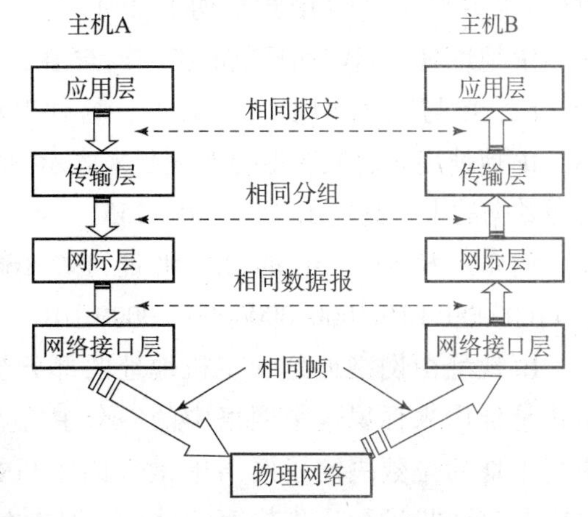

图 4－1　TCP/IP 的通信模型

6. 数据的封装与传递过程

在本节所举的例子中，当主机 A 的 FTP 客户程序向主机 B 的 FTP 服务器程序提出服务请求时，可以把由用户输入的 FTP 命令和参数看成由主机 A 传到主机 B 的“数据包”。当应用程序用 TCP 传输数据时，数据被送入协议栈中，然后逐个通过每一层直到被当作一串比特流送入物理网络中，其中每一层对从它的上层接收到的数据都要增加一些头部信息（有时还要增加尾部信息）。这种增加数据头部（和尾部）的过程称为数据封装。

数据送到接收方对等层后，接收方将识别、提取和处理发送方对等层所加的数据头，这个过程称为数据的解封装或拆包，TCP/IP 数据的封装与解封装过程如图 4－2 所示。

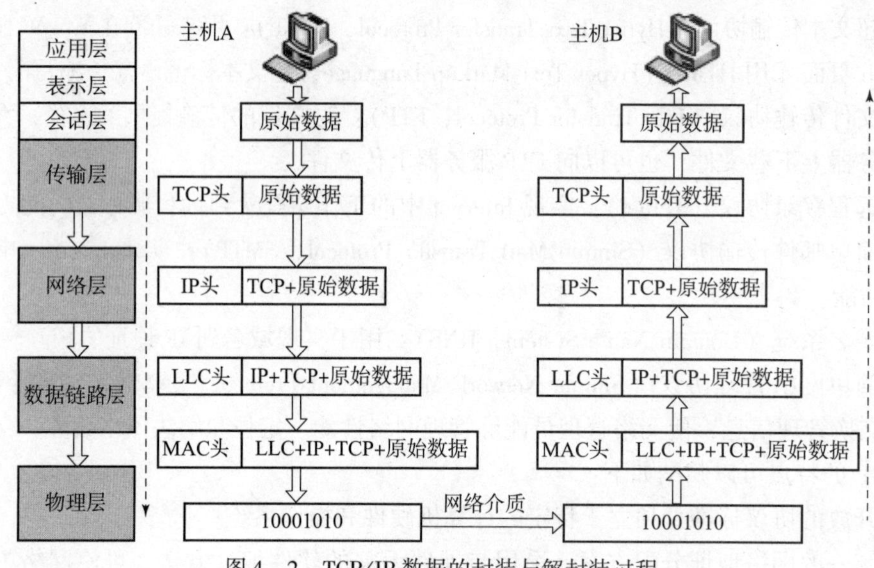

图 4－2　TCP/IP 数据的封装与解封装过程

4.1.2　IP 地址的概念

Internet 是世界上最大的广域网，要在这个庞大的网络中进行数据通信，要求每台计算机和通信设备有一个唯一的地址来进行标识。通过这个地址我们可以知道数据的发送方和接收方，在 Internet 上为每台计算机或通信设备指定的这种地址称为 IP 地址。IP 地址有 IPv4 和 IPv6 两个版本，目前常用的是 IPv4 版本，但在不久的将来，它终将会被 IPv6 取代。以下讲解内容中所涉及的 IP 地址均指 IPv4。

IP 地址具有固定和规范的格式。它由 32 位二进制组成，每 8 位二进制位组成一段，分为 4 段，段与段之间用“.”隔开，这种表示方法称为点分十进制法。为了便于识别和表达，IP 地址用我们最熟悉的十进制来表示，每段转化成为一个十进制数，因此，IP 地址中每段数据的十进制表示范围为 0～255。

例如，我们常用的 IP 地址 192.168.1.10，它对应的二进制数的地址表达为 11000000.10101000.00000001.00001010。

IP 地址由网络地址和主机地址两部分组成，其中网络地址用来标识一个物理网络，主机地址用来标识这个网络中的一台主机。网络地址的位数决定了可以分配的网络数，主机地址的位数决定了网络中最大的主机数。IP 地址的层次结构决定了其在进行寻址时需要分两步进行。先按 IP 地址中的网络地址找到物理网络，再按主机地址找到具体的主机。

4.1.3　IP 地址的种类

1. IP 地址的常规分类

由于整个互联网所包含的网络规模可能很大，也可能比较小，因此设计者选择了一种灵活的方案将 IP 地址空间划分成不同的类别，每种类别具有不同的网络地址位数和主机地址位数。

IP 地址分为 A 类到 E 类共 5 类，常用的是 A 类、B 类和 C 类。为了区分 A、B、C 三类地址，其最高位分别设置为 0、10、110，称为类别标识位，如图 4－3 所示。

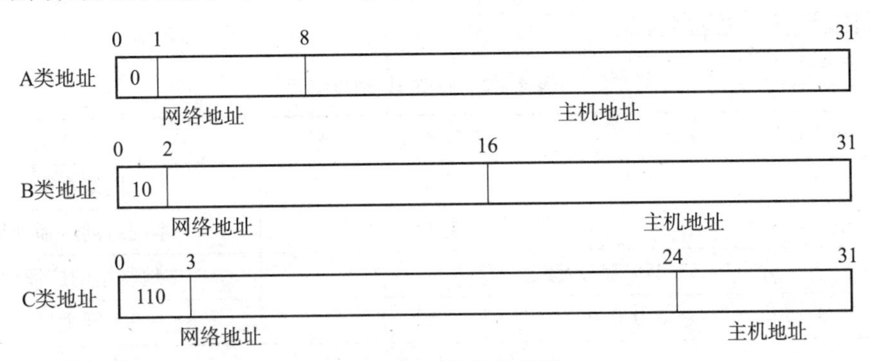

图 4－3　IP 地址的分类

A 类 IP 地址用前 8 位来标识网络地址，24 位标识主机地址，最前面一位为 0。A 类 IP 地址所能表示的网络数范围为 0～127。由于网络地址全为 0 和全为 1 的地址用作特殊用途，因此 A 类 IP 地址的范围为 1.0.0.0～126.255.255.255。每个网络所能容纳的主机数为 16 777 212（$2^{24}-2$）台。A 类 IP 地址通常适用于大型网络。

B 类 IP 地址用 16 位来标识网络地址，16 位标识主机地址，最前面两位为 10。网络地址和主机地址的数量大致相当，分别用两个 8 位来表示。B 类 IP 地址的范围为 128.0.0.0～191.255.255.255，每个网络所能容纳的主机数为 65 534（$2^{16}-2$）台。B 类 IP 地址适用于中等规模的网络，如各地区的网络管理中心。

C 类 IP 地址用 24 位来标识网络地址，8 位标识主机地址，最前面三位为 110。网络地址的数量要远大于主机地址。C 类 IP 地址的范围为 192.0.0.0～223.255.255.255，每个网络所能容纳的主机数为 254（$2^{8}-2$）台。C 类 IP 地址一般适用于校园网等小型网络。

D 类地址是组播地址，不用于标识网络，不能出现在 IP 报文的源 IP 地址字段中。例如，224.0.0.5 就是一个 D 类的组播地址，它表示所有运行开放式最短路径优先（Open Shortest Path First，OSPF）路由协议的路由器。D 类 IP 地址的范围为 224.0.0.0～239.255.255.255。

E 类 IP 地址暂时保留，以备将来使用。E 类 IP 地址的范围为 240.0.0.0～247.255.255.255。

IP 地址的网络地址由国际互联网信息中心（Network Information Center，NIC）负责统一分配。目前全世界共有 3 个 NIC，分别为 InterNIC（负责美国及其他地区）；ENIC（负责欧洲地区）；APNIC（Asia－Pacific Network Information Center）（负责亚太地区）。我国申请 IP 地址要通过 APNIC，其总部设在日本东京大学。

中国互联网络信息中心（China Internet Network Information Center，CNNIC）是 APNIC 认定的中国大陆地区唯一的国家互联网注册机构（National Internet Registry；NIR）。其于 1997 年成立了以 CNNIC 为召集单位的 CNNIC IP 地址分配联盟，帮助中国大陆地区的相关单位和组织从亚太互联网注册机构（APNIC）申请 IP 地址和 AS 号码互联网资源。中国的 ISP/IDC/ICP/企事业单位获得 IP 地址和 AS 号码最有效的方法是申请加入 CNNIC IP 地址分配联盟，向 CNNIC 申请 IP 地址和 AS 号码资源。

2. **特殊 IP 地址**

在所有 IP 地址中，有一些 IP 地址被赋予了特殊的作用。这类 IP 地址不能分配给某一台具体的主机或设备，见表 4－2。

表 4－2　特殊 IP 地址

网络地址	主机地址	代表含义
Net－Id	全 0	网络本身
Net－Id	全 1	本网络的广播地址
255.255.255.255		本地网络的广播地址
0.0.0.0		本网主机
127	Host－id	测试地址

3. **私网地址**

私网地址不需要注册，只用于局域网内部。该地址在局域网内部也必须是唯一的。当网络上的公用地址不够用时，可以利用网络地址转换实现利用少量公网地址把大量配有私有地址的主机连接到公网上的效果。IP 地址分为 5 类，其中 A、B、C 三类中各保留了部分区域作为私网地址，分别如下：

A 类地址：10.0.0.0～10.255.255.255。

B 类地址：172.16.0.0 ～172.31.255.255。

C 类地址：192.168.0.0～192.168.255.255。

私网地址不能在公网上出现，只能用在内部网络中，所有的路由器都不能发送目标地址为私网地址的数据报。

4.1.4　IP 与 IP 数据报

IP 是 TCP/IP 模型中最基本的部分，运行在网络层上，可实现异构网络之间的互联互通。它是一种不可靠的、无连接的协议。IPv4 定义了在整个 TCP/IP 互联网上数据传输所用的基本单元，规定了互联网上传输数据的确切格式：IP 完成路由选择功能，选择一个数据发送的路径；除了数据格式和路由选择精确而正式的定义之外，还包括一组体现了不可靠分组传送思想的规则。这些规则指明了主机和路由器如何处理分组、何时及如何发出错误信息及在什么情况下放弃分组。

IPv4 协议的数据报格式见表 4－3。

表 4－3　IPv4 协议的数据报格式

<table>
<tr><td>版本</td><td>IHL</td><td>服务类型</td><td colspan="4">报文总长度</td></tr>
<tr><td colspan="3">标识符</td><td></td><td>D</td><td>M</td><td>分片偏移量</td></tr>
<tr><td colspan="2">TTL</td><td>协议</td><td colspan="4">首部校验和</td></tr>
<tr><td colspan="7">源 IP 地址（32 位）</td></tr>
<tr><td colspan="7">目的 IP 地址（32 位）</td></tr>
<tr><td colspan="7">IP 选项与填充数据</td></tr>
<tr><td colspan="7">用户数据
……</td></tr>
</table>

表 4－3 中各字段含义如下。

（1）版本。该字段长 4 位，表示 IP 的版本号，当前版本是 IPv4，值为 0100。

（2）IHL。该字段长 4 位，表示 IP 头部的长度（指除了用户数据之外的长度）以 32 位二进制为基本单位，即该字段值表示该 IP 头部的长度为多少个 32 位的长度。该字段值最小是 5，即 20 字节。

（3）服务类型。服务类型包括 3 位优先权字段、4 位服务类型字段。用于区分可靠性、优先级、延迟和吞吐率的参数。

（4）报文总长度。报文总长度字段指明了整个 IP 分组的长度，该长度是以字节为单位的。

（5）标识符。标识字段可以唯一标识一个 IP 分组。在穿过不同网络时，一个较大的 IP 分组可能在其他网络中被拆分成若干个小的分片。当 IP 分组穿过这些网络后必须对这些分片进行重组，这时就需要标识字符来判断某个分片属于哪一个分组。

（6）标志字段。标志字段只有 3 位，第一位没有定义，必须为 0；第二位 D 指明该 IP 分组是否可以被分片；第三位 M 指明当前分片是否为最后一个分片。

（7）分片偏移量。该字段长 13 位。既然 IP 分组可能被分片，那么必须有一个字段指明当前分片在原始 IP 分组中的偏移地址。

（8）TTL。该字段表示生存时间，指明了该 IP 分组的生命期。当 IP 分组通过一个路由器时，该分组的 TTL 值将被减 1；如果 TTL 值为 0，该 IP 分组将被丢弃，从而避免路由环路的问题。

（9）协议。该字段指出了哪一个高层协议在使用 IP。例如，6 代表 TCP，17 代表 UDP。

（10）首部校验和。首部校验和字段用于保证首部的完整性。

（11）源 IP 地址和目的 IP 地址。这两个字段指出了 IP 分组的源主机和目的主机的 IP 地址。

（12）IP 选项与填充数据。该字段可以扩充 IP 分组的含义，目前有一些可选项的定义。但是，目前很少使用这些定义项，因为并不是所有的主机和路由器都支持这些可选项。由于 IP 首部必须是 32 位的整数倍，因此，必要时会在可选项后插入一些 0 以保证 IP 首部长度的要求。

(13) 用户数据。该字段主要指由传输层传送下来或送往传输层的数据报文。

4.1.5 子网掩码与子网划分

1. 子网掩码概述

子网掩码与IP地址一样，也是用32位二进制来表示。其作用是声明指定的IP地址中哪些位属于网络地址，哪些位属于主机地址。IP地址与子网掩码必须成对出现，缺一不可。

通过前面的学习可知IP地址是由网络地址和主机地址组成的。那么网络当中的设备如何知道一个IP地址中哪些位属于网络地址，哪些位属于主机地址呢？子网掩码就是来解决这个问题的。整个子网掩码由两部分组成，从左到右一部分全为1，另外一部分全为0。子网掩码中1的位数取决于IP地址中网络地址的位数，而0的位数则取决于IP地址中主机地址的位数，即子网掩码中为1的部分对应的IP地址位为网络地址位，为0的部分对应的IP地址位为主机地址位。由此可推断出A类地址的子网掩码为255.0.0.0，B类地址的子网掩码为255.255.0.0，C类地址的子网掩码为255.255.255.0。这些子网掩码称为A、B、C 3类IP地址的默认子网掩码，见表4-4。在描述某主机的IP地址时，需要同时给出该主机对应的子网掩码。例如，IP地址为192.168.1.8的子网掩码为255.255.255.0，也可写为192.168.1.8/24，表示该IP地址当中有24位表示网络地址。

表4-4 默认子网掩码

类别	子网掩码的二进制数	子网掩码的十进制数
A	11111111.00000000.00000000.00000000	255.0.0.0
B	11111111.11111111.00000000.00000000	255.255.0.0
C	11111111.11111111.11111111.00000000	255.255.255.0

2. 利用子网掩码判定IP地址中的网络地址和主机地址

将32位的子网掩码与IP地址分别转化为二进制，进行逻辑与运算，得到的结果就是网络地址；将子网掩码取反后，再与IP地址进行二进制的逻辑与运算，得到的结果就是主机地址。

例如，某主机的IP地址为192.168.1.18，子网掩码为255.255.255.0，则该IP地址对应的二进制数为11000000 10101000 00000001 00010010，子网掩码对应的二进制数为11111111 11111111 11111111 00000000。进行逻辑与运算后，结果为11000000 10101000 00000001 00000000，即该IP地址所属网络的网络地址为192.168.1.0。子网掩码取反的二进制数为00000000 00000000 00000000 11111111，进行逻辑与运算后，结果为00000000 00000000 00000000 00010010，即该IP地址所属网络的主机地址为18。

TCP/IP利用子网掩码来判断IP地址中的网络地址位和主机地址位，进而判断两个IP地址是否属于同一网络。

3. 利用子网掩码划分子网

根据前面所学的知识，我们很容易发现A类地址中每个网络可以容纳16 777 212（$2^{24}-2$）台主机，B类地址中每个网络可以容纳65 534（$2^{16}-2$）台主机，C类地址中每个网络可以容纳2 54（$2^{8}-2$）台主机。在进行实际网络规划设计时，基本不可能出现A类或B类那么多台主机，此时就需要对网络进行子网划分。子网掩码机制提供了划分子网的方法，子网划分的主要作用包括以下几个方面。

（1）节省IP地址。由于网络规模的限制，初始IP地址分类中的大部分IP地址被闲置，得不到充分利用。子网划分后每个网络中包括的主机地址数减少，能够更好地匹配实际应用中的网络规模，从而使IP地址得到充分的利用。

（2）便于网络管理。将某一网络划分为几个子网后，可对本子网中的主机进行单独管理，容易控制。

（3）减少网络上的数据通信量。将某一网络划分为几个子网后，大部分的数据通信在子网内部进行，从而减少了网络上的数据通信量。

（4）解决物理网络本身的硬件问题，如网络覆盖范围超过以太网段传输介质最大长度的问题。

划分子网，就是在IP地址中增加表示网络地址的位数，减少表示主机地址的位数。划分子网后，IP地址原有的两级结构转变为三级结构（网络标识位＋子网标识位＋主机标识位）。

下面举例说明如何进行子网划分。例如，某企业下设人力资源部、财务部、市场部、销售部、技术部和后勤部6个部门，从ISP申请到一个C类IP地址192.168.1.0。为方便网络管理，增加网络安全性，充分利用申请到的IP地址，需要进行子网划分。

第一步：根据需要划分的子网数，确定子网标识位的位数。该企业下设6个部门，因此需要划分6个子网。设子网标识位的位数为N，则有$2^{N}-2\geqslant 6$，取使该不等式成立的最小整数值，很容易算得$N=3$，即子网标识位为3位。

第二步：根据申请到的IP地址类型，写出子网掩码的值。由于申请到的IP地址是192.168.1.0，为C类地址，其默认的子网掩码为255.255.255.0，对应的二进制为11111111.11111111.11111111.00000000。根据上一步算得的结果，子网标识位的位数为3位。根据子网掩码的定义，该网络的子网掩码变为11111111.11111111.11111111.11100000，对应的十进制为255.255.255.224。

第三步：根据子网标识位的位数，计算每个子网中的主机地址数。对于C类地址来说，子网标识位的位数为3位时，其主机地址位的位数为5位，因此子网划分后每个子网中的可用主机地址数为$2^{5}-2=30$。

子网划分后，6个子网的地址范围见表4－5。

第四步：子网划分完毕后，将子网分配给企业各部门。各部门根据分配的子网中可用IP地址范围对部门内的主机进行IP地址及子网掩码等网络信息的设置。

表 4-5　6 个子网的地址范围

子网号	子网地址（十进制）	可用主机地址范围	子网广播地址
1	192.168.1.32	192.168.1.33 ~ 192.168.1.62	192.168.1.63
2	192.168.1.64	192.168.1.65 ~ 192.168.1.94	192.168.1.95
3	192.168.1.96	192.168.1.97 ~ 192.168.1.126	192.168.1.127
4	192.168.1.128	192.168.1.129 ~ 192.168.1.158	192.168.1.159
5	192.168.1.160	192.168.1.161 ~ 192.168.1.190	192.168.1.191
6	192.168.1.192	192.168.1.193 ~ 192.168.1.222	192.168.1.223

C 类网络中进行子网划分后，子网标识位的位数与其对应的子网掩码之间的关系见表 4-6。

表 4-6　C 类网络子网划分情况一览表

子网标识位的位数	子网掩码	可用子网数	子网中容纳的可用主机数
0	255.255.255.0	0	254
1	255.255.255.128	0	126
2	255.255.255.192	2	62
3	255.255.255.224	6	30
4	255.255.255.240	14	14
5	255.255.255.248	30	6
6	255.255.255.252	62	2
7	255.255.255.254	126	0
8	255.255.255.255	254	0

4.1.6　IPv6 技术

1. IPv4 与 IPv6

目前互联网中广泛应用的 IP 版本是 4，又称 IPv4。IPv4 是 20 世纪 70 年代制定的协议，在 Internet 的发展过程中起到了很重要的作用。目前随着手机、平板电脑等越来越多的便携式数据终端的出现，不仅计算机需要使用 IP 地址，这些便携式的数据终端也需要使用 IP 地址来实现联网的功能。这样一来，我们对 IP 地址的需求量就越来越大，IPv4 的地址资源就显得非常匮乏。早在 2011 年 2 月，国际地址分配机构（Internet Assigned Numbers Authority，IANA）已将 IPv4 地址空间段的最后 2 个"/8"地址组分配出去。这一事件标志着地区性注册机构（Regional Internet Registry，RIR）可用 IPv4 地址空间中"空闲池"的终结。当然这并不意味着 IPv4 地址无法获得。自 2011 年开始，我国 IPv4 地址总数基本维持不变，截至 2017 年 12 月，共计有 3.38 亿个；而同期我国的网民数量却已达到 7.72 亿，IPv4 地址已远远满足不了日益增长的地址需求。

20 世纪初，相关机构就开始着手 IP 地址的升级工作，其中具有标志意义的是互联网工

程任务组（Internet Engineering Task Force，IETF）1998 年 12 月发布的 RFC 2460——网际协议第 6 版技术规范（Internet Protocol，Version 6 Specification）。许多国家纷纷把 IPv6 技术的研究作为未来网络发展的重要课题，在研发规划中均采用 IPv6 协议作为网络的核心协议。

IPv6 作为下一代互联网协议，其最大的特征是将表达 IP 地址的位数从 32 位扩展到 128 位，表达方式由原来的点分十进制（如 192.168.1.16）变为冒号分十六进制（如 2001：0db8：85a3：08d3：1319：8a2e：0370：7344）。通过 IP 地址位数的扩容，IPv6 能够为所有使用 IP 地址联网的设备提供足够多的地址。IPv6 的地址总数大约为 3.4×10^{38}个，平均到地球表面上，每平方米将有 6.67×10^{23}个地址，足以满足人们对 IP 地址的需求。

2. IPv6 **的优点**

IPv6 的优点如下。

（1）超大的地址空间。

（2）更小的路由表。IPv6 的地址分配一开始就遵循聚类原则，这使得路由器能在路由表中用一条记录表示一片子网，大大减小了路由器中路由表的长度，提高了路由器转发数据包的速度。

（3）更高的安全性。在使用 IPv6 的网络中，用户可以对网络层的数据进行加密并对 IP 报文进行校验，极大地增强了网络安全。

（4）增强的组播支持及对流的支持。这使得网络上多媒体的应用有了长足发展的机会，为服务质量控制提供了良好的网络平台。

（5）加入了对自动配置的支持。这是对 DHCP（Dynamic Host Configuration Protocol，动态主机配置协议）的改进和扩展，可使网络（尤其是局域网）的管理更加方便和快捷。

3. IPv6 **数据报格式**

IPv6 数据报由一个 IPv6 的基本报头、多个扩展报头和一个高层协议数据单元组成。基本报头长度为 40 字节，一些可选内容放在扩展报头中实现，这种设计方法可提高数据报的处理效率。IPv6 数据报格式不向下兼容 IPv4。

IPv6 数据报格式见表 4－7。

表 4－7　IPv6 数据报格式

0　　　4　　　12　　　31

<table>
<tr><td>版本</td><td colspan="2">通信流类别</td><td colspan="2">流标签</td></tr>
<tr><td colspan="3">有效载荷</td><td>下一个报头</td><td>跳数限制</td></tr>
<tr><td colspan="5">源地址（128 位）</td></tr>
<tr><td colspan="5">目的地址（128 位）</td></tr>
</table>

IPv6 数据报的主要字段如下。

（1）版本。该字段长度为 4 位，表示 IP 的版本号，当前版本是 IPv6，值为 0110。

（2）通信流类别。该字段长度为 8 位，指明为该包提供了某种“区分服务”。

（3）流标签。该字段长度为 20 位，用来标识属于同一业务流的包（特定源站到特定目的站)，数据流的命名中包括流标签、源节点地址和目的节点地址。

(4) 有效载荷荷长度。该字段长度为16位，包括净荷的字节长度，指除基本报头外的数据，包含扩展报头和高层数据。

(5) 下一个报头。该字段长度为8位，如果存在扩展报头，则该字段的值指明下一个扩展报头的类型；如果没有扩展报头，则该字段的值指明高层数据的类型。

(6) 跳数限制。该字段长度为8位，每转发一次该值减1，该值为0则丢弃，用于高层设置其超时值。

(7) 源地址。该字段长度为128位，指出发送方的IPv6地址。

(8) 目的地址。该字段长度为128位，指出接收方的IPv6地址。

4. IPv6的地址类型

IPv4有单播、广播和组播3种地址类型，但在IPv6中广播地址类型已不再使用。这对于网络管理员来说是一个好消息，因为在传统的IP网络中出现的很多问题都是由广播引起的。IPv6也有3种地址类型，分别是单播、组播（或称多播）和泛播（或称任意播）。

(1) 单播IPv6地址：单播地址唯一标识一个IPv6节点的接口。发往单播地址的数据包最终传递给这个地址所标识的接口。为适应负载均衡，IPv6协议允许多个接口使用相同的IPv6地址，只要它们对于主机上的IPv6协议表现为一个接口。

(2) 组播IPv6地址：组播地址标识一组IPv6节点的接口。发往组播地址的数据包会被该组播组所有的成员处理。

(3) 泛播IPv6地址：泛播地址指派给多个节点的接口。发往泛播地址的数据包只会传递给其中的一个接口，一般是离得最近的一个接口。

5. IPv6地址自动配置

IPv6地址的一个重要目标是支持节点即插即用，即能够将节点插入IPv6网络中，不需要人工干预即可实现自动配置。

(1) 全状态自动配置。

该类型的配置需要一定程度的人工干预，因为这种类型的地址配置需要动态主机配置协议（DHCPv6）来作IPv6服务器，以便于实现节点的安装和管理。

首先DHCP客户端发送DHCP Solicit消息来发现网络中的DHCP服务器，由于IPv6取消了广播，因此该消息采用组播方式进行发送，目的IPv6地址为所有DHCP服务器和中继代理组播地址（FE02::1:2），源地址为客户端链路本地地址。该消息还可以包含客户端希望获取的一些参数信息。服务器收到DHCP Solicit消息后回复DHCP Advertise消息，向客户端表明自己的可用性。由于网络中可能存在不止一台DHCP服务器，因此，客户端可能收到多个DHCP Advertise消息。客户端通过分析DHCP Advertise消息，选择最合适的服务器并发送DHCP Request消息，然后请求地址或其他一些消息，该消息也以组播地址发送。最后，被客户端选中的服务器发送DHCP Reply消息，响应客户端的请求。

(2) 无状态自动配置。

此类型配置适合小型组织和个体。在此情况下，每个主机通过网络中的路由器获得该网

络使用的网络前缀，与使用 IEEE EUI－64 标准定义的网络接口 ID 结合形成有效的 IPv6 地址，可以确保该地址在链路中是唯一的。

6. **IPv6 地址的表示方式**

IPv6 是互联网协议的第 6 版，是被正式广泛使用的第二版互联网协议。根据 RFC4291（IPv6 Addressing Architecture）的定义，IPv6 地址有 3 种格式：首选格式、压缩表示和内嵌 IPv4 地址的 IPv6 地址表示。

（1）首选格式。

IPv6 的 128 位地址被分为 8 段，每 16 位为一段，每段被转换为一个 4 位十六进制数，并用冒号隔开，这种表示方法称为冒号十六进制表示法。其表示格式为 X:X:X:X:X:X:X:X，其中 X 代表 4 位十六进制数。例如，2001:0410:0000:0001:0000:0000:0000:45FF 就是一个合法的 IPv6 地址。

在首选格式中，IPv6 地址每段中的前导 0 是可以去掉的，但至少要保证每段有一个数字。如果将不必要的前导 0 去掉，上述地址可以表示为：2001:410:0:1:0:0:0:45FF。

（2）压缩表示。

当 IPv6 地址中一个或多个段位各位全为 0 时，为缩短地址长度，可用::（双冒号）表示，但一个地址只允许用一次。例如，下列 IPv6 地址：

FF01:0:0:0:0:0:0:101（连续的 6 段都为 0）

2001:0410:0000:0001:0000:0000:0000:45FF（第 3 段为 0，第 5～7 段为 0）

可压缩表示为

FF01::101（6 段 0 全部压缩）

2001:0410:0:0001::45FF（只有第 5～7 段可以被压缩）

（3）内嵌 IPv4 地址的 IPv6 地址表示。

这是一种过渡机制中使用的特殊表示方法，在这种表示方法中，IPv6 地址的第一部分用十六进制表示，而 IPv4 地址部分用十进制表示，表示格式为 X:X:X:X:X:X:d:d:d:d，其中 d 表示 IPv4 地域中的一个十进制数。

有以下两种内嵌 IPv4 地址的 IPv6 地址：

①IPv4 兼容 IPv6 地址（IPv4－Compatible IPv6 Address）：0:0:0:0:0:0:192.168.1.2 或者::192.168.1.2。

②IPv4 映射 IPv6 地址（IPv4－Mapped IPv6 Address）：0:0:0:0:0:FFFF:192.168.1.2 或者::FFFF:192.168.1.2。

4.2　实训任务

4.2.1　划分子网

1. **任务目标**

掌握利用子网掩码进行子网划分的方法。

2. 任务环境

某中型企业从 ISP 申请到 172. 16. 0. 0 的网络地址，该企业下设 6 个部门。作为网络管理人员，请进行合理的网络地址规划，并指出规划完毕后各部门可以使用的主机 IP 地址。

3. 任务实施

根据前面所学到的知识，网络地址规划可按如下步骤来进行。

步骤 1：根据需要划分的子网数，确定子网标识位的位数。由任务要求可知，该企业下设 6 个部门，因此需要划分 6 个子网。设子网标识位的位数为 N，则有 $2^N-2\geqslant 6$。根据满足子网数的要求，主机数最多的原则，取 $N=3$，即子网标识位为 3 位。

步骤 2：根据申请到的 IP 地址类型，写出子网掩码的值。由于申请到的 IP 地址是 172. 16. 0. 0，为 B 类地址，其默认的子网掩码为 255. 255. 0. 0，对应的二进制为 11111111. 11111111. 00000000. 00000000。根据上一步算得的结果，子网标识位的位数为 3 位。根据子网掩码的定义，该网络的子网掩码变为 11111111. 11111111. 11100000. 00000000，对应的十进制为 255. 255. 224. 0。

步骤 3：根据子网标识位的位数，计算每个子网中的主机地址数。对于 B 类地址来说，子网标识位的位数为 3 位时，其主机标识位的位数为 13 位，因此子网划分后每个子网中的可用主机地址数为 $2^{13}-2=8\ 190$。

步骤 4：确定子网号及子网中的 IP 地址范围。由于子网标识位为 3 位，可用子网数为 $2^3-2=6$。B 类地址的子网号由低 16 中的前 3 位来表示，主机号由低 16 位中的后 13 位来表示，6 个子网号分别如下。

子网 1：10101100. 00010000. 00100000. 00000000，十进制表示为 172. 16. 32. 0；

子网 2：10101100. 00010000. 01000000. 00000000，十进制表示为 172. 16. 64. 0；

子网 3：10101100. 00010000. 01100000. 00000000，十进制表示为 172. 16. 96. 0；

子网 4：10101100. 00010000. 10000000. 00000000，十进制表示为 172. 16. 128. 0；

子网 5：10101100. 00010000. 10100000. 00000000，十进制表示为 172. 16. 160. 0；

子网 6：10101100. 00010000. 11000000. 00000000，十进制表示为 172. 16. 192. 0。

以子网 1 为例，该子网中的主机 IP 地址范围如下：

10101100. 00010000. 00100000. 00000001，十进制表示为：172. 16. 32. 1；

10101100. 00010000. 00100000. 00000010，十进制表示为：172. 16. 32. 2；

……

10101100. 00010000. 00111111. 11111110，十进制表示为 172. 16. 63. 254。

可知，子网 1 中的主机 IP 地址范围为 172. 16. 32. 1 ~ 172. 16. 63. 254。该子网的网络地址为 172. 16. 63. 0，广播地址为 172. 16. 63. 255。

同理可得：

子网 2 中的主机 IP 地址范围为 172. 16. 64. 1 ~ 172. 16. 95. 254。该子网的网络地址为 172. 16. 64. 0，广播地址为 172. 16. 95. 255。

子网 3 中的主机 IP 地址范围为 172. 16. 96. 1 ~ 172. 16. 127. 254。该子网的网络地址为

172.16.96.0，广播地址为 172.16.127.255。

子网 4 中的主机 IP 地址范围为 172.16.128.1 ~ 172.16.159.254。该子网的网络地址为 172.16.128.0，广播地址为 172.16.159.255。

子网 5 中的主机 IP 地址范围为 172.16.160.1 ~ 172.16.191.254。该子网的网络地址为 172.16.160.0，广播地址为 172.16.191.255。

子网 6 中的主机 IP 地址范围为 172.16.192.1 ~ 172.16.223.254。该子网的网络地址为 172.16.192.0，广播地址为 172.16.223.255。

4.2.2　测试网络配置及连通性

1. 任务目标

（1）正确配置 IP 地址和子网掩码。

（2）掌握连通性测试的方法。

2. 任务环境

（1）S3700 交换机 1 台。

（2）PC 4 台。

（3）任务网络拓扑图（图 4－4）。

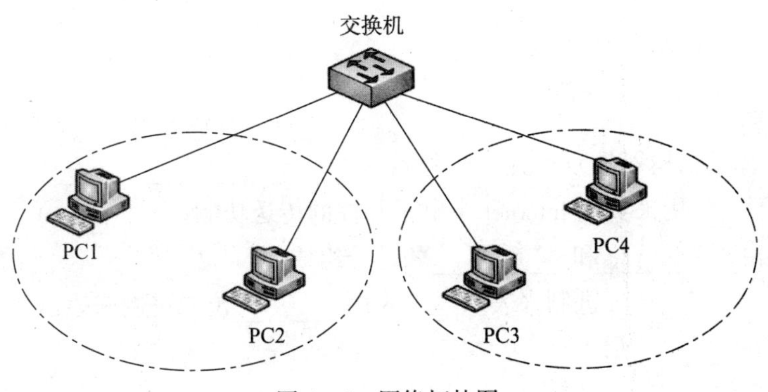

图 4－4　网络拓扑图

3. 任务实施

步骤 1：配置 IP 地址和子网掩码。

配置 PC1 的 IP 地址为 192.168.1.33，子网掩码为 255.255.255.0；

配置 PC2 的 IP 地址为 192.168.1.34，子网掩码为 255.255.255.0；

配置 PC3 的 IP 地址为 192.168.1.65，子网掩码为 255.255.255.0；

配置 PC4 的 IP 地址为 192.168.1.66，子网掩码为 255.255.255.0。

步骤 2：同一网络 IP 地址配置及测试。在 PC1、PC2、PC3 和 PC4 之间用 ping 命令测试网络的连通性，将测试结果填入表 4－8 中。

步骤 3：不同网络 IP 地址配置及测试。保持 PC1、PC2、PC3 和 PC4 的 IP 地址不变，将它们的子网掩码配置为 255.255.255.224。

表 4-8 主机之间连通性测试表 1

主机	PC1	PC2	PC3	PC4
PC1				
PC2				
PC3				
PC4				

在 PC1、PC2、PC3 和 PC4 之间用 ping 命令测试网络的连通性，将测试结果填入表 4-9 中。

表 4-9 主机之间连通性测试表 2

主机	PC1	PC2	PC3	PC4
PC1				
PC2				
PC3				
PC4				

练习题

一、填空题

1. TCP/IP 体系结构划分为 4 层，分别是________、________、________和应用层。
2. __________用来实现 Internet 中电子邮件的传送功能。
3. IP 地址由________和________两部分组成。
4. IPv4 用________位二进制来表示，IPv6 用________位二进制来表示。
5. IP 工作在________层。
6. IP 中文全称为________。
7. ________是用来判断两台主机的 IP 地址是否属于同一网络的依据。
8. IPv6 的地址类型有________、________和________。

二、选择题

1. 在 TCP/IP 体系结构中，ICMP 工作在（　　）。

A. 网络接口层　　B. 网际层　　C. 传输层　　D. 应用层

2.（　　）用来将网际层地址转化为数据链路层地址。

A. IP　　B. ARP　　C. RARP　　D. DNS

3. TCP/IP 协议集中，不是工作在应用层的是（　　）。

A. FTP　　B. Telnet　　C. DNS　　D. TCP

4. 下列 IP 中（　　）是合法的 IP 地址。

A. 10. 1. 0　　B. 172. 16. 1. 256

C. 192，168，1，1　　D. 202. 102. 1. 254

5. 下列地址中属于C类IP地址的是（　　）。

A. 10. 254. 1. 3　　B. 191. 168. 2. 2

C. 192. 168. 2. 2　　D. 224. 0. 0. 5

6. C类IP地址的类别标识位是（　　）。

A. 0　　B. 10　　C. 110　　D. 1110

7. C类IP地址中每个网络中的主机数最多是（　　）。

A. 128　　B. 254　　C. 255　　D. 256

8. 子网掩码中1所对应的是（　　）。

A. IP地址中的网络地址位　　B. IP地址中的主机地址位

C. 网络类型的标识位　　D. 网络的拓扑结构类型

9. 某主机的IP地址为192. 16. 32. 65，则该IP地址对应的子网掩码可能是（　　）。

A. 255. 0. 0. 0　　B. 255. 255. 224. 0

C. 255. 255. 255. 224　　D. 255. 255. 255. 255

10. 某主机的IP地址为192. 168. 1. 22，子网掩码为255. 255. 255. 240，则可能与该主机处于同一网络的IP地址是（　　）。

A. 192. 168. 1. 14　　B. 192. 168. 1. 30

C. 192. 168. 1. 34　　D. 192. 168. 1. 65

11. 某主机的IP地址为202. 102. 10. 66，子网掩码为255. 255. 255. 192，则该主机所处网络的广播地址是（　　）。

A. 202. 102. 10. 31　　B. 202. 102. 10. 64

C. 202. 102. 10. 127　　D. 202. 102. 10. 128

三、简答题

1. 简述TCP/IP体系结构的分层及各层的功能。
2. 简述TCP与UDP的区别。
3. 简述TCP/IP的特点。
4. 简述IP地址的分类。
5. 简述子网划分的作用。
6. 简述IPv6地址的特点。

四、实训练习

1. 练习目的

掌握划分子网的方法。

2. 练习环境

某企业申请到一个202. 102. 10. 0的网段地址。该企业下属有12个部门，每个部门中的主机数不多于14台。

3. 练习要求

（1）划分子网后，回答以下问题。

- 进行子网划分时所使用的子网掩码。
- 每个子网中的主机数。
- 每个子网中主机地址范围。
- 每个子网的网络地址和广播地址。

（2）参照图 4 -4，进行主机 IP 地址配置。将 PC1 和 PC2 的 IP 地址配置在一个子网中，将 PC3 和 PC4 的 IP 地址配置在另一个子网中，分别对处于同一子网的主机和不同子网的主机进行连通性测试。

项目 5

组建虚拟局域网

任务描述

佳明父亲的公司在发展过程中，员工越来越多，接入网络的节点也越来越多。在网络运行过程中，佳明父亲发现公司网速越来越慢，而且由于在原有网络组建时各部门信息都可以互通，一些重要信息存在泄露的风险，网络安全问题也急需解决。

佳明为了解决这个困扰父亲多时的难题，认真梳理了自己学到的知识，发现可以使用划分虚拟网的方式来解决这个问题。虚拟网的工作原理是什么？虚拟网又是基于什么规则进行划分的呢？本项目将带领大家共同学习并完成虚拟网的划分。

学习目标

- 了解共享式以太网的特点；
- 了解交换式以太网的特点；
- 掌握以太网交换机的工作过程；
- 掌握以太网交换机的数据转发方式；
- 掌握交换机的基本配置命令；
- 掌握 VLAN 的定义、作用及划分方式。

5.1 知识要点

5.1.1 共享式以太网

最初以太网采用的拓扑结构是总线型拓扑，搭建这种网络的具体做法是采用同轴电缆将一系列终端设备连接在一起。由于所有终端设备都是由一根同轴电缆连接，因此当网络中有多台设备同时发送数据时，这些终端设备发送出来的电信号就会在共享的传输介质上相互叠加产生干扰，这种现象称为冲突。这些同时发送数据造成冲突的设备即处于一个冲突域。冲突产生的后果就是每个发送方所发送的数据均无法被接收方正确识别。

在这种以太网环境中，要想保证发送方发送的数据能够不受干扰地发送给接收方，必须通过一种机制来确保整个网络中同一时间只有一台设备在发送数据。这种为了避免冲突而诞生的机制称为介质访问控制方式。在总线型拓扑结构的以太网中采用的介质访问控制方式为带有冲突检测的载波侦听多路访问（CSMA/CD），其中多路访问（Multiple Access，MA）指多个节点通过竞争的方式共享相同传输介质的网络通信方式，这种介质访问控制方式的工作过程在项目 2 中已做过相应介绍，在此不再赘述。使用这种通信方式搭建以太网，意味着在这个网络中的所有设备使用相同的传输介质来发送数据，同时由某一台设备发送给另一台设备的数据会被连接到网络中的所有其他设备接收到，我们称这种以太网为共享式以太网。

集线器的问世让星型拓扑结构成为流行的以太网连接方式，但由于集线器只会不加区分地将数据向所有连接设备进行转发，因此用集线器搭建的以太网在数据转发层面上与同轴电缆以太网那种总线型拓扑结构没有任何区别。这种网络依旧没有摆脱共享式以太网的窠臼，因为通过集线器相连的终端设备依旧处于同一个冲突域中，也依旧只能通过 CSMA/CD 来避免因同时发送数据造成的冲突。

在以太网日渐普及的过程中，共享式以太网的限制也逐渐显示出来。随着连接以太网终端设备数的增加，多台设备需要同时发送数据的概率也会随之增加。而在共享式以太网中，同一时刻只允许一台设备发送数据，数据传输效率会随着网络规模的增大而递减，进而限制了以太网的扩展。

5.1.2　交换式以太网

交换式以太网以交换式集线器（Switching Hub）或交换机（Switch）为中心组成，是一种星型拓扑结构网络。交换式以太网突破了以集线器为中心设备的共享式以太网扩展性方面的限制，不需要改变网络其他硬件（包括电缆和用户的网卡），仅需要用交换式的交换机改变共享式的集线器，节省了用户在网络升级方面的费用。交换式以太网在近年来得到广泛的应用。

交换式以太网可在高速与低速网络间转换，实现不同网络的协同工作。目前大多数交换式以太网都具有 100 Mbit/s 的端口，通过与之相对应的 100 Mbit/s 网卡接入服务器，暂时解决了 10 Mbit/s 的瓶颈，成为局域网升级时的首选方案。交换式以太网同时提供多个通道，比传统的共享式集线器提供了更多的带宽。传统的共享式 10 Mbit/s/100 Mbit/s 以太网采用广播式通信方式，每次只能在一对用户间进行通信，如果发生碰撞还得重新发送；而交换式以太网允许不同用户间进行通信，如一个 16 端口的以太网交换机允许 16 个站点在 8 条链路间通信。

5.1.3　以太网交换机的工作过程

以太网交换机是工作在数据链路层的网络设备，通常也称为二层交换机。交换机的每个端口就是一个冲突域，因此它可以起到隔离冲突域的作用。默认情况下所有端口都处于一个广播域中。交换机在转发数据时具有自动学习功能，其具体工作过程如下。

（1）交换机通电后会自动建立一个端口地址表，也称 MAC 地址表。初始情况下，该 MAC 地址表为空。

（2）当交换机收到一个以太网帧数据时，首先根据数据帧中的源 MAC 地址，将该地址与端口号建立一个对应关系。

（3）交换机根据数据帧中的目的 MAC 地址查找 MAC 地址表。如果目的 MAC 地址存在于 MAC 地址表中，则直接找到与该 MAC 地址对应的端口号，将数据转发出去。

（4）如果目的 MAC 地址不在 MAC 地址表中，则向交换机中所有其他端口发送一个广

播信息，询问是否有与目的MAC地址对应的主机连接在该交换机端口下。拥有目的MAC地址的主机收到广播信息后，发回单播回应信息，交换机将该MAC地址与其对应的端口号做好记录，并将数据转发过去。

经过多次发送和接收信息后，交换机就能够将发送或接收过主机的MAC地址与其连接的端口号建立好对应关系，保存在MAC地址表中。当主机再次发送数据时，可直接从MAC地址表中找到目的MAC地址所对应的端口号，直接进行数据转发。

5.1.4 以太网交换机的数据帧转发方式

1. 直接转发

在直接转发方式中，交换机边接收边检测。一旦检测到目的地址字段，交换机就立即将该数据帧转发出去，而不管数据帧是正确还是错误。出错检测任务由节点主机完成。这种转发方式的优点是交换延迟时间短；缺点是缺乏差错检测能力，不支持不同输入/输出速率的端口之间的数据转发。

2. 存储转发

在存储转发方式中，交换机首先要完整地接收站点发送的数据帧，并对数据帧进行差错检测。如果接收数据帧是正确的，再根据目的MAC地址确定输出端口号，将数据帧转发出去。这种转发方式的优点是具有差错检测能力，并能支持不同输入/输出速率端口之间的数据转发；缺点是交换延迟时间相对较长。

3. 碎片隔离转发

碎片隔离转发方式类似于将直接转发和存储转发交换结合起来，交换机会缓存数据帧的前64字节，在确保数据帧的长度不小于64字节后，再进行数据帧转发。这种方式对于短数据帧来说，交换延迟与直接转发方式比较接近；对于长数据帧来说，由于只检测前64字节，因此与存储转发方式相比，交换延迟时间大为减少。

5.1.5 虚拟局域网

虚拟局域网（Virtual Local Area Network，VLAN）包括了一组逻辑上的设备和用户，这些设备和用户并不受物理位置的限制，可以根据功能、部门及应用等因素将它们组织起来，相互之间的通信就好像它们在同一个网段中一样，因此称为“虚拟”局域网。目前以交换机为核心组建的局域网多采用广播式的通信方式，局域网所有主机同处于一个广播域中，从这个角度可以以为一个虚拟局域网也是一个广播域。不同VLAN之间的主机进行通信，需要通过路由器或三层交换机等三层设备来完成。

1. 虚拟局域网的作用

虚拟局域网的作用有以下几个。

（1）限制网络广播风暴，增加广播域的数量，减少广播域的大小。将网络划分为多个VLAN，可减少其参与广播风暴的设备数量。VLAN分段可以防止广播风暴波及整个网络。VLAN可以提供建立防火墙的机制，防止交换网络的过量广播。使用VLAN，可以将某个交换端口或用户赋予某一个特定的VLAN组，该VLAN组可以在一个交换网络中跨接多个交换机，一个VLAN中的广播不会发送到VLAN之外。同样，相邻的端口不会收到其他VLAN产生的广播。这样可以减少广播流量，释放带宽给用户应用，减少广播的产生。

（2）增强局域网的安全性。VLAN分段可使含有敏感数据的用户组与网络的其他部分隔离开，从而减少泄露机密信息的可能性。不同VLAN内的报文在传输时是相互隔离的，即一个VLAN内的用户不能和其他VLAN内的用户直接通信；如果不同VLAN要进行通信，则需要通过路由器或三层交换机等三层设备。

（3）便于实现对网络的管理和控制。借助VLAN技术，能将不同地点、不同网络、不同用户组合在一起，形成一个虚拟的网络环境，就像使用本地局域网一样方便、灵活、有效。VLAN可以降低移动或变更工作站地理位置的管理费用，特别是当一些业务情况经常变更的公司使用了VLAN后，这部分管理费用大大降低。

2. **VLAN的划分方式**

VLAN可以按端口、MAC地址、网络层或按IP组播等划分。在实际应用中，前两种VLAN划分方式用得比较多。

（1）按端口划分VLAN。

目前许多VLAN厂商都利用交换机的端口来划分VLAN成员。基于端口划分VLAN就是将交换机的某些端口划分为一个VLAN，被设定的端口处于同一个广播域中。如图5-1所示，一个交换机的2、14、20端口被划分为VLAN2，同一交换机的4、16、18端口被划分为VLAN3。这样划分之后，同属于一个VLAN的各端口之间可以直接通信，这种划分模式将虚拟网限制在了一台交换机上。第二代端口VLAN技术允许跨越多个交换机的多个不同端口划分VLAN，不同交换机上的若干个端口也可以组成同一个虚拟网，如图5-2所示，一台交换机的10、16号端口与另一台交换机与9、15号端口被划分为VLAN2，它的12、14号端口与另一台交换机的11、13号端口被划分为VLAN3。这样划分以后，虽然不在同一个交换机下，同属于一个VLAN的各端口之间也可以互相通信。

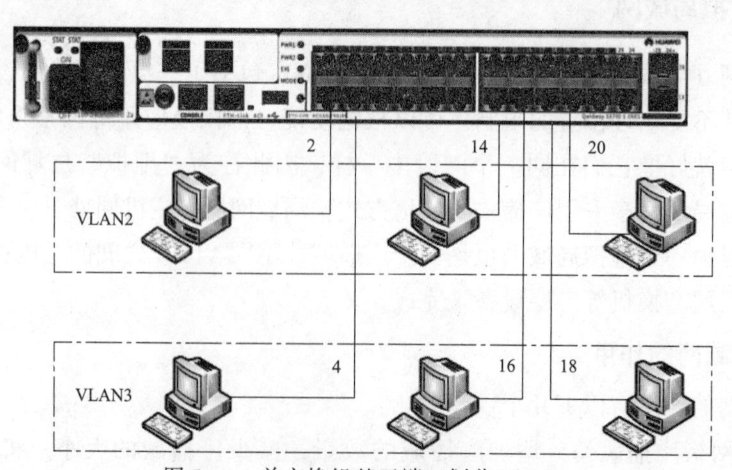

图5-1　单交换机基于端口划分VLAN

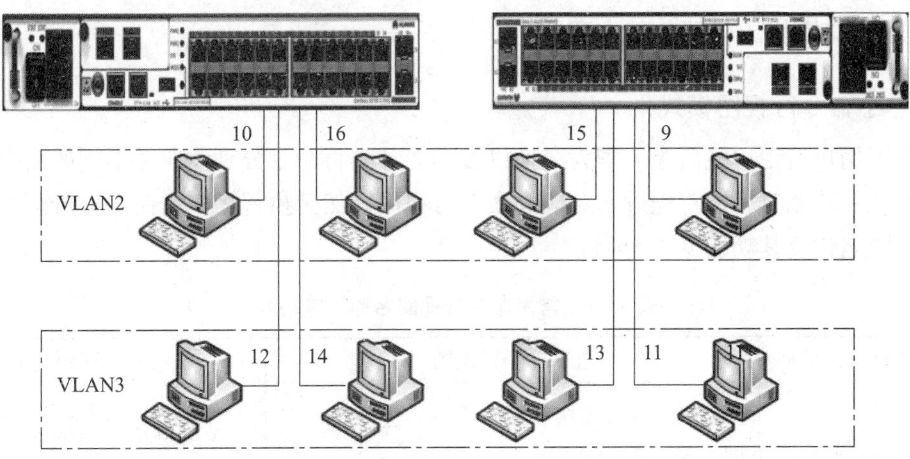

图 5-2 跨交换机基于端口划分 VLAN

以交换机端口来划分网络成员，其配置过程简单明了。因此从目前来看，这种根据端口来划分 VLAN 的方式仍然是最常用的一种方式。

(2) 按 MAC 地址划分 VLAN。

根据每个主机的 MAC 地址来划分 VLAN，即对每台主机都基于它的 MAC 地址将其划分到相应的 VLAN 中。这种划分 VLAN 的方式的最大优点就是当用户物理位置移动时，即从一个交换机换到其他交换机时，VLAN 不用重新配置。因此，可以认为这种根据 MAC 地址的划分方式是基于用户的 VLAN，这种方式的缺点是初始化时所有的用户都必须进行配置，如果有几百个甚至上千个用户，配置过程是非常烦琐的。另外，这种划分方式也导致了交换机执行效率的降低，因为在每个交换机的端口都可能存在很多个 VLAN 组成员，这样就无法限制广播包。另外，对于使用笔记本电脑的用户来说，他们可能经常更换网卡，因此 VLAN 就必须不停地进行配置。

(3) 按网络层划分 VLAN。

这种划分 VLAN 的方法是根据每个主机的网络层地址或协议类型划分，而不是根据路由划分。

注　　意

这种 VLAN 划分方式适合广域网，基本不用在局域网中。

(4) 按 IP 组播划分 VLAN。

IP 组播实际上也是一种 VLAN 的定义，即认为一个组播组就是一个 VLAN。这种划分方式将 VLAN 扩大到了广域网，不适合局域网，因为企业网络的规模尚未达到如此大的规模。

由 VLAN 划分的依据来看，并不是所有的 VLAN 划分方式都适用于所有网络。对 VLAN 有了全面认识后，我们在进行 VLAN 划分时需要能够根据自己所处的网络环境做出是否需要划分 VLAN 及采用何种划分方式对其进行划分的准确判断。

5.1.6 交换机的管理与基本配置

1. 熟悉命令行视图模式

为便于用户使用这些命令，华为交换机按功能分类将命令分别注册在不同的命令行视图下。配置某一功能时，需首先进入对应的命令行视图，然后执行相应的命令进行配置。常用命令行视图名称及其功能见表 5－1。

表 5－1 常用命令行视图名称及其功能

常用命令行视图名称	进入命令行视图	命令行视图功能
用户视图	用户从终端成功登录至设备即进入用户视图，在屏幕上显示： <Huawei>	在用户视图功能下，用户可以查看运行状态和统计信息等
系统视图	在用户视图下，输入命令 system－view 后按 Enter 键，进入系统视图： <Huawei> system-view Enter system view, return user view with Ctrl+Z. [Huawei]	在系统视图功能下，用户可以配置系统参数及通过该视图进入其他的功能配置视图
接口视图	使用 interface 命令并指定接口类型及接口编号，可以进入相应的接口视图： [Huawei] interface gigabitethernet X/Y/Z [Huawei-GigabitEthernetX/Y/Z] 说明： “X/Y/Z” 为需要配置的接口编号，分别对应“堆叠 ID/子卡号/接口序号”。上述举例中的 gigabitethernet 接口仅为示意	配置接口参数的视图称为接口视图，在该视图下可以配置接口相关的物理属性、链路层特性及 IP 地址等重要参数

注意事项：

（1）本项目中对交换机管理配置知识的讲解以华为交换机的配置为例，实验环境的搭建使用的是华为官方的 ENSP 模拟器。

（2）命令行提示符 Huawei 是默认的主机名（sysname）。通过提示符可以判断当前所处的视图，如“< >”表示用户视图，“[ ]”表示除用户视图以外的其他视图。执行 quit 命令，可从当前视图退出至上一层视图；按 Ctrl + Z 组合键或使用 return 命令，会从当前视图模式直接退回到用户视图模式。

2. 编辑命令行时的操作技巧

编辑命令行时的操作技巧如下：

（1）编辑命令行时字母不区分大小写。

（2）设备支持不完整关键字输入，即在当前视图下，当输入的字符能够匹配唯一的关键字时，可以不必输入完整的关键字。

例如，display current - configuration 命令，输入 d cu、di cu 或 dis cu 等都可以执行此命令。

（3）Tab 键的使用。输入不完整的关键字后按 Tab 键，系统会自动补全关键字。

- 如果与之匹配的关键字唯一，则系统用此完整的关键字替代原输入并换行显示，光标距词尾空一格。

- 如果与之匹配的关键字不唯一，反复按 Tab 键可循环显示所有以输入字符串开头的关键字，此时光标和词尾之间不空格。

（4）使用命令行在线帮助。用户使用命令行时，可以使用在线帮助以获取实时帮助，从而无须记忆大量的复杂命令。在线帮助通过输入“?”来获取，在命令行输入过程中，用户可以随时输入“?”以获得在线帮助。

（5）使用 undo 命令行。在命令前加 undo 关键字，即为 undo 命令行。undo 命令行一般用来恢复默认情况、禁用某个功能或者删除某项配置。绝大多数的配置命令均有对应的undo 命令行。

（6）设备能够自动保存用户输入的历史命令。当用户需要输入之前已经执行过的命令时，可以调用设备保存的历史命令。默认情况下，系统为每个登录用户保存 10 条历史命令。可以通过 history - command max - size size - value 命令在相应的用户界面视图下重新设置保存历史命令的条数，最大设置为 256。可使用 display history - command 显示当前用户输入的历史命令，使用上方向键或者按 Ctrl + P 组合键访问上一条历史命令，使用下方向键或者按 Ctrl + N 组合键访问下一条历史命令。

3. 登录系统

当用户需要为第一次通电的设备进行配置时，可以通过 Console 口登录设备。PC 端可通过设备的 Console 口登录，实现对第一次通电的设备进行基本配置和管理。在配置通过 Console口登录设备之前，需要完成以下任务。

- 设备正常通电。
- 准备好 Console 通信电缆。
- 准备好 PC 终端仿真软件。

其操作步骤如下：

（1）如图 5 - 3 所示，将 Console 通信电缆的 DB9（孔）插头插入 PC 的 COM 口中，再将 RJ - 45 插头端插入设备的 Console 口中。

（2）在 PC 上打开终端仿真软件，设置连接的接口及通信参数（此处以第三方软件 SecureCRT 为例进行介绍），单击 按钮，新建连接，如图 5 - 4 所示。

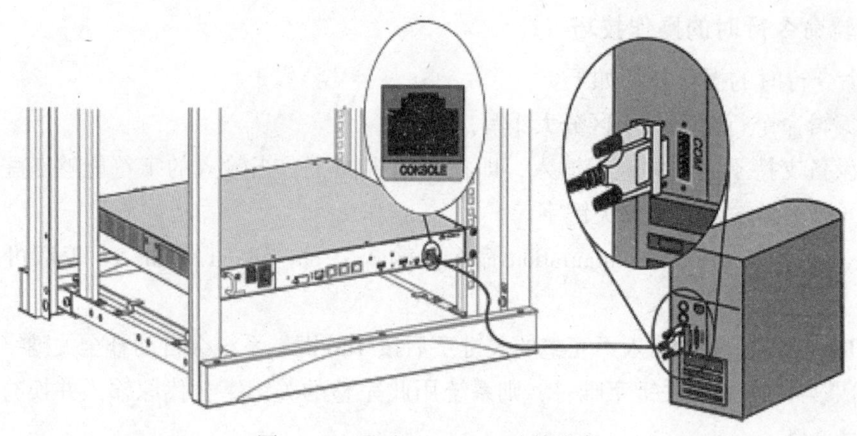

图 5－3　通过 Console 口连接设备

（3）如图 5－5 所示，设置连接的接口及通信参数。终端软件的通信参数需要与设备默认值保持一致。数据传输速率为 9 600 bit/s、8 位数据位、1 位停止位、无校验和无流控。

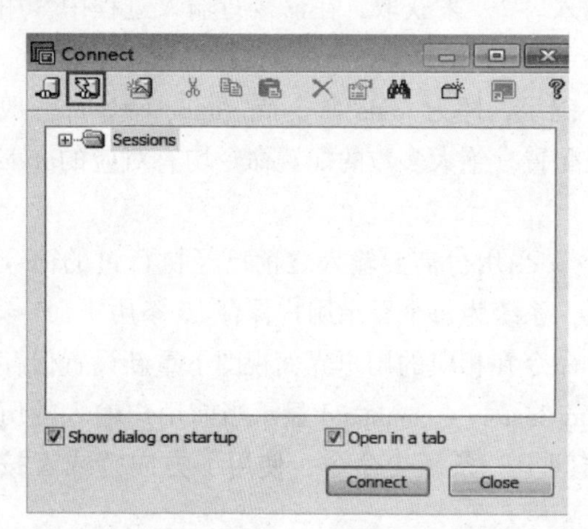

图 5－4　新建连接

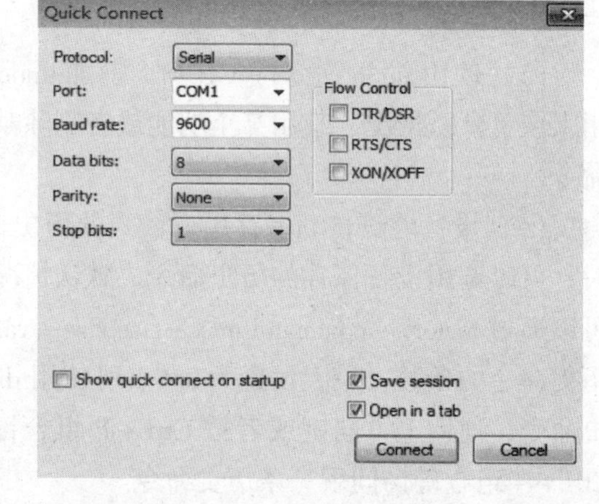

图 5－5　设置连接的接口以及通信参数

（4）单击 Connect 按钮，终端界面会出现如下显示信息，提示用户配置登录密码。设备默认用户名为 admin，密码为 Admin@ huawei。

```
Login authentication


Username:admin
Password:
< Huawei >
Info: The entered password is the same as the default. You are advised
to change it to ensure security.
```

4. 交换机配置常用基本命令

(1) 视图模式切换。

```
<Huawei>system-view                           #切换到系统视图
Enter system view, return user view with Ctrl+Z.
                                              #按Ctrl+Z组合键,返回用户视图
[Huawei]interface e0/0/1                      #切换到接口视图
[Huawei-Ethernet0/0/1]                        #在此视图下可配置接口相关的参数
[Huawei]user-interface vty 0 4                #切换到虚拟终端视图
[Huawei-ui-vty0-4]                            #在此视图下可配置远程登录口令
[Huawei]interface vlanif 1                    #进入VLAN 1逻辑端口视图
[Huawei-Vlanif1]                              #在此视图下可配置IP地址
```

(2) 查看交换机配置信息。

```
[Huawei]display version                       #查看交换机版本信息
[Huawei]display current-configuration         #查看当前配置信息
[Huawei]display this                          #查看当前视图下生效的配置信息
[Huawei]display interface e0/0/1              #查看端口E0/0/1的配置信息
[Huawei]display vlan                          #查看VLAN的划分信息
[Huawei]display mac-address                   #查看MAC地址表
```

(3) 保存当前配置信息。

```
<Huawei>save                                            #保存当前配置信息
The current configuration will be written to the device.
Are you sure to continue? [Y/N]y                        #输入y
Info: Please input the file name ( *.cfg, *.zip ) [vrpcfg.zip]:
                                                        #按Enter键确认
Now saving the current configuration to the slot 0.
Save the configuration successfully.                    #提示成功保存配置
```

(4) 删除配置信息。

```
<Huawei>reset saved-configuration                     #删除保存的配置信息
Warning: The action will delete the saved configuration in the device.
The configuration will be erased to reconfigure. Continue? [Y/N]:y
                                                      #输入y
Warning: Now clearing the configuration in the device.
Info: Succeeded in clearing the configuration in the device.
                                                      #提示成功删除配置
```

（5）重启交换机。

```
<Switch>reboot
Info: The system is now comparing the configuration, please wait.
Warning:All the configuration will be saved to the configuration file for the n
ext startup:flash:/vrpcfg.zip, Continue? [Y/N]:y     #输入 y 确认
Now saving the current configuration to the slot 0.
Save the configuration successfully.
Info: If want to reboot with saving diagnostic information, input 'N' and then e
xecute 'reboot save diagnostic-information'.
System will reboot! Continue? [Y/N]:y                #输入 y 确认重启
<Switch>                                             #完成重启
```

注　意

这在输入配置命令前，一定要看好当前所处的视图模式，否则会出现命令不能识别的情况。

5. 划分 VLAN 的操作步骤

（1）进入系统视图。

```
<Huawei> system-view
```

（2）创建 VLAN 并进入 VLAN 视图。

```
[Huawei]vlan vlan-id          #VLAN ID 的取值范围是 1~4 094
```

（3）返回系统视图。

```
quit
```

（4）进入需要加入 VLAN 的以太网接口视图。

```
interface interface-type interface-number
```

（5）配置以太网接口的链路类型。

```
port link-type {access|dot1q-tunnel|hybrid|trunk}
```

默认情况下，接口的链路类型为 Hybrid。如果以太网接口直接与终端连接，该接口类型可以是 Access 类型，也可使用 Hybrid；如果以太网接口与另一台交换机设备的接口连接，该接口类型可以是 Trunk 类型，也可使用 Hybrid。

（6）关联接口和 VLAN。以下步骤，请根据需要任选一种。

Access 类型接口：执行命令 port default vlan vlan - id，将接口加入指定的 VLAN 中。如果需要批量将接口加入 VLAN，可在 VLAN 视图下执行命令 port interface - type { interface - number1 [to interface - number2] } & <1 - 10 >，向 VLAN 中添加一个或一组接口。

Trunk 类型接口：执行命令 port trunk allow - pass vlan { { vlan - id1 [to vlan - id2] } & <1 - 10 > | all }，将接口加入指定的 VLAN 中。（可选）执行命令 port trunk pvid vlan vlan - id，配置 Trunk 类型接口的默认 VLAN。

说　明

当接口下通过的 VLAN 配置为接口的默认 VLAN 时，该 VLAN 对应的报文将以 Untagged方式进行转发。也就是说，接口是以 Untagged 方式加入该 VLAN 的。

Hybrid 类型接口：选择执行其中一个步骤配置 Hybrid 接口加入 VLAN 的方式。

执行命令 port hybrid untagged vlan { { vlan - id1 [to vlan - id2] } & <1 - 10 > | all }，将 Hybrid 接口以 Untagged 方式加入 VLAN。Untagged 形式是指接口在发送帧时会将帧中的 Tag 剥掉，适用于以太网接口与终端直接连接。

执行命令 port hybrid tagged vlan { { vlan - id1 [to vlan - id2] } & <1 - 10 > | all }，将 Hybrid 接口以 Tagged 方式加入 VLAN。Tagged 形式是指接口在发送帧时不将帧中的 Tag 剥掉，适用于以太网接口与另一台交换机设备的接口连接。（可选）执行命令 port hybrid pvid vlan vlan - id，配置 Hybrid 类型接口的默认 VLAN ID。默认情况下，默认 VLAN 是 VLAN1。

6. Trunk 技术

在路由/交换领域，VLAN 的中继端口称为 Trunk。Trunk 技术用于交换机与交换机之间的互连，它可以使不同的 VLAN 通过共享链路与其他交换机中的相同 VLAN 进行通信。交换机之间互连的端口就称为 Trunk 端口。Trunk 是基于 OSI 第二层——数据链路层的技术。如果两台交换机上分别创建了多个 VLAN（VLAN 是基于 Layer2 的），相同的 VLAN（如 VLAN2）要通信，则需要将交换机 A 上属于 VLAN2 的一个端口与交换机 B 上属于 VLAN2 的一个端口互连；如果这两台交换机上其他相同 VLAN 间也需要通信，则交换机之间需要更多的互连线，端口利用率太低。通过 Trunk 技术，只需要两台交换机之间有一条互连线，将互连线的两个端口设置为 Trunk 模式，就可以使交换机上不同 VLAN 共享这条线路。

注　意

Trunk 技术不能实现不同 VLAN 之间的通信，如果不同 VLAN 之间需要通信，必须通过三层设备（路由器/三层交换机）实现。

5.2 实训任务

5.2.1 首次登录交换机的基本配置

1. 任务目标

(1) 配置系统时区、日期和时间。

(2) 配置设备名称和管理 IP 地址。

(3) 配置 Telnet 远程登录，Telnet 用户级别为 15 级，认证方式为 AAA。

(4) 对配置的 Telnet 远程登录进行登录验证。

2. 任务环境

任务拓扑图，即首次登录交换机的基本配置拓扑图，如图 5－6 所示。

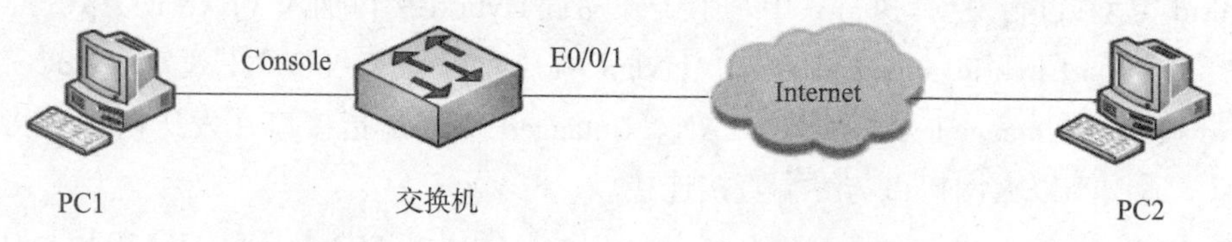

图 5－6 首次登录交换机的基本配置拓扑图

3. 任务实施

步骤 1：通过 Console 口登录设备。

步骤 2：配置系统的时区、日期和时间。

```
<Huawei> clock timezone BJ add 08:00:00
<Huawei> clock datetime 20:10:0 2012-07-26
```

步骤 3：配置设备名称。

```
<Huawei> system-view
[Huawei] sysname Server
```

步骤 4：配置设备管理地址。

```
[Server] vlan 10
[Server-vlan10] quit
[Server] interface ethernet 0/0/1
[Server-Ethernet0/0/1] port hybrid pvid vlan 10
[Server-Ethernet0/0/1] port hybrid untagged vlan 10
[Server-Ethernet0/0/1]displsy this
```

```
#
interface Ethernet0/0/1
 port hybrid pvid vlan 10
 port hybrid untagged vlan 10
#
return
[Server-Ethernet0/0/1] quit
[Server] interface vlanif 10
[Server-Vlanif10] ip address 192.168.1.8 24
[Server-Vlanif10] undo shutdown
[Server-Vlanif10] display this
#
interface Vlanif10
 ip address 192.168.1.8 255.255.255.0
#
return
[Server-Vlanif10] quit
```

步骤5：配置设备的默认路由，假设设备的网关是192.168.1.1。

```
[Server] ip route-static 0.0.0.00 192.168.1.1
```

步骤6：设置Telnet用户的级别和认证方式。

```
[Server] telnet server enable
[Server] user-interface vty 0 4
[Server-ui-vty0-4] user privilege level 15
[Server-ui-vty0-4] authentication-mode aaa
[Server-ui-vty0-4]display this
#
user-interface con 0
user-interface vty 0 4
 authentication-mode aaa
 user privilege level 15
#
return
```

```
[Server-ui-vty0-4] quit
[Server]aaa
[Server-aaa] local-user admin1234 password cipher Helloworld
#配置本地用户名为admin1234,密码为Helloworld(采用可逆算法加密)
[Server-aaa] local-user admin1234 privilege level 15
#配置本地用户admin1234登录的权限级别为15
[Server-aaa] local-user admin1234 service-type telnet
#配置本地用户的服务类型为Telnet
[Server-aaa]display this
```

```
#
aaa
 authentication-scheme default
 authorization-scheme default
 accounting-scheme default
 domain default
 domain default_admin
 local-user admin password simple admin
 local-user admin service-type http
 local-user admin1234 password cipher XN+F*#EF))(QQ5! a*! XS\Q!!
 local-user admin1234 privilege level 15
 local-user admin1234 service-type telnet
#
return
```

```
[Server-aaa] quit
```

步骤7：验证配置结果。

（1）完成以上配置后，可以从PC2上以Telnet方式远程登录设备。

（2）进入Windows操作系统的命令行提示符，并执行相关命令，通过Telnet方式登录设备。

```
C:\Documents and Settings\Administrator> telnet 192.168.1.8
```

（3）按Enter键，在登录窗口中输入用户名和密码，验证通过后，出现用户视图的命令行提示符，说明远程登录成功。

```
Login authentication
Username:admin1234
Password:
```

```
Info: The max number of VTY users is 15, and the number
      of current VTY users on line is 1.
<Server>
```

4. **注意事项：**

- 利用 PC2 登录设备时，使用的用户名和密码要和设备的配置保持一致。
- 在 PC2 上执行 Telnet 操作时，需要输入正确的 IP 地址。
- 输入密码时，终端屏幕上不会有任何提示，如果密码不正确，在按 Enter 键确认时会弹出相应的错误提示信息。

5.2.2　单交换机下基于端口划分 VLAN

1. **任务目标**

（1）掌握 VLAN 划分的命令。

（2）掌握查看 VLAN 配置的命令。

（3）测试 VLAN 划分后各 PC 间的通信情况。

2. **任务环境**

任务拓扑图即单交换机下基于端口划分 VLAN 拓扑图，如图 5－7 所示。

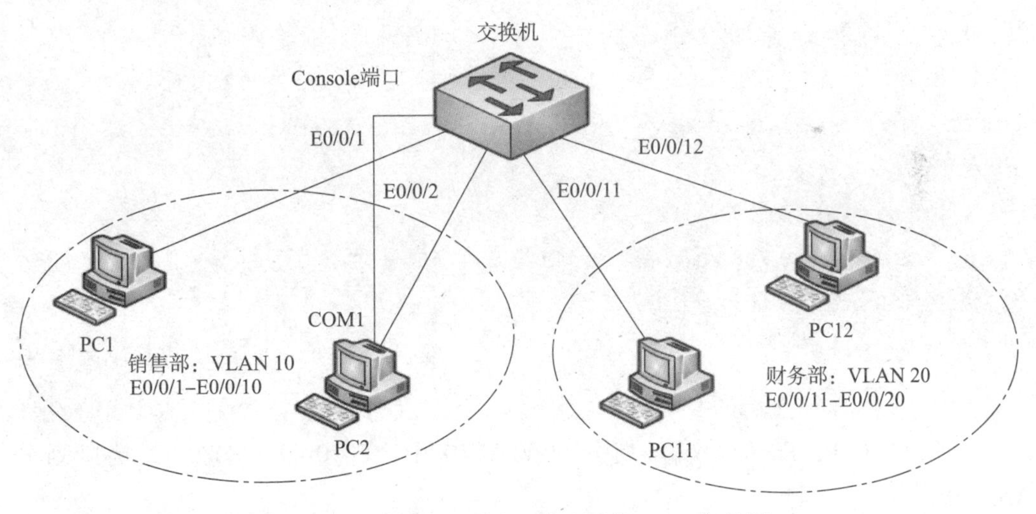

图 5－7　单交换机下基于端口划分 VLAN 拓扑图

3. **任务实施**

步骤 1：硬件连接。

（1）如图 5－1 所示，利用配置线将 PC2 的 COM1 端口与交换机的 Console 端口连接起来，实现由 PC2 对交换机进行配置管理。

（2）用直通线将 PC1、PC2、PC11 和 PC12 分别连接到交换机的 E0/0/1、E0/0/2、E0/0/11 和 E0/0/12 端口上。

步骤2：配置PC1、PC2、PC11和PC12的IP地址和子网掩码。

PC1的IP地址为192.168.1.1，子网掩码为255.255.255.0。

PC2的IP地址为192.168.1.2，子网掩码为255.255.255.0。

PC11的IP地址为192.168.1.11，子网掩码为255.255.255.0。

PC12的IP地址为192.168.1.12，子网掩码为255.255.255.0。

步骤3：测试4台PC之间的连通性，将结果填入表5-2中。

表5-2 各PC之间的连通性（VLAN划分前）

PC	PC1	PC2	PC11	PC12
PC1	-			
PC2		-		
PC11			-	
PC12				-

步骤4：划分VLAN。

（1）在PC2中打开超级终端，新建VLAN10和VLAN20。

```
<Huawei>system-view                        #切换到系统视图
[Huawei]sysname Switch                     #配置交换机名为Switch
[Switch]vlan batch 10 20                   #新建VLAN10和VLAN20
Info: This operation may take a few seconds. Please wait for a moment
...done.
[Switch-vlan10]vlan 10
[Switch-vlan10]description Sales           #配置VLAN10的描述信息为Sales
[Switch-vlan10]vlan 20
[Switch-vlan20]description Finance #配置VLAN20的描述信息为Finance
[Switch-vlan20]quit
```

（2）将E0/0/1、E0/0/2端口划分到VLAN10中，E0/0/11、E0/0/12端口划分到VLAN20中。

```
[Switch]#interface e0/0/1
[Switch-Ethernet0/0/1]port link-type access
                                   #配置端口的链路类型为access
[Switch-Ethernet0/0/1]port default vlan 10
                                   #配置端口的默认VLAN
[Switch-Ethernet0/0/1]quit
[Switch]interface e0/0/2
```

```
[Switch-Ethernet0/0/2]port link-type access
                                        #配置端口的链路类型为 access
[Switch-Ethernet0/0/2]port default vlan 10
                                        #配置端口的默认 VLAN
[Switch-Ethernet0/0/2]quit
[Switch]port-group 1                    #配置端口组 1
[Switch-port-group-1]group-member e0/0/11 to e0/0/12
                                        #端口组的成员端口
[Switch-port-group-1]port link-type access
                                        #配置端口组 1 的链路类型
[Switch-Ethernet0/0/11]port default vlan 20
                                        #配置端口组 1 的默认 VLAN
[Switch-port-group-1]quit
```

(3) 查看 VLAN 划分后的配置信息。

```
[Switch]display vlan                    #查看交换机的 VLAN 配置信息
The total number of vlansis : 3
-----------------------------------------------------------------
U: Up;            D: Down;           TG: Tagged;         UT: Untagged;
MP: Vlan-mapping;                    ST: Vlan-stacking;
#: ProtocolTransparent-vlan;    *: Management-vlan;
-----------------------------------------------------------------
VID  Type    Ports
-----------------------------------------------------------------
1   common  UT:Eth0/0/3(D)   Eth0/0/4(D)    Eth0/0/5(D)    Eth0/0/6(D)
               Eth0/0/7(D)   Eth0/0/8(D)    Eth0/0/9(D)    Eth0/0/10(D)
               Eth0/0/13(D)  Eth0/0/14(D)   Eth0/0/15(D)   Eth0/0/16(D)
               Eth0/0/17(D)  Eth0/0/18(D)   Eth0/0/19(D)   Eth0/0/20(D)
               Eth0/0/21(D)  Eth0/0/22(D)   GE0/0/1(D)     GE0/0/2(D)
10  common  UT:Eth0/0/1(U)    Eth0/0/2(U)
20  common  UT:Eth0/0/11(D)   Eth0/0/12(D)
VID  Status  Property        MAC-LRN Statistics Description
-----------------------------------------------------------------
1    enable  default         enable   disable    VLAN 0001
10   enable  default         enable   disable    Sales
20   enable  default         enable   disable    Finance
```

步骤5：测试各PC之间的连通性，将结果填入表5－3中。

表5－3　各PC之间的连通性（VLAN划分后）

PC	PC1	PC2	PC11	PC12
PC1	–			
PC2		–		
PC11			–	
PC12				–

4. 注意事项

（1）基于端口划分VLAN时，一定要先规划并创建好VLAN，再将端口划分到相应的VLAN中，否则系统会提示“The VLAN does not exist.”的错误。

（2）将PC端连接到交换机上时，一定要注意连接交换机的端口号，避免出现将其他未连接的端口划分到VLAN中的情况。

（3）为方便日后的网络管理，建议养成给VLAN配置描述信息的习惯。

5.2.3　跨交换机基于端口划分VLAN

1. 任务目标

（1）掌握VLAN划分命令的作用。

（2）掌握Trunk链路类型的配置。

（3）实现多交换机下属于同一个VLAN主机之间的通信。

2. 任务环境

任务拓扑图，即跨交换机基于端口划分VLAN拓扑图。

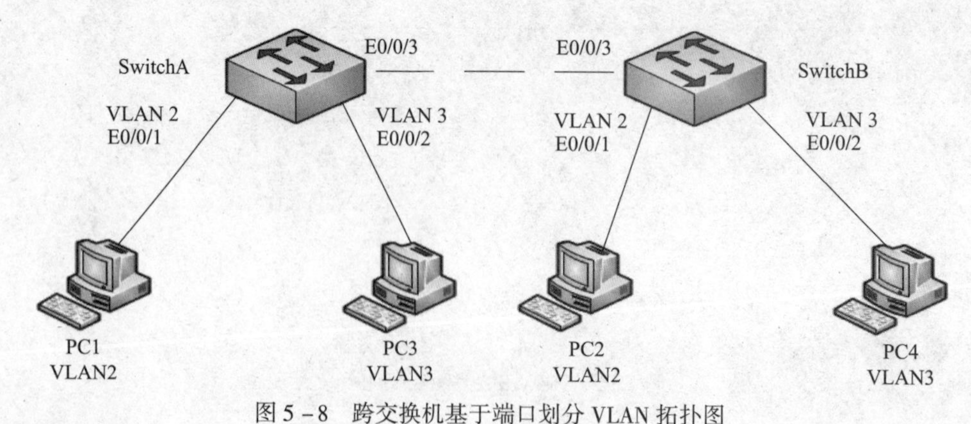

图5－8　跨交换机基于端口划分VLAN拓扑图

3. 任务实施

步骤1：配置PC1、PC2、PC3和PC4的IP地址和子网掩码。

PC1的IP地址为192.168.2.1，子网掩码为255.255.255.0。

PC2 的 IP 地址为 192.168.2.2，子网掩码为 255.255.255.0。

PC3 的 IP 地址为 192.168.3.1，子网掩码为 255.255.255.0。

PC4 的 IP 地址为 192.168.3.2，子网掩码为 255.255.255.0。

步骤 2：在 SwitchA 创建 VLAN2 和 VLAN3，并将连接用户的接口分别加入 VLAN。SwitchB 的配置与 SwitchA 类似，不再赘述。

```
<Huawei> system-view
[Huawei] sysname SwitchA
[SwitchA] vlan batch 2 3
[SwitchA] interface ethernet 0/0/1
[SwitchA-Ethernet0/0/1] port link-type access
[SwitchA-Ethernet0/0/1] port default vlan 2
[SwitchA-Ethernet0/0/1] quit
[SwitchA] interface ethernet 0/0/2
[SwitchA-Ethernet0/0/2] port link-type access
[SwitchA-Ethernet0/0/2] port default vlan 3
[SwitchA-Ethernet0/0/2] quit
[SwitchA]display vlan                        #查看 VLAN 配置信息
```

```
The total number of vlansis : 3
--------------------------------------------------------------
U: Up;            D: Down;          TG: Tagged;          UT: Untagged;
MP: Vlan-mapping;                   ST: Vlan-stacking;
#: ProtocolTransparent-vlan;     *: Management-vlan;
--------------------------------------------------------------
VID  Type    Ports
--------------------------------------------------------------
1    common  UT:Eth0/0/3(D)    Eth0/0/4(D)    Eth0/0/5(D)    Eth0/0/6(D)
                Eth0/0/7(D)    Eth0/0/8(D)    Eth0/0/9(D)    Eth0/0/10(D)
                Eth0/0/11(D)   Eth0/0/12(D)   Eth0/0/13(D)   Eth0/0/14(D)
                Eth0/0/15(D)   Eth0/0/16(D)   Eth0/0/17(D)   Eth0/0/18(D)
                Eth0/0/19(D)   Eth0/0/20(D)   Eth0/0/21(D)   Eth0/0/22(D)
                GE0/0/1(D)     GE0/0/2(D)
2    common  UT:Eth0/0/1(D)
3    common  UT:Eth0/0/2(D)
VID  Status  Property     MAC-LRN Statistics Description
--------------------------------------------------------------
```

```
1    enable  default    enable  disable    VLAN 0001
2    enable  default    enable  disable    VLAN 0002
3    enable  default    enable  disable    VLAN 0003
```

步骤 3：配置 SwitchA 与 SwitchB 对端接口的链路类型及在该条链路上允许通过的 VLAN。SwitchB 的配置与 SwitchA 类似，不再赘述。

```
[SwitchA] interface ethernet 0/0/3
[SwitchA-Ethernet0/0/3] port link-type trunk   #配置端口的链路类型为 Trunk
[SwitchA-Ethernet0/0/3] port trunk allow-pass vlan 2 3 #配置允许通过的 VLAN
[Switch-Ethernet0/0/3]display this
#
interface Ethernet0/0/3
port link-type trunk
port trunk allow-pass vlan 2 to 3
#
return
```

4. **注意事项**

（1）注意交换机端口链路类型的配置。一般将交换机与 PC 端相连的链路类型配置为 Access，将交换机与交换机相连的链路类型配置为 Trunk 或 Hybrid。

（2）注意配置在 Trunk 链路上允许通过的 VLAN。

（3）其他注意事项同实训任务 5.2.1。

步骤 4：测试 PC 之间的连通性，将验证结果填入表 5-4 中。

表 5-4　各 PC 之间的连通性

PC	PC1	PC2	PC3	PC4
PC1	–			
PC2		–		
PC3			–	
PC4				–

练习题

一、填空题

1. 以太网交换机是工作在 OSI/RM 中的＿＿＿＿＿＿层的设备。

2. 以太网交换机的每个端口是一个__________域，默认情况下所有端口都处于一个________域。

3. 虚拟局域网又称为________，它包括了一组逻辑上的设备和用户。一般来说，一个虚拟局域网就是一个________域。

4. 配置交换机时由用户视图进入系统视图的命令是________________，退回到用户视图模式的组合键是____________。

5. 配置交换机时，可用________键实现命令的自动补齐，利用__________可查阅以前输入的命令。

二、选择题

1. 以太网交换机的数据转发方式中，交换延迟时间最短的是（　　）。

A. 直接交换方式　　B. 存储转发方式
C. 碎片隔离方式　　D. 帧交换方式

2. 下列不属于华为以太网交换机中的端口类型的是（　　）。

A. Access　　B. Trunk　　C. Mac　　D. Hybrid

3. 连接主机的交换机端口类型一般配置为（　　）。

A. Access　　B. Trunk　　C. Mac　　D. Hybrid

4. 两台以太网交换机互连时，两端口的类型一般配置为（　　）。

A. Access　　B. Trunk　　C. Mac　　D. Hybrid

5. 当 IP 数据包在路由器中的路由表中找不到目标网络时，可利用（　　）把数据包转发出去。

A. 静态路由　　B. 默认路由
C. RIP 路由　　D. OSPF 路由

三、简答题

1. 简述共享式以太网与交换式以太网的区别。

2. 简述以太网交换机的自动学习机制。

3. 以太网交换机的数据转发方式有哪几种？

4. 简述 VLAN 的定义。

5. 简述 VLAN 的作用。

6. 简述 VLAN 的划分方式。

四、实训练习

1. 练习目的

（1）掌握基于端口划分 VLAN 的配置命令。

（2）掌握跨交换机 VLAN 间通信的配置命令。

2. 练习环境

现有 2 台 S3700 交换机，4 台 PC 互相连接，其物理端口连接配置如表 5－5 所示。PC1（172. 16. 10. 1/24）和 PC2（172. 16. 10. 2/24）同属于 VLAN10，PC3（172. 16. 20. 1/24）和 PC4（172. 16. 20. 1/24）同属于 VLAN20，要求实现属于同一 VLAN 主机之间的相互通信。

表 5-5 物理端口连接配置

设备名称	设备接口	目标设备	设备接口
SWA	E0/0/1	PC1	E0/0/1
SWA	E0/0/2	PC3	E0/0/1
SWA	E0/0/22	SWB	E0/0/22
SWB	E0/0/1	PC2	E0/0/1
SWB	E0/0/2	PC4	E0/0/1
SWB	E0/0/22	SWA	E0/0/22

3. 练习拓扑图（图 5-9）

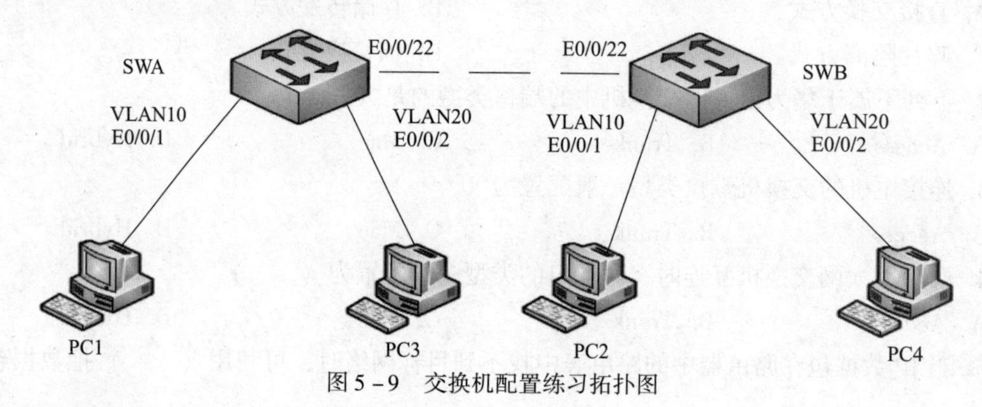

图 5-9 交换机配置练习拓扑图

4. 练习要求

（1）配置两台交换机的主机名为 SWA 和 SWB。

（2）分别在两台交换机上配置 VLAN10 和 VLAN20，并将端口 E0/0/1 划分到 VLAN10 中，将端口 E0/0/2 划分到 VLAN20 中。

（3）配置 Trunk 链路，实现跨交换机同一 VLAN 主机间的通信。

（4）配置 SWA 逻辑端口 VLAN10 的 IP 地址为 172. 16. 10. 10/24。

（5）配置 SWA 的 Telnet 功能，设置 Telnet 用户登录级别为 15，本地用户名为 Sdws，密码为 Huawei。

（6）测试各 PC 之间的连通性。

（7）用 PC1 测试 SWA 的 Telnet 远程登录功能。

（8）查看并保存交换机的配置信息。

项目 6
广域网技术

任务描述

众所周知，广域网可以实现数据、语音、图像等信息在广阔的地理范围内进行传输。为了从网络上获取更多的共享资源，同时也为了能方便地与远在全国各地的合作伙伴或亲朋好友进行数据通信，佳明父亲公司的计算机和佳明家里的计算机都有接入广域网的需求。此时佳明急切地想了解广域网的特点。目前所说的广域网大多指的是 Internet，Internet 的接入技术有哪些？路由器作为连接局域网与广域网的重要网络设备，它的工作原理与基本配置是什么？本项目将带领大家解决这些问题。

学习目标

➢ 了解广域网的定义及分类；
➢ 掌握 Internet 的接入技术；
➢ 了解 Internet 的应用；
➢ 掌握常用的路由选择算法；
➢ 掌握路由器的基本配置。

6.1　知识要点

6.3.1　广域网概述

1. 广域网的定义

广域网（WAN）又称远程网，是连接不同地区局域网或城域网的一种数据通信网络。广域网通常跨接很大的物理范围，所覆盖的范围从几十千米到几千千米，它能连接多个地区、城市和国家，甚至横跨几个洲提供远距离通信，形成国际性的远程网络。

2. 广域网的种类

广域网可分为公共传输网络、专用传输网络和无线传输网络。

(1) 公共传输网络一般由政府电信部门组建、管理和控制，网络内的传输和交换装置可以提供（或租用）给任何部门和单位使用。

公共传输网络可分为以下两类。

①电路交换网络：主要包括公共交换电话网（Public Switched Telephone Network，PSTN）和综合业务数字网（Integrated Services Digital Network，ISDN）。

②分组交换网络：主要包括 X.25 分组交换网和帧中继等。

（2）专用传输网络是由一个组织或团体自己建立、使用、控制和维护的私有通信网络。一个专用传输网络拥有自己的通信和交换设备，它可以建立自己的线路服务，也可以向公用网络或其他专用网络租用。

专用传输网络主要是数字数据网（Digital Data Network，DDN），DDN 可以在两个端点之间建立一条永久的、专用的数字通道。它的特点是在租用该专用线路期间，用户独占该线路的带宽。

（3）无线传输网络主要是移动无线网，典型的有 GSM、GPRS 和 4G 技术等。

6.1.2 Internet 接入技术

Internet 全称 Internetwork，中文名称为因特网。目前所说的广域网大多指的是 Internet，下面介绍 Internet 相关知识。作为一位接入网络的用户，如果想要实现更大范围的数据通信和资源共享，首先需要接入 Internet 中。用户接入 Internet 的方式有很多种，早期有调制解调器、ISDN 和 DDN，后来的有 ADSL、Cable Modem、通过局域网接入等。

1. 使用调制解调器拨号的方式

（1）调制解调器概述。调制解调器是一个典型的数据通信设备，它可以把计算机的数字信号调制成通信线路的模拟信号，再将通信线路的模拟信号解调回计算机的数字信号。利用调制解调器将计算机与公用电话线相连接，使计算机用户能通过拨号方式利用公用电话网访问 Internet。

（2）调制解调器的分类。

- 按与计算机连接方式的不同，调制解调器可分为内置式和外置式。内置式调制解调器体积小，使用时插入主板插槽，不能单独携带；外置式调制解调器体积大，使用时与计算机的通信接口（COM1 或 COM2）相连，工作时有通信工作状态指示，可以单独携带，能方便地与其他计算机连接使用。对于笔记本电脑用户来说，调制解调器是一个标准件，绝大多数的笔记本电脑有内置式调制解调器。
- 调制解调器按传输能力不同，分为低速和高速，常见调制解调器的数据传输速率有 14.4 Kbit/s、28.8 Kbit/s、33.6 Kbit/s 和 56 Kbit/s 等。上网速度不仅取决于调制解调器的传输速率，还受与之相连的电话线路的通信能力制约。

2. 使用 ISDN 方式接入

（1）ISDN 概述。ISDN 俗称“一线通”，它除了可以用于打电话外，还可以提供诸如可视电话、数据通信、会议电视等多种业务，从而将电话传真、数据、图像等多种数据综合在一个统一的数据网络中进行传输和处理。

（2）ISDN 的工作方式。按带宽的不同，ISDN 可分为窄带和宽带，其中窄带 ISDN 有基本速率（2B + D，144 Kbit/s）和群速率（30B + D，2 Mbit/s）两种接口。基本速率包括两个能

独立工作的B信道（每个B信道的数据传输速率为64 Kbit/s）和一个D信道（16 Kbit/s）。其中B信道用来传输语音、数据和图像，D信道用来传输信号命令或分组信息，因此该方式的最高数据传输速率为128 Kbit/s。宽带可以向用户提供155 Mbit/s以上的通信能力。由于宽带ISDN技术复杂而且投资金额巨大，目前应用最少；而窄带ISDN已经非常成熟，因此各地开通的ISDN实际上是窄带ISDN。由于ISDN使用了数字线路传输数据，因此误码率比电话线传输低得多。

3. 使用DDN专线

DDN专线将数字通信技术、计算机技术、光纤通信技术及数字交叉连接技术等有机地结合在一起，提供了一种高速度、高质量、高可靠性的通信环境，为用户规划、建立安全、高效的专用数据网络提供了条件。因此，DDN专线在多种Internet的接入方式中深受广大用户的青睐。

DDN专线向用户提供的是半永久性数字连接，沿途不进行复杂的软件处理，因此延时较短，避免了传统的分组网中传输协议复杂、传输延时大且不固定的缺点。利用DDN专线方式接入Internet的特点主要有以下几个。

（1）DDN专线接入能提供高性能的点到点通信。通信保密性强，特别适合金融、保险等保密性要求高的用户的需要。

（2）DDN专线接入适用于20/80业务规则的大中型企业，即80%的网络业务在内部网络内传输，只有20%的网络业务在内部网络与外部网络之间传输。

（3）DDN专线信道固定分配充分保证了通信的可靠性，保证用户使用的带宽不会受到其他用户使用情况的影响。

（4）提供详细的计费和网络管理支持，可以通过防火墙等安全技术保护用户局域网的安全，免受不良侵害。

使用DDN专线最大的缺点是其租用费用太高，因此DDN专线只适合于数据传输量较大的单位。

4. 使用ADSL接入

（1）ADSL概述。

ADSL也称非对称数字用户环路，是一种新的数据传输方式。ADSL技术提供的上行和下行带宽不对称，因此称为非对称数字用户线路。

ADSL技术采用频分复用技术把普通的电话线分成了电话、上行和下行3个相对独立的信道，从而避免了相互之间的干扰。用户可以边打电话边上网，不用担心上网速度和通话质量下降。理论上ADSL可在3～5 km范围内，在一对铜缆双绞线上提供最高1 Mbps的上行速率和最高8 Mbps的下行数据传输速率，能同时提供话音和数据业务。一般来说，ADSL的数据传输速率完全取决于线路的距离，线路越长，速率越低。

（2）ADSL的工作过程。

- Internet网络主机数据通过光纤传输到电话公司的中心局。
- 在中心局，ADSL访问多路复用器调制并编码用户的网络数据，然后整合来自普通电话线路的语音信号。

- 整合的语音和网络数据信号经由普通电话线传输到用户家中。
- 客户端利用滤波器将数字信号和语音信号分离开，数字信号经过 ADSL 调制解调器解调和解码后传输到用户计算机中，而语音信号则传输到电话机上，两者互不干扰。

（3）ADSL 的连接。

ADSL 的安装包括局端线路安装和客户端设备安装。在局端，由服务器将用户原有的电话线接入 ADSL 局端设备；客户端将由局端接入的电话线连接到滤波器上，滤波器一端与家庭电话相连，另一端与 ADSL 调制解调器之间用一条电话线相连；最后将 ADSL 调制解调器与计算机的网卡用一条交叉网线连接，即可完成硬件的安装。

5. Cable Modem

（1）Cable Modem（线缆调制解调器，CM）接入概述。

用户可通过 Cable Modem 连接有线电视宽带网接入有线电视数据网，有线电视数据网再和 Internet 宽带连接，用户就可以在家中接入 Internet，进行信息浏览等操作。另外用户还可以享受视频点播（Vedio on Demand，VOD）等服务。

利用 Cable Modem 方式接入 Internet 的优点是不需要重新进行布线，直接利用各用户家中的有线电视线缆即可实现电视节目数据的网络数据信号的同时传输，从而使用户在观看电视的同时享受网上冲浪的乐趣。

（2）Cable Modem 的安装。

将有线电视的同轴电缆接入 Cable Modem，再将 Cable Modem 用双绞线连接到用户计算机的网卡上即可完成安装。当打开 Cable Modem 的电源后，它能自动检测有线电视台的前端设备（Cable Modem Termination Systems，CMTS），前端设备自动分配 IP 地址和其他必需的网络设置参数给 Cable Modem，用户计算机开机后自动完成上网设置。

只需打开计算机，Cable Modem 就会自动将计算机连接到网上，用户可以随时上网，简单方便。

6. 使用局域网接入

（1）局域网接入概述。随着以太网技术的发展，局域网接入 Internet 的方式已经成为接入 Internet 的更好选择。在 ADSL 接入 Internet 的方式中，一方面由于节点包含用户多，经常会出现回传噪声、线路串扰的问题；另一方面由于电话线路老化等问题，容易出现线路中继的问题，且不能达到较高的数据传输速率。通过局域网接入 Internet，可用光纤或双绞线对小区进行综合布线，用户可获得 10 Mbit/s 甚至 100 Mbit/s 以上的带宽，速度优势明显。

（2）局域网接入的特点如下：

- 数据传输速率高，网络稳定性好。
- 安装简单，节省用户投资。
- 采用星型拓扑结构，用户共享带宽。
- 应用广泛，可实现远程办公、视频点播等多种应用。

6.1.3　Internet 的应用

Internet 是集现代计算机技术、通信技术于一体的全球性的计算机互联网，它是由世界范围内各种大大小小的计算机网络相互连接而成的全球性计算机网络。在 Internet 中，使用者的地位是平等的。Internet 用户不仅是信息资源的使用者，也可以是信息资源的提供者。

Internet 作为一种全球性信息基础设施，其能够适应计算机、网络和服务的各种变化，为用户提供多种信息服务。Internet 的主要应用有电子邮件服务、文件传输服务、远程登录和万维网服务等。

1. 电子邮件服务

电子邮件又称为 E - mail。它利用计算机的存储转发原理，克服时间、地理上的差距，通过计算机终端和通信网络进行文字、声音和图像等信息的传输。电子邮件是 Internet 为用户提供的基本功能之一，也是 Internet 上广泛的应用之一。

与传统的通信方式相比，电子邮件具有以下明显的优势。

- 电子邮件比人工邮件传输迅速，可达到的范围广，而且更为可靠。
- 电子邮件与电话系统相比，不要求通信双方同时在线，而且不需要知道通信对象在网络中的具体位置。
- 电子邮件可以实现一对多的邮件传输，一个用户可以同时向多个用户发送通知。
- 电子邮件可以将文字、图像、语音等多种类型的信息集成在一个邮件中发送，成为多媒体信息传送的重要手段。

使用电子邮件的首要条件是要有一个电子邮箱（Mail Box）。电子邮箱是由电子邮件服务机构（一般是 ISP）为用户建立起来的。当用户向 ISP 申请 Internet 账户时，ISP 就会在它的 E - mail 服务器上建立该用户的 E - mail 账户。建立电子邮箱，实际上是在 ISP 的 E - mail 服务器磁盘上为用户开辟一块专用的存储空间，用来存放该用户的电子邮件。每个电子邮箱都有一个邮箱地址，称为电子邮件地址（E - mail Address）。用户的 E - mail 地址格式为“用户名@主机名”，其中“@”符号表示 at，主机名指的是拥有独立 IP 地址的计算机名字，用户名是指该计算机为用户建立的 E - mail 账户名。

电子邮件系统采用简单的邮件传输协议（SMTP）和邮局传输协议（Post Office Protocol，POP3）来保证不同类型的计算机之间的邮件传输。首先，客户机的电子邮件通过 SMTP 传输到远程电子邮件服务器上，在服务器之间实现了邮件传输后，接收机通过 POP3 从电子邮件服务器上接收传来的电子邮件，如图 6 - 1 所示。

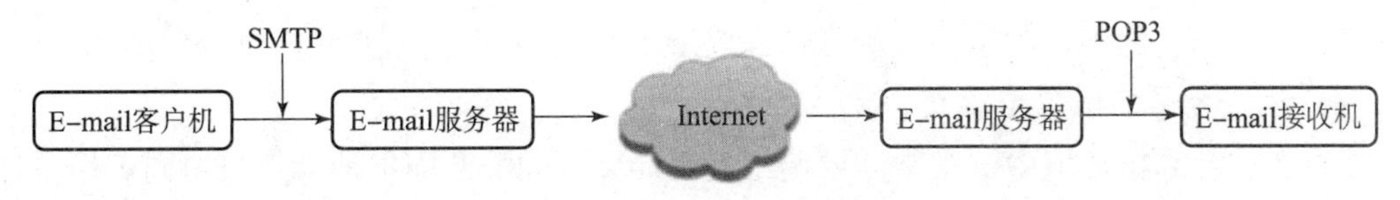

图 6 - 1　电子邮件传输过程

2. **文件传输服务**

文件传输服务器允许 Internet 上的用户将一台计算机上的文件传送至另一台计算机上，它是广大用户获得丰富的 Internet 资源的重要方法之一。常见的浏览器 Internet Explorer 就可以实现文件传输功能。

Internet 上这一功能的实现是由 TCP/IP 协议簇中的 FTP 支持的。FTP 负责将文件从一台计算机传输到另一台计算机上，并且保证传输的可靠性，所以人们通常将这类服务称为 FTP 服务。

文件传输服务是一种实时的联机服务。在进行文件传输服务时，首先要登录到对方的计算机上，登录后只可进行文件查询、文件传输等相关操作。根据所使用的用户账户不同，可将 FTP 服务器提供的服务分为普通 FTP 服务和匿名 FTP（Anonymous FTP）服务两类。

普通 FTP 服务：像大多数的 Internet 服务一样，FTP 使用客户机/服务器系统。用户在使用普通 FTP 服务时，首先需要在远程主机上建立一个账户。在进行 FTP 操作时，应在 FTP 命令中给出远程计算机的主机名或 IP 地址，然后根据对方系统的询问，正确输入用户名与用户密码。通过上述操作就可以建立客户机与远程计算机之间的连接，当用户启用客户机程序时，用户的命令即发送出去，服务器响应用户发送的命令。例如，用户录入一个命令，让服务器传输一个指定的文件，服务器就会响应用户的命令，并传输这个文件；用户的客户机程序接收这个文件，并把它存入相应的目录中。用户从远程计算机上复制文件到自己的计算机上，称为下载（Downloading）文件；用户把自己计算机上的文件复制到远程计算机上，称为上传（Uploading）文件。

匿名 FTP 服务：Internet 上许多公司和研究机构的主机上都有大量有价值的文件，它们是 Internet 上的重要信息资源。普通 FTP 服务要求用户在登录时提供相应的用户名与用户密码，即用户必须在远程主机上拥有自己的账户，否则无法使用 FTP 服务。这对于大量没有账户的用户来说是不方便的。为了便于用户获取 Internet 上公开发布的各种信息，许多机构提供了一种匿名 FTP 服务。

匿名 FTP 服务的实质是提供服务的机构在它的 FTP 服务器上建立一个公开的账户（一般为 anonymous），并赋予该账户访问公共目录的权限。用户登录这些 FTP 服务器时，无须事先申请用户账户，可以用 anonymous 为用户名，将自己的 E - mail 地址或姓名设置为用户密码便可登录，获得 FTP 服务。

3. **远程登录**

在 Internet 中，用户可以通过远程登录使自己成为远程计算机的终端，然后在它上面运行程序，或使用它的硬件和软件资源。远程登录是 Internet 上用途非常广泛的一项基本服务。

（1）远程登录的概念与意义。

在分布式计算机环境中，常常需要调用远程计算机的资源同本地计算机协同工作，这样可以用多台计算机来共同完成一个较大的任务。这种协同操作的工作方式就要求用户能够登录到远程计算机中启动某个进程，并使进程之间能够相互通信。为了达到这个目的，人们开发了远程终端协议，即 Telnet 协议。Telnet 协议是 TCP/IP 的一部分，它精确地定义了远程登录客户机与远程登录服务器之间的交互过程。

远程登录是 Internet 较早提供的基本服务功能之一。Internet 中的用户远程登录是指用户使用 Telnet 命令，使自己的计算机暂时成为远程计算机的一个仿真终端的过程。一旦用户成功地实现了远程登录，用户使用的计算机就可以像一台与对方计算机直接连接的本地终端一样进行工作。

远程登录允许任意类型的计算机之间进行通信。远程登录之所以能够提供这种功能，主要是因为所有的运行操作都是在远程计算机上完成的，用户的计算机仅仅作为一台仿真终端，向远程计算机传送击键信息并显示结果。

Internet 远程登录服务的主要作用：允许用户与在远程计算机上运行的程序进行交互；当用户登录远程计算机时，可以执行远程计算机上的任何应用程序，并且能屏蔽不同型号的计算机之间的差异；用户可以利用个人计算机完成许多只有大型计算机才能完成的任务。

（2）登录协议。

TCP/IP 协议簇中有两个远程登录协议：Telnet 协议和 Rlogin 协议。

系统的差异性（heterogeneity）给计算机系统的互操作性带来了很大的困难。Telnet 协议的主要优点之一是能够解决多种不同计算机系统之间的互操作问题。所谓系统的差异性，就是指不同厂家生产的计算机在硬件或软件方面不同。

不同计算机系统的差异性首先表现在不同系统对终端键盘输入命令的解释上。例如，有的系统的行结束标志为 return 或 enter，有的系统用 ASCII 字符的 CR，有的系统则用 ASCII 字符的 LF。键盘定义的差异性给远程登录带来很多问题。为了解决系统的差异性，Telnet 协议引入了网络虚拟终端（Network Virtual Terminal，NVT）的概念，它提供了一种专门的键盘定义，用来屏蔽不同的计算机系统对键盘输入的差异性。

Rlogin 协议是 Sun 公司专为 BSD UNIX 系统开发的远程登录协议，它只适用于 UNIX 系统，因此还不能很好地解决异构系统的互操作性。

（3）远程登录的工作原理。

Telnet 同样也采用了客户机/服务器模式，其结构如图 6－2 所示。在远程登录过程中，用户的实终端（Real Terminal）采用用户终端的格式与本地 Telnet 客户机进程通信，远程主机采用远程系统的格式与远程 Telnet 服务器进程通信。网络虚拟终端将不同的本地用户终端格式统一起来，使得各个不同的用户终端格式只与标准的网络虚拟终端格式进行交互，而与各种不同的本地终端格式无关。Telnet 客户机进程与 Telnet 服务器进程一起完成用户终端格式、远程主机系统格式与标准网络虚拟终端格式的转换。

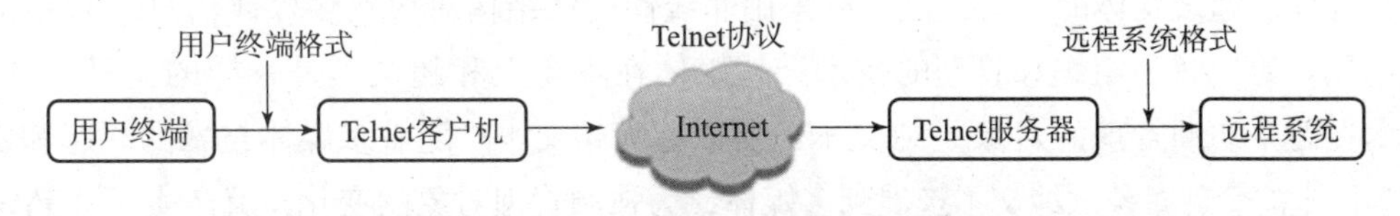

图 6－2　Telnet 的客户机/服务器模型

（4）如何使用远程登录。

使用 Telnet 的条件是用户本身的计算机或向用户提供 Internet 访问的计算机支持 Telnet

命令。同时，用户进行远程登录需要满足两个条件。

- 用户在远程计算机上有自己的用户账户（包括用户名与用户密码）。
- 该远程计算机提供公开的用户账户，供没有账户的用户使用。

用户在使用 Telnet 命令进行远程登录时，首先应在 Telnet 命令中给出对方的主机名或 IP 地址；然后根据对方系统的询问，正确输入自己的用户名与用户密码。有时还要根据对方的要求，回答自己所使用的仿真终端的类型。

Internet 有很多信息服务机构提供开放式的远程登录服务。登录到这样的计算机时，不需要事先设置用户账户，使用公开的用户名就可以进入系统。这样用户就可以使用 Telnet 命令，使自己的计算机暂时成为远程计算机的一个仿真终端。一旦用户成功地实现了远程登录，其就可以像远程主机的本地终端一样进行工作，使用远程主机对外开放的全部资源，如硬件、程序、操作系统、应用软件及信息资源。

Telnet 也经常用于公共服务或商业目的，用户可以使用 Telnet 远程检索大型数据库、公众图书馆的信息资源库或其他信息。

4. 万维网服务

万维网（World Wide Web，WWW）是一种交互式图形界面的 Internet 服务，简称 Web 或者 3W，具有强大的信息连接功能。WWW 目前是 Internet 上增长最快的网络信息服务，也是 Internet 上最方便和最受用户欢迎的信息服务类型。

（1）超文本与超媒体。

首先来了解 WWW 信息组织方式中涉及的两个基本概念：超文本（Hypertext）和超媒体（Hypermedia）。

超文本是用超链接的方法，将各种不同空间的文字信息组织在一起的网状文本。现在文本普遍以电子文档方式存在，其中的文字包含可以链接到其他位置或者文档的链接，允许从当前阅读位置直接切换到超文本链接所指向的位置。超文本的格式有很多种，目前较常使用的是 HTML 及富文本格式。

超文本是一种按信息之间关系非线性地存储、组织、管理和浏览信息的计算机技术。它将自然语言文本和计算机交互式地转移或动态显示线性文本的能力结合在一起，它的本质和基本特征就是在文档内部和文档之间建立关系，正是因为有了这种关系使文本能以非线性的方式进行组织。概括地说，超文本就是收集、存储和浏览离散信息及建立和表现信息之间关联的一种网络技术。

超媒体是超级媒体的缩写，是一种采用非线性网状结构对块状多媒体信息（包括文本、图像、视频等）进行组织和管理的技术。超媒体在本质上和超文本是一样的，只不过超文本技术在诞生初期管理的对象是纯文本，所以称为超文本。随着多媒体技术的兴起和发展，超文本技术的管理对象从纯文本扩展到多媒体，为强调管理对象的变化，就产生了“超媒体”这个词。现在，超文本与超媒体的界限已经比较模糊，通常超文本也包括超媒体的概念。

（2）WWW。

WWW 是以 HTML 与 HTTP 为基础的，能够提供面向 Internet 服务的、一致的用户界面

信息浏览系统。其中WWW服务器采用超文本链路来链接信息页，这些信息页既可以放置在同一主机上，也可以放置在不同地理位置的主机上。文本链路由统一资源定位符（Uniform Resource Locator，URL）维持，WWW客户端软件（WWW浏览器）负责显示信息与向服务器发送请求。

Internet采用超文本和超媒体的信息组织方式，将信息的链接扩展到整个Internet上。目前，用户利用WWW不仅能访问到Web Server的信息，而且可以访问到Gopher、WAIS、FTP、Archie等网络服务。因此，它已经成为Internet上应用最广和最有前途的访问工具，并在商业范围内发挥着越来越重要的作用。

（3）HTML与HTTP。

HTML是一种用来定义信息表现方式的格式化语言，它告诉WWW浏览器如何显示信息、如何进行链接。一个文件如果想通过WWW主机来显示，就必须符合HTML的标准。使用HTML开发的HTML超文本文件一般具有.htm或.html的扩展名。一般来说，利用专门的工具软件就可以完成各种类型文件（如字处理软件、电子表格软件、演示文稿软件等）向HTML文件的转换。HTML具有通用性、简易性、可扩展性、平台无关性等特点，并且支持用不同方式创建HTML文档。

HTTP是WWW客户机与WWW服务器之间的应用层传输协议，即浏览器访问Web服务器上超文本信息时所使用的协议。HTTP是TCP/IP协议簇之一，它不仅可以保证超文本文档在主机间的正确传输，还能够确定应传输文档中的哪一部分及先传输哪部分内容等。

（4）WWW的工作模式。

WWW采用的是客户机/服务器的工作模式，具体的工作流程如下：

- 在客户端建立链接，用户使用浏览器向Web服务器发出浏览信息的请求。
- Web服务器接收到请求，并向浏览器返回所请求的信息。
- 客户机接收到文件后，解释该文件并显示在客户机上。

一个Web服务器实际上就是一个文件服务器。Web服务器结构化地存储着文档，客户机则通过客户端软件查询Web服务器上的信息。Web客户端的软件称为浏览器，常用的WWW浏览器有Internet Explore等。

（5）URL与信息定位。

HTML的超链接使用URL来定位信息资源所在位置，URL中描述了浏览器检索资源所用的协议、资源所在的计算机主机名、端口号及资源的路径与文件名。

标准的URL格式如下：

协议：//主机名或IP地址：端口号/文件路径/文件名

协议：又称信息服务类型，是客户端浏览器访问各种服务器资源的方法，它定义了浏览器（客户）与被访问的主机（服务器）之间使用何种方式检索或传输信息。URL中的协议有很多种，常用的有HTTP、FTP、Telnet、Gopher、News、WAIS等。

端口号：端口号可以缺省，缺省时使用默认的端口号，如果不使用默认的端口号，必须在此处输入服务器指定的端口号。Internet上每个应用协议的端口号是由Internet的专门结构后来分配的，常用的Internet应用协议的默认端口号见表6-1。

表 6-1　常用应用协议与端口号

常用应用协议	端口号	常用应用协议	端口号
FTP	21	Telnet	23
SMTP	25	DNS	53
HTTP	80	POP3	110
RPC	111	SNMP	161

尽管端口号是必须的，但由于 Internet 上的大多数服务都有一个默认端口号，因此在端口号缺省的情况下，面向连接的应用服务使用的是默认端口号。

“/”后面是信息资源在服务器上的存放路径和文件名，用来指定用户所要获取文件的目录，由文件所在的路径、文件名和扩展名组成。缺省的情况下，服务器就会给浏览器返回一个缺省的文件。例如，通过浏览器访问 Web 服务器时，在存放路径和文件缺省的情况下，Web 服务器返回给浏览器一个名为 index. html 或 default. html 的文件。

6.1.4　路由器概述

1. 路由器的功能

路由器工作在 OSI/RM 中的网络层。有时也将路由器称为一种三层设备，是局域网用户接入广域网的一个重要设备。路由器的主要功能是路由选择、数据转发和数据过滤。

2. 路由选择

通常路由器中会有多个网络接口，这些接口有用于连接局域网的网络接口和用于连接广域网的网络接口。每个网络接口都可以连接不同的网络，在进行数据通信时，从源主机到目的主机之间就可能存在多条数据传输路径。路由选择就是从这些数据传输路径中选择一条从源主机到目的主机之间的最佳数据传输路径的过程。

3. 路由器的工作原理

如图 6-3 所示，假设 PC1 要向 PC2 发送数据，有多条路径可以到达，其路由选择和数据转发的工作流程如下：

（1）PC1 将数据发送给 RouterA。

（2）RouterA 收到 PC1 的数据包后，从数据包头部取出目的主机即 PC2 的地址，通过查找路由表找到从 PC1 所在网络到 PC2 所在网络的最佳路径。假设该路径为 PC1—RouterA—RouterB—RouterC—RouterF—PC2，则 RouterA 将数据包转发给 RouterB。

（3）RouterB、RouterC 重复 RouerA 的工作过程，RouterB 将数据包转发给 RouterC，RouterC 将数据包转发给 RouerF。

（4）RouterF 收到数据包后，取出目的主机的地址，发现该主机就在自身所直连的网络上，直接将数据包发送给 PC2。

（5）至此，PC2 收到 PC1 发送的数据，此次数据通信过程宣告结束。

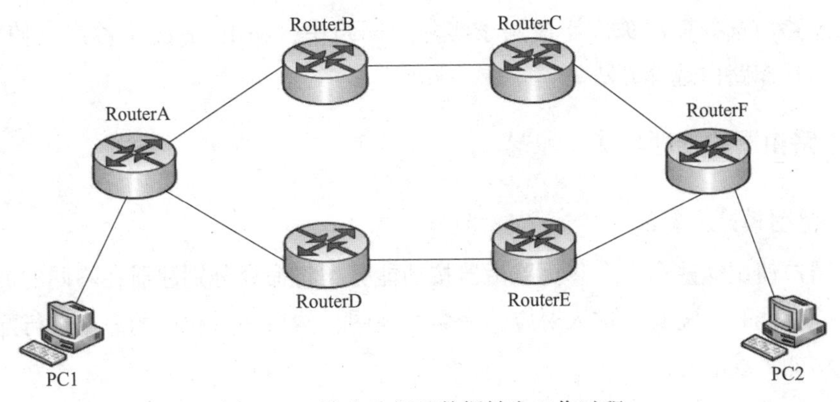

图6-3　路由选择及数据转发工作过程

6.1.5　路由算法

每个路由器中都有一个路由表，路由器根据路由表中的内容进行最佳路径选择，而确定路径选择的策略即称为路由选择算法。根据路由表中内容的获取方式，可以将路由选择算法分为静态路由选择算法和动态路由选择算法。

1. 静态路由选择算法

静态路由选择算法中的路由是由网络管理员手工配置的固定路由，后期除非由网络管理员进行干预，否则不会发生变化。由于静态路由不能适应网络环境的变化，因此一般用于网络规模不大、拓扑结构相对固定的网络中。

2. 动态路由选择算法

动态路由选择算法中的路由选择可以根据当前网络的状态信息动态决定。这种算法可以较好地适应网络流量、拓扑结构的变化，有利于改善网络的性能。常用的动态路由选择算法有距离矢量路由选择算法和链路状态路由选择算法。

（1）距离矢量路由选择算法。距离矢量路由选择算法的工作过程如下：每个路由器维护一张路由表，它以子网中的每个路由器为索引，路由表中列出了当前已知的路由器到每个目标路由器最佳距离及所走的线路。各路由器通过周期性地在邻居之间相互交换路由信息，不断更新自己内部的路由表，从而适应网络的动态变化。距离矢量路由选择算法最初是ARPANET使用的路由算法，也被用于Internet的RIP（Routing Information Protocol，路由信息协议）中。

（2）链路状态路由选择算法。链路状态路由选择算法中每个路由器需要完成以下工作以实现各路由器中路由表的动态变化。

①发现邻居节点，并知道其网络地址。

②测量到各邻居节点的延迟或开销。

③构造一个分组，分组中包含所有它刚刚知道的信息。

④将这个分组发送给网络中所有其他的路由器。

⑤计算出到达其他路由器的最短路径。

链路状态路由选择算法被广泛应用于实际的网络中，在 Internet 中被广泛使用的 OSPF 就采用了链路状态路由选择算法。

6.1.6 路由器的管理与基本配置

1. 用户视图模式

为便于用户使用这些命令，华为路由器按功能分类将命令分别注册在不同的命令行视图下。配置某一功能时，需首先进入对应的命令行视图，然后执行相应的命令进行配置。常用视图名称及功能见表 6－2。

表 6－2 常用视图名称及功能

常用视图名称	进入视图	视图功能
用户视图	用户从终端成功登录设备即进入用户视图，在屏幕上显示： `<Huawei>`	在用户视图下，用户可以查看运行状态和统计信息等

系统视图	在用户视图下，输入命令 system－view 后按 Enter 键，进入系统视图：
	`<Huawei> system-view`
	`Enter system view, return user view with Ctrl+Z.`
	`[Huawei]`
		在系统视图下，用户可以配置系统参数及通过该视图进入其他的功能配置视图

接口视图	使用 interface 命令并指定接口类型及接口编号，可以进入相应的接口视图：
	`[Huawei]interface gigabitethernet X/Y/Z`
	`[Huawei-GigabitEthernetX/Y/Z]`
	说明：
	“X/Y/Z”为需要配置的接口编号，分别对应“堆叠 ID/子卡号/接口序号”。上述举例中 GigabitEthernet 接口仅为示意
		配置接口参数的视图称为接口视图。在该视图下可以配置接口相关的物理属性、链路层特性及 IP 地址等重要参数

路由协议视图	在系统视图下，使用路由协议进程运行命令可以进入相应的路由协议视图：
	`[Huawei] isis`
	`[Huawei-isis-1]`
		路由协议的大部分参数是在相应的路由协议视图下进行配置的，如 IS－IS 协议视图、OSPF 协议视图、RIP 协议视图

命令行提示符 Huawei 是默认的主机名。通过提示符可以判断当前所处的视图，如

“< >”表示用户视图，“[ ]”表示除用户视图以外的其他视图。执行 quit 命令，可从当前视图退出至上一层视图。按 Ctrl + Z 组合键或使用 return 命令会从当前视图模式直接退回用户视图模式。

2. 编辑命令行

编辑命令行的操作技巧与交换机命令配置相同，在此不再赘述，详情可参看项目 5 中的相关内容。

3. 登录系统

要对一台新出厂的设备进行业务配置，首先需要登录设备。设备支持的首次登录方式有 Console 口登录方式和 MiniUSB 口登录方式。一块主控板提供一个 Console 口和一个 MiniUSB 口。客户终端的串行口可以与设备的 Console 口直接连接或者将客户终端的 USB 口与设备的 MiniUSB 口直接连接，实现对设备的本地配置。用户在本地登录以后，完成设备名称、管理 IP 地址和系统时间等基本配置，并配置 Telnet 用户的级别和认证方式实现远程登录，为后续配置提供基础环境。

说明：在通过 MiniUSB 口登录设备前，需要在客户终端安装 MiniUSB 口的驱动程序。

（1）通过 Console 口首次登录设备。通过 Console 口首次登录设备的操作步骤与首次登录交换机的操作步骤类似，在此不再赘述。详情可参看项目 5 中的相关内容。

（2）通过 MiniUSB 口首次登录设备。如果用户 PC 没有可用的 Console 口，可以使用 MiniUSB 线缆将 PC 的 USB 口连接到设备的 MiniUSB 口进行登录，实现对第一次通电的设备进行基本配置和管理。

在配置通过 MiniUSB 口登录设备之前，需要完成以下任务。

- 设备正常通电。
- 准备好 MiniUSB 通信电缆（支持 MiniUSB B 型线缆，不随设备发货）。
- 根据用户 PC 的操作系统准备好 MiniUSB 口驱动程序。
- 准备好 PC 终端仿真软件。

其操作步骤如下所示：

①在用户 PC 上安装 MiniUSB 口的驱动程序（以安装 TUSB 3410 Driver 为例）。

a. 使用 MiniUSB 线缆将 PC 的 USB 口和设备的 MiniUSB 口连接。

b. 如图 6 – 4 所示，在 PC 端双击驱动程序的安装文件并单击“Next”按钮。

c. 如图 6 – 5 所示，选中 I accept the terms in the License Agreement 单选按钮，单击“Next”按钮。

d. 如图 6 – 6 所示，单击“Browse”按钮，更改驱动解压的路径，然后单击“Install”按钮。

e. 如图 6 – 7 所示，单击 Finish 按钮后进行解压，完成后单击“Finish”按钮，结束解压。

f. 在步骤 d 指定的解压路径下找到 DISK1 文件夹，双击 setup. exe 图标。

g. 单击“下一步”按钮，选中“我接受许可证协议中的条款（A）”单选按钮，单击“下一步”按钮，进入驱动安装界面。

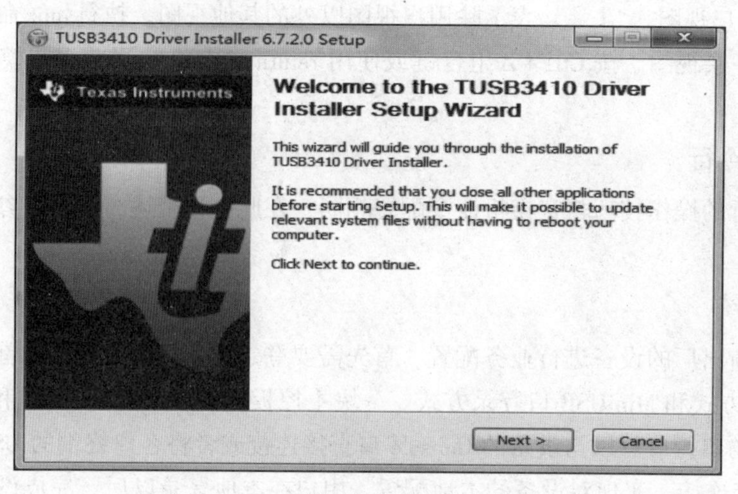

图 6－4　PC 端运行驱动程序安装文件

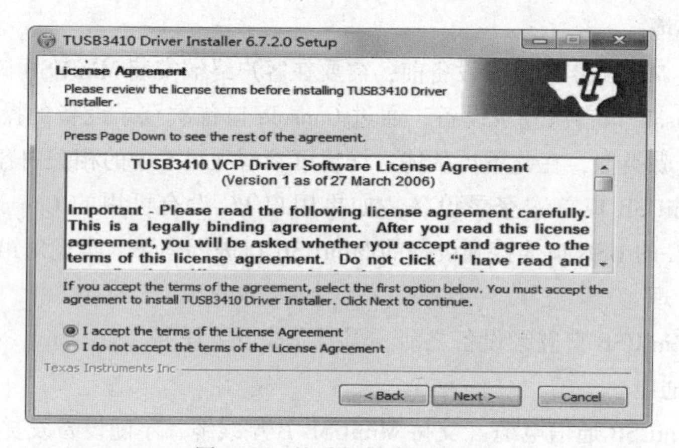

图 6－5　接受软件许可协议

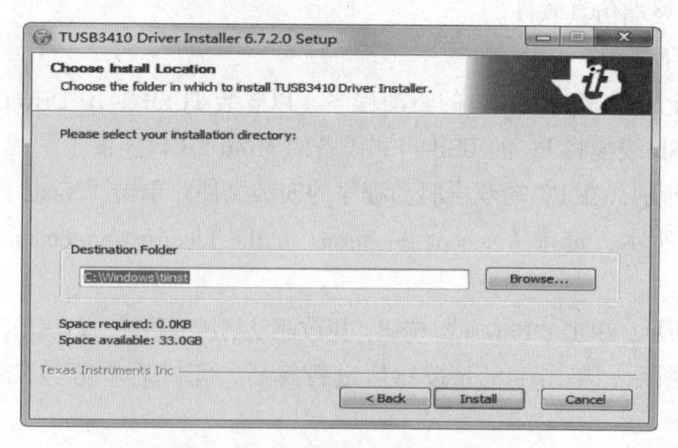

图 6－6　选择驱动程序解压路径

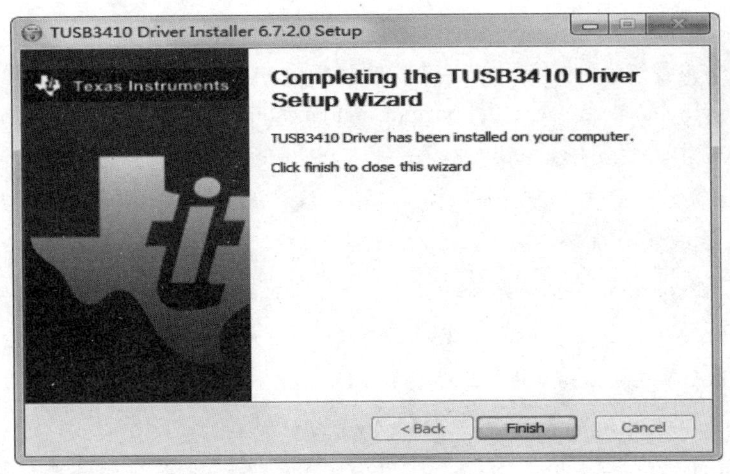

图6-7　完成驱动程序解压

h. 单击“完成”按钮，结束驱动程序的安装。右击“计算机”，在弹出的快捷菜单中选择“管理”命令，打开“计算机管理”窗口，选择“设备管理器→端口（COM 和 LPT）”选项，显示的“TUSB3410 Device”即为已安装的设备。

②在 PC 上打开终端仿真软件，新建连接，设置连接的接口及通信参数。操作顺序如图6-8和图6-9所示（此处使用第三方软件 SecureCRT 为例进行介绍）。

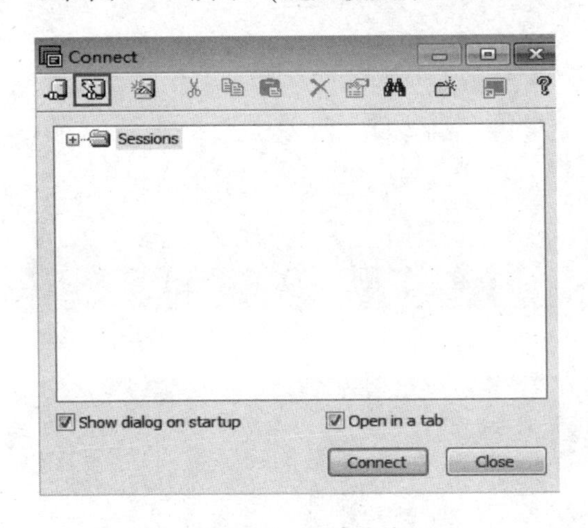

图6-8　新建连接

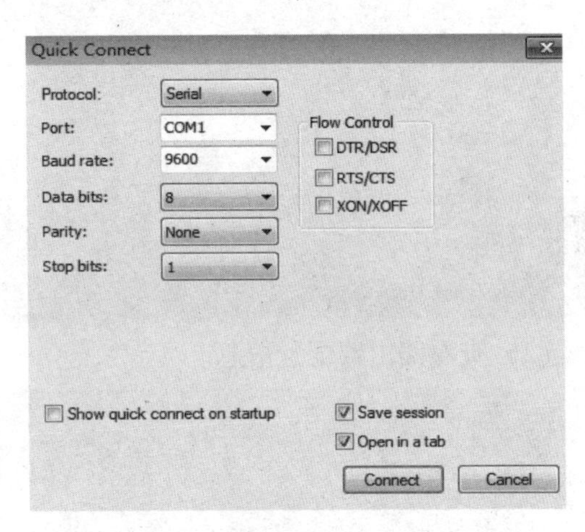

图6-9　设置连接的接口及通信参数

③单击“Connect”按钮，终端界面会出现如下显示信息，提示用户配置登录密码。设备默认用户名为 admin，密码为 Admin@ huawei（以下显示信息仅为示意）。

说　　明

- 采用交互方式输入的密码不会在终端屏幕上显示出来。
- 建议登录设备后及时更改密码并定时更新，以保证安全性。如果配置文件中存在明文密码或输入的密码属于弱安全加密密码，则用户登录设备时系统会提示：

There are security risks in the configuration file. You are advised to save the configuration immediately. If you choose to save, the current configuration file will be unavailable after version downgrade. Are you sure to save now? [y/n]:

如果需要保存当前配置，选择 y，并按 Enter 键；如果不需要保存当前配置，选择 n，并按 Enter 键（建议用户选择 y）。

- 用户通过 Console 口登录新出厂（或没有启动配置文件）的设备时，系统会提示：

Auto - Config is working. Before configuring the device, stop Auto - Config. If you perform configurations when Auto - Config is running, the DHCP, routing, DNS, and VTY configurations will be lost. Do you want to stop Auto - Config? [y/n]:

如果需要进行 Auto - Config，选择 n，并按 Enter 键；如果不需要进行 Auto - Config，选择 y，并按 Enter 键。

4. 路由器配置常用基本命令

（1）视图模式切换。

```
<Huawei>system-view                          #切换到系统视图
Enter system view, return user view with Ctrl+Z.
                                             #按 Ctrl+Z 组合键返回用户视图
[Huawei]interface g0/0/1                     #切换到接口视图
[Huawei-GigabitEthernet0/0/1]                #在此视图下可配置接口相关的参数
[Huawei]user-interface vty 0 4               #切换到虚拟终端视图
[Huawei-ui-vty0-4]                           #在此视图下可配置远程登录口令
```

（2）查看路由器配置信息。

```
[Huawei]display version                      #查看交换机版本信息
[Huawei]display current-configuration        #查看当前配置信息
[Huawei]display interface g0/0/1             #查看端口 g0/0/1 的配置信息
[Huawei]display ip routing-table             #查看路由表中的信息
```

（3）保存当前配置信息。

```
<Huawei>save                                            #保存当前配置信息
The current configuration will be written to the device.
Are you sure to continue? [Y/N]y                        #输入 y
Info: Please input the file name ( *.cfg, *.zip ) [vrpcfg.zip]:
                                                        #按 Enter 键确认
```

```
Now saving the current configuration to the slot 0.
Save the configuration successfully.                #提示成功保存配置
```

（4）删除配置信息。

```
<Huawei>reset saved-configuration                   #删除保存的配置信息
Warning: The action will delete the saved configuration in the device.
The configuration will be erased to reconfigure. Continue? [Y/N]:y
                                                    #输入 y
Warning: Now clearing the configuration in the device.
Info: Succeeded in clearing the configuration in the device.
                                                    #提示成功删除配置
```

（5）路由器重启。

```
<Huawei>reboot
Info: The system is comparing the configuration, please wait.
Warning:All the configuration will be saved to the next startup con-
figuration.
Continue ? [y/n]:y                                  #输入 y 继续
It will take several minutes to save configuration file, please
wait........
Configuration file had been saved successfully
Note: The configuration file will take effect after being activa-
ted
System will reboot! Continue ? [y/n]:y              #输入 y 继续
Info: system is rebooting ,please wait...
Press any key to get started                        #重启完成，按任意键
开始
<Huawei>
```

注　　意

在输入配置命令前，一定要确认当前所处的视图模式，否则会出现命令不能识别的情况。

（6）添加静态路由。

```
[Huawei]ip route-static Destination IP address {mask |mask-length}
{nexthop-address | interface-type interface-number }
```

说　　明

ip route - static：配置静态路由的命令动词。

Destination IP address：非直连网络的目标网络地址（不是具体的主机地址）。

mask | mask - length：子网掩码或子网掩码的长度。

nexthop - address | interface - type interface - number：下一跳路由器的接口 IP 地址或本地路由器出接口的接口类型和接口号。

（7）删除静态路由。

```
[Huawei]undo ]ip route - static Destination IP address {mask |mask - length}
```

（8）配置默认路由。默认路由是一种特殊的静态路由，是 IP 数据包中的目的地址找不到存在的其他路由时由路由器所选择的路由。如果路由器上配置有默认路由，目的地不在路由器的路由表中的所有数据包都会使用默认路由。

配置默认路由与静态路由的命令格式类似，目标网络项以 0.0.0.0 0.0.0.0 的形式出现，其中 0.0.0.0 表示目标网络，0.0.0.0 表示子网掩码。默认路由只应用于末梢网络中。

```
[Huawei]ip route - static 0.0.0.0 0.0.0.0 {nexthop - address |interface - type interface - number }
```

（9）删除默认路由。

```
[Huawei]undo ip route - static 0.0.0.0 0.0.0.0
```

6.2　实训任务

6.2.1　首次登录路由器的基本配置

1. 任务目标

（1）配置系统时区、日期和时间。

（2）配置设备名称和管理 IP 地址。

（3）配置 Telnet 远程登录，Telnet 用户级别为 15 级，认证方式为 AAA。

（4）对配置的 Telnet 远程登录进行登录验证。

2. 任务环境

任务拓扑图即首次登录路由器的基本配置拓扑图，如图 6 - 10 所示。

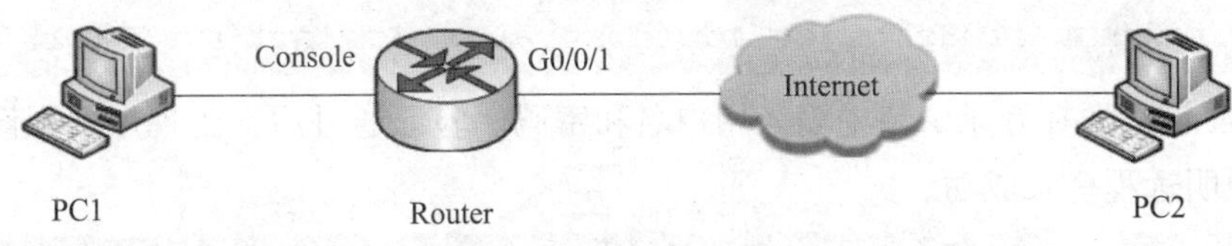

图6－10 首次登录路由器的基本配置拓扑图

3. 任务实施

步骤1：PC1通过设备Console口登录设备。

步骤2：设置系统的时区、日期和时间。

```
<Huawei> clock timezone BJ add 08:00:00
<Huawei> clock datetime 20:10:00 2015-03-26
```

步骤3：设置设备名称和管理IP地址。

```
<Huawei> system-view
[Huawei] sysname Server
[Server] interface gigabitethernet 0/0/0
[Server-GigabitEthernet0/0/0] ip address 10.254.10.8 24
[Server-GigabitEthernet0/0/0] quit
```

步骤4：设置Telnet用户的级别和认证方式。

```
[Server] telnet server enable
[Server] user-interface vty 0 4
[Server-ui-vty0-4] user privilege level 15
[Server-ui-vty0-4] authentication-mode aaa
[Server-ui-vty0-4] quit
[Server]aaa
[Server-aaa] local-user admin1234 password irreversible-cipher Helloworld
#配置本地用户名为admin1234,密码为Helloworld(采用不可逆算法加密)
[Server-aaa] local-user admin1234 privilege level 15
#配置本地用户admin1234登录的权限级别为15
[Server-aaa] local-user admin1234 service-type telnet
#配置本地用户的服务类型为Telnet
[Server-aaa] quit
```

步骤5：验证配置结果。

完成以上配置后，可以从PC2以Telnet方式远程登录设备。执行开始—运行—Cmd命令，打开命令行提示符窗口，执行Telnet命令，尝试远程登录设备。

```
C:\Documents and Settings\Administrator > telnet 10.254.10.8
```

按 Enter 键后，在登录窗口中输入用户名和密码。验证通过后，出现用户视图的命令行提示符，说明远程登录成功。

```
Login authentication
Username:admin1234
Password:
<Server>
```

4. **注意事项**

- 利用 PC2 登录设备时，使用的用户名和密码要和设备的配置保持一致。
- 在 PC2 上执行 Telnet 操作时，需要输入正确的 IP 地址。
- 输入密码时，终端屏幕上不会有任何提示，如果密码不正确，在按 Enter 键确认时会弹出相应的错误提示信息。

6.2.2 配置路由器静态路由

1. **任务目标**

（1）掌握路由器端口地址的配置命令。

（2）掌握路由器静态路由的配置集合。

（3）掌握查看路由表的命令。

2. **任务环境**

任务拓扑图即配置路由器静态路由拓扑图，如图 6－11 所示。

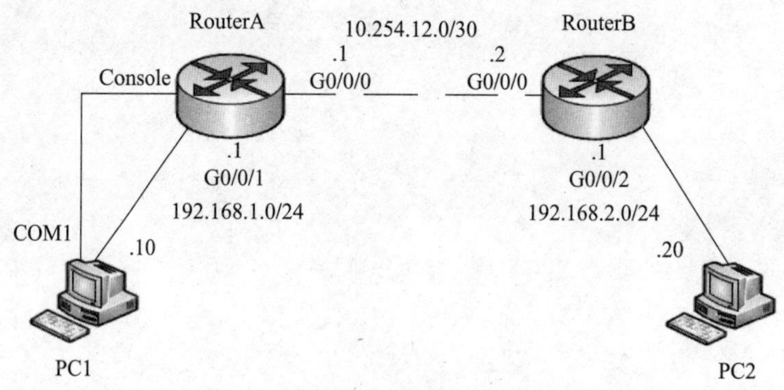

图 6－11　配置路由器静态路由拓扑图

3. **任务实施**

步骤 1：硬件连接。

（1）如图 6－11 所示，利用配置线将 PC1 的 COM1 端口与路由器的 Console 端口连接起来，实现由 PC1 对路由器进行配置管理。

（2）用直通线将 PC1、PC2 分别连接到 RouterA 和 RouterB 的 G0/0/1 和 G0/0/2 端口

上，用级联线将 RouterA 和 RouterB 的 G0/0/0 端口连接起来。

步骤 2：配置 PC1、PC2 的 IP 地址、子网掩码和网关。

PC1 的 IP 地址为 192.168.1.10，子网掩码为 255.255.255.0，网关为 192.168.1.1；

PC2 的 IP 地址为 192.168.2.20，子网掩码为 255.255.255.0，网关为 192.168.2.1。

步骤 3：RouterA 基本配置。

```
<Huawei>system-view                                  #切换到系统视图
[Huawei]undo info-center enable                      #关闭信息中心
Info: Information center is disabled.
[Huawei] sysname RouterA                             #配置路由器名为 RouterA
[RouterA] display ip routing-table                   #查看路由表
Route Flags: R - relay, D -download to fib
------------------------------------------------------------------------------
Routing Tables: Public
         Destinations : 4        Routes : 4
Destination/Mask    Proto   Pre  Cost      Flags NextHop      Interface
       127.0.0.0/8   Direct  0    0          D    127.0.0.1    InLoopBack0
      127.0.0.1/32   Direct  0    0          D    127.0.0.1    InLoopBack0
127.255.255.255/32   Direct  0    0          D    127.0.0.1    InLoopBack0
255.255.255.255/32   Direct  0    0          D    127.0.0.1    InLoopBack0
[RouterA] interface g0/0/1              #切换到接口视图模式
[RouterA-GigabitEthernet0/0/1] ip address 192.168.1.1 24
                                        #配置接口地址
[RouterA-GigabitEthernet0/0/1] interface g0/0/0
                                        #切换到接口视图模式
[RouterA-GigabitEthernet0/0/0] ip address 10.254.12.1 30
                                        #配置接口地址
[RouterA-GigabitEthernet0/0/0] quit
[RouterA] ip route-static 192.168.2.0 24 10.254.12.2
                                        #配置静态路由项
[RouterA] display ip routing-table
                                        #查看路由表，注意与第一次查看进行对比
Route Flags: R - relay, D -download to fib
------------------------------------------------------------------------------
Routing Tables: Public
```

```
    Destinations : 11        Routes : 11
Destination/Mask      Proto   Pre  Cost   Flags Nexthop         Interface
     10.254.12.0/30  Direct  0     0           D   10.254.12.1  GigabitEthernet
0/0/0
     10.254.12.1/32  Direct  0     0           D   127.0.0.1    GigabitEthernet
0/0/0
     10.254.12.3/32  Direct  0     0           D  127.0.0.1     GigabitEthernet
0/0/0
        127.0.0.0/8  Direct  0     0           D  127.0.0.1     InLoopBack0
        127.0.0.1/32 Direct  0     0           D  127.0.0.1     InLoopBack0
 127.255.255.255/32  Direct  0     0           D  127.0.0.1     InLoopBack0
     192.168.1.0/24  Direct  0     0           D  192.168.1.1   GigabitEthernet
0/0/1
     192.168.1.1/32  Direct  0     0           D  127.0.0.1     GigabitEthernet
0/0/1
   192.168.1.255/32  Direct  0     0           D  127.0.0.1     GigabitEthernet
0/0/1
     192.168.2.0/24  Static  60    0          RD  10.254.12.2   GigabitEthernet
0/0/0
  255.255.255.255/32 Direct  0     0           D  127.0.0.1     InLoopBack0
```

步骤4：RouterB 基本配置（与 RouterA 配置类似）。

```
<Huawei>system-view              #切换到系统视图
[Huawei]undo info-center enable  #关闭信息中心
Info: Information center is disabled.
[Huawei] sysname RouterA         #配置路由器名为 RouterB
[RouterB] display ip routing-table
                                 #查看路由表
[RouterB] interface g0/0/1       #切换到接口视图模式
[RouterB-GigabitEthernet0/0/1] ip address 192.168.2.1 24
                                 #配置接口地址
[RouterB-GigabitEthernet0/0/1] interface g0/0/0
                                 #切换到接口视图模式
[RouterB-GigabitEthernet0/0/0] ip address 10.252.12.2 30
                                 #配置接口地址
```

```
[RouterB-GigabitEthernet0/0/0]quit
[RouterB]ip route-static 192.168.1.0 24 10.254.12.1
                                    #配置静态路由项
[RouterB]display ip routing-table
                                    #查看路由表,注意与第一次查看进行对比
```

步骤5：测试连通性。在PC1的命令行执行ping 192.168.2.20，如下所示，表示能够ping通。

```
PC>ping 192.168.2.20
Ping 192.168.2.20: 32 data bytes, Press Ctrl_C to break
From 192.168.2.20: bytes=32 seq=1 ttl=254 time=16 ms
From 192.168.2.20: bytes=32 seq=2 ttl=254 time=16 ms
From 192.168.2.20: bytes=32 seq=3 ttl=254 time=15 ms
From 192.168.2.20: bytes=32 seq=4 ttl=254 time=15 ms
From 192.168.2.20: bytes=32 seq=5 ttl=254 time=15 ms
 --- 192.168.2.20 ping statistics ---
    5 packet(s) transmitted
    5 packet(s) received
    0.00% packet loss
    round-trip min/avg/max = 15/15/16 ms
```

4. 注意事项

- 正确配置各路由器各接口的IPv4地址，使网络互通。
- 保证两个路由器的互连接口地址配置在同一网段，并且可以正常互通。
- 在各主机上配置IPv4默认网关。
- 配置期间用查看命令来查看所做配置是否正确有效，如有错误及时更正。
- 实际网络连接时，主机大多是连接到汇聚层交换机，经由核心层交换机后间接接入路由器上，很少将主机直接连接到路由器上。本实训拓扑图仅是为了方便讲解静态路由配置而构建的。

练习题

一、填空题

1. 广域网涉及OSI/RM中的__________、__________和____________。
2. ISDN的基本速率中的有效数据传输速率为__________。
3. ADSL的中文全称为______________，它能够提供最高__________的上行速率和最高__________的下行速率。
4. TCP/IP协议簇中的两个远程登录协议是__________和__________。

5. 常用的动态路由算法有__________和__________。

二、选择题

1. 目前世界上最大的广域网为（　　）。

A. ARPANET　　B. CHINANET　　C. CERNET　　D. Internet

2. 常用调制解调器支持的最大数据传输速率为（　　）。

A. 16 Kbit/s　　B. 32 Kbit/s　　C. 56 Kbit/s　　D. 64 Kbit/s

3. 用于从电子邮件服务器上接收传来的电子邮件的协议为（　　）。

A. FTP　　B. POP3　　C. HTTP　　D. SMTP

4. FTP 服务中匿名用户的账户名为（　　）。

A. Administrator　　B. Gust　　C. user　　D. anonymous

5. WWW 客户机与 WWW 服务器之间的传输协议为（　　）。

A. FTP　　B. Telnet　　C. UDP　　D. HTTP

6. Telnet 服务默认使用的端口号为（　　）。

A. 20　　B. 21　　C. 23　　D. 53

三、简答题

1. FTP 与 Telnet 的作用是什么？它们的区别是什么？
2. 局域网接入 Internet 的特点是什么？
3. 简述距离矢量路由算法的工作原理。
4. 简述链路状态路由算法的工作原理。

四、实训练习

1. 练习环境

现有 3 台 AR2220 路由器，两台 PC 互相连接，物理端口连接配置见表 6－3。

表 6－3　物理端口连接配置

设备名称	设备接口	目标设备	设备接口
RouterA	G0/0/0	RouterB	G0/0/0
RouterA	G0/0/1	PC1	E0/0/1
RouterB	G0/0/0	RouterA	G0/0/0
RouterB	G0/0/1	RouterC	G0/0/1
RouterC	G0/0/2	PC2	G0/0/2

PC1 的 IP 地址为 172. 16. 1. 10，子网掩码为 255. 255. 255. 0，网关为 172. 16. 1. 1。
PC2 的 IP 地址为 172. 16. 2. 20，子网掩码为 255. 255. 255. 0，网关为 172. 16. 2. 1。
路由器各端口地址按图 6－12 所示进行配置。

2. 练习拓扑图（图 6－12）

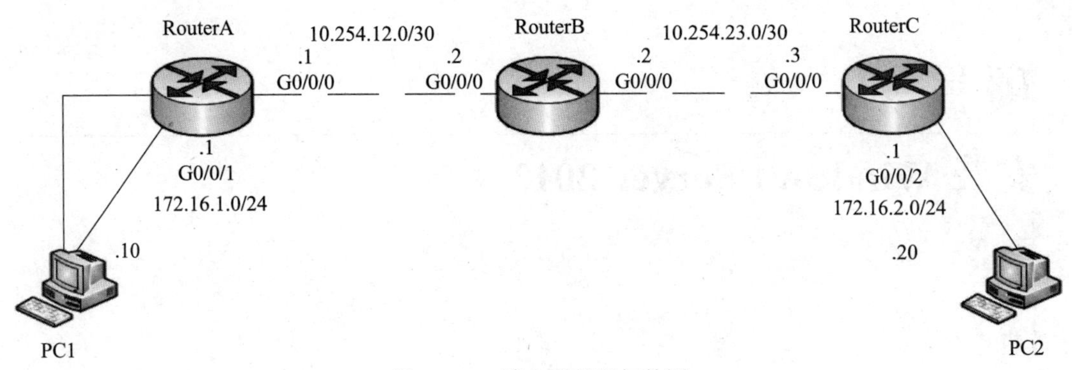

图 6－12　路由器配置拓扑图

3. 练习要求

（1）为 3 台路由器和 2 台 PC 配置 IP 地址等相关属性。

（2）配置 RouterA 的 Telnet 功能，设置 Telnet 用户登录级别为 15，本地用户名为 Sdws，密码为 Huawei。

（3）配置 3 台路由器的主机名分别为 RouterA、RouterB 和 RouterC。

（4）在 RouterA 和 RouterC 中配置默认路由，RouterB 中配置静态路由，使全网互通。

（5）查看各路由器的路由表。

（6）测试 PC1 与 PC2 的连通性。

（7）用 PC1 和 PC2 分别测试 RouterA 的 Telnet 远程登录功能。

（8）查看并保存路由器的配置信息。

项目 7

安装 Windows Server 2012

任务描述

佳明父亲的公司因业务发展，现需要架设一台高性能的网络服务器来为公司内外的用户提供服务。在完成硬件组装的基础上，需要选择一个合适的网络操作系统来实现相关的网络服务功能。综合考虑各方面因素后，佳明选择了 Windows Server 2012 R2 Standard 网络操作系统。本项目将带领大家完成该网络操作系统的安装及基本的网络配置。

学习目标

- 了解 Windows Server 2012 的不同版本；
- 了解 Windows Server 2012 的安装方式；
- 掌握安装 Windows Server 2012 R2 的操作步骤；
- 掌握添加与管理角色的方法。

7.1 知识要点

7.1.1 Windows Server 2012 的特性

1. 业务关键应用与云计算

Windows Server 2012 拥有强劲性能的虚拟化核心，让需要庞大运算能力的企业关键应用[企业资源计划（Enterprise Resource Planning，ERP）和数据库系统等]也可以实现由物理服务器向虚拟机的迁移。基于 Windows Server 2012 平台的新型 SQL（Structured Query Language，结构化查询语言）数据库云服务将为企业带来更高水平的应用能力，结合云端商业智能与大数据等技术，可充分利用云计算所带来的优势，支持业务的高速发展，培养迈向未来的竞争力。

2. 服务器虚拟化

Windows Server 2012 中的 Hyper - V 可以帮助企业和组织使用前所未有的简单方式节约成本，并通过将多个服务器角色作为独立的虚拟机进行整合，优化服务器硬件投资。Windows Server 2012 通过更多的功能、更高的扩展性，以及更进一步的内建可靠性机制，进一步提升了 Hyper - V 的价值。

Windows Server 2012 提供了一系列新的和改进的功能，有助于降低网络复杂度，同时提供更高效、成本更低廉的网络管理机制。

3. 远程访问

Windows Server 2012 提供了多种方法，为用户提供更高效、更安全的远程访问。可用于访问应用程序、数据，甚至整个桌面环境，完全满足用户与组织的具体需求。

4. 身份与安全性

Windows Server 2012 可使管理员能用更容易的方法配置、管理并监控用户、资源及设备，确保获得所需的访问与安全性。

5. 存储与可用性

Windows Server 2012 可以帮助用户在按需提供需求及应对运维负担之间取得平衡，并能控制整体开销。通过多项新功能，Windows Server 2012 可帮助用户在存储成本与容量之间进行权衡。

6. 服务器管理

Windows Server 2012 提供了出色的总体拥有成本，并且作为一套集成式平台，能够提供全面的多服务器管理能力。Windows Server 2012 通过服务器管理工具、Windows PowerShell 3.0 及 IP 地址管理（IP Address Management，IPAM）改善了多服务器环境的管理工作。

7. Web 与应用平台

Windows Server 2012 提供了出色的灵活性，可用于托管基于 Web 的应用。无论应用位于其内部还是云端，均为企业与托管供应商提供一套高级服务器平台。该平台能够提供灵活和可扩展，并且具备适应能力的环境，可创建并管理私有云并运行重要应用。

8. 存储新特性

随着 Windows Server 2012 的发布，一些与存储相关的功能和特性也随之更新，其中很多都与 Hyper - V 安装相关。很多功能可以为存储经理人减少预算并提高效率，可能会涉及重复数据删除、iSCSI、存储池及其他功能。

重复数据删除性能：通过在卷中存储单一版本文档来节约磁盘空间，这使得存储更加高效，尤其是在使用 Hyper - V 实现虚拟化之后。

ReFS（Resilient File System，弹性文件系统）：新版 ReFS 使得逻辑卷扩展性更强，与 Storage Spaces 相结合，提供更好的可用性，并且即使在数据损坏的情况下也不会宕机。

Storage Spaces：是 Windows Server 2012 为存储池功能的命名，它是将一组符合工业标准的硬盘使用集群技术形成存储池，然后在存储池的已有容量中创造存储空间，从而实现存储的虚拟化。

支持 Server Message Block 3.0：Windows Server 2012 增加了对 Server Message Block 3.0 的支持，可以进行 Fibre Channel 和 iSCSI 之间的选择；可以加速支持应用工作流，而不仅仅是客户端连接。这样，Windows Server 2012 本身也成为一个独立客户端，可以支持 Hyper - V、SQL Server 和 Exchange。

iSCSI Target Server：iSCSI Target 现在可以面向所有的 Windows Server 用户，而不仅仅是 OEM 用户。之前普通的 Windows 管理员不能使用 iSCSI Target，现在他们可以去下载更新 iSCSI Target，也可以管理 iSCSI 阵列。

Offloaded Data Transfer（ODX）：允许从 hypervisor 卸载、存储相关任务到存储阵列上。当存储用户复制一个文件时，转换会非常快，因为阵列不需要做任何工作，只需通过操作系统发送数据。

7.1.2 Windows Server 2012 的版本

Windows Server 2012 是基于 Windows 8.1 及 Windows RT 8.1 界面的新一代 Windows Server 操作系统，提供企业级数据中心和混合云解决方案。其易于部署，具有成本效益、以应用程序为重点、以用户为中心的特点。Windows Server 2012 有 4 个版本：Foundation（基础版）、Essential（精华版）、Standard（标准版）和 Datacenter（数据中心版）。

（1）Windows Server 2012 基础版仅提供给 OEM 厂商。其最多支持 1 个物理处理器，用户上限设定为 15 位，提供通用服务器功能，不支持虚拟化。

（2）Windows Server 2012 精华版面向中小企业，最多支持 2 个物理处理器，用户上限设定为 25 位。该版本简化了界面，预先配置了云服务连接，不支持虚拟化。

（3）Windows Server 2012 标准版提供完整的 Windows Server 功能，最多支持 64 个物理处理器，限制使用 2 台虚拟主机。

（4）Windows Server 2012 数据中心版提供完整的 Windows Server 功能，最多支持 64 个物理处理器，不限制虚拟主机数量。

7.1.3 Windows Server 2012 各版本的安装需求

安装 Windows Server 2012 所需要的基本硬件配置如下：

（1）处理器：主频 1.4 GHz 的 64 位处理器（没有 32 位）。

（2）内存（Random Access Memory，RAM）：512 MB 的内存。

（3）硬盘：32 GB 可用硬盘空间。

（4）显示器：要求分辨率为 1024 像素 ×768 像素或更高。

（5）其他：DVD 光驱、键盘、鼠标及网卡等外围设备。

7.1.4 Windows Server 2012 R2 的安装方式

Windows Server 2012 R2 有多种安装方式，分别适用于不同的环境，选择合适的安装方式可以提高工作效率。

1. 全新安装

使用 DVD 启动服务器并进行全新安装，这是最基本的方法。根据提示信息适时插入 Windows Server 2012 R2 安装光盘即可。

2. 升级安装

Windows Server 2012 R2 的任何版本都不能在 32 位机器上进行安装或升级。32 位服务器

要想运行 Windows Server 2012 R2，必须先升级到64位系统。

3. 通过 Windows 部署服务远程安装

如果网络中已经配置了 Windows 部署服务，也可通过网络远程安装。要采取这种安装方式，必须确保计算机网卡具有预启动执行环境（Preboot Execute Environment，PXE）芯片，支持远程启动功能。

4. 服务器核心安装

Windows Server 2012 R2 服务器的核心是微软公司革命性的功能部件，是不具备图形界面的纯命令行服务器操作系统，减少所需的磁盘空间和潜在的攻击面，尤其是服务要求，只安装了部分应用和功能，因此更加安全和可靠。

7.2　实训任务

7.2.1　安装 Windows Server 2012 R2

1. 任务目标

（1）掌握 VMware Workstation 12.0 软件的下载及安装步骤。

（2）掌握在 VMware Workstation 12.0 软件中安装 Windows Server 2012 R2 的操作步骤。

2. 任务环境

（1）安装有 Windows 7 操作系统的计算机1台。

（2）安装前的注意事项。为了保证 Windows Server 2012 R2 的顺利安装，在开始安装之前必须做好相应的准备工作，如检查硬件是否满足最低配置要求、备份重要文件和检查系统兼容性等。

- 切断非必要的硬件连接。如果当前计算机正与打印机、扫描仪等非必要外部设备连接，建议在运行安装程序之前将这些连接断开，因为安装程序将自动监测连接到计算机串行端的所有设备。

- 检查硬件和软件的兼容性。升级启动安装程序时，执行的第一个过程就是检查计算机硬件和软件的兼容性。安装程序在继续执行前将显示报告，使用该报告及 Relnotes. htm（位于安装光盘的\Docs 文件夹）中的信息确定在升级前是否需要更新硬件、驱动程序或软件。

- 检查系统日志。如果计算机中安装有 Windows XP/2000/2003/2008 操作系统，建议使用“事件查看器”查看系统日志，寻找可能在升级期间引发问题的最新错误或重复发生的错误。

- 备份文件。如果是从其他操作系统升级到 Windows Server 2012 R2，建议在升级前备份当前文件，包括含有配置信息（如系统状态、系统分区和启动分区）的所有内容，以及所有用户和相关数据。

• 断开网络连接。如果不是通过网络安装操作系统，在安装之前建议断网，避免新安装系统染上计算机病毒。

• 规划分区。Windows Server 2012 R2 要求必须安装在 NTFS（New Technology File System，新技术文件系统）分区上，全新安装时会默认按 NTFS 来格式化磁盘，因此如果是升级安装，必须保证分区为 NTFS 格式。

3. 任务实施

本任务利用 VMware 虚拟机来完成，首先安装 VMware Workstation 软件，安装完毕后启动该软件（本任务中安装的 VMware Workstation 的版本为 12.0.0 build－2985596）。

步骤 1：选择“文件”→“新建虚拟机”命令，在打开的“新建虚拟机向导”窗口中选中“典型（推荐）”单选按钮，单击“下一步”按钮，如图 7－1 所示。

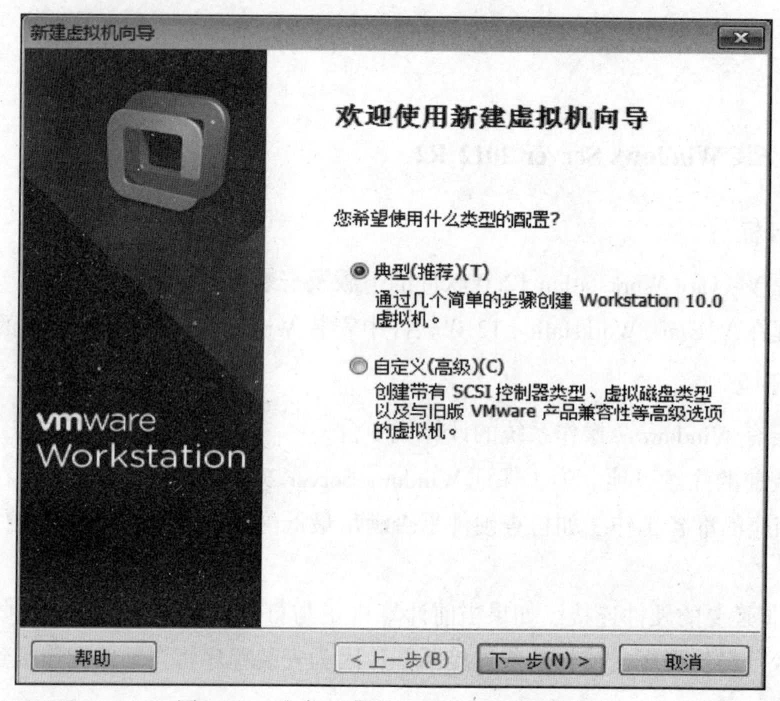

图 7－1　选中“典型（推荐）”单选按钮

步骤 2：选中“稍后安装操作系统”单选按钮，单击“下一步”按钮，如图 7－2 所示。

步骤 3：在“客户机操作系统”列表框中选中 Microsoft Windows 操作系统，选择版本 Windows Server 2012，单击“下一步”按钮，如图 7－3 所示。

步骤 4：虚拟机名称采用默认的 Windows Server 2012，“位置”文本框为安装完毕后虚拟机文件所在的目录，可以通过单击“浏览”按钮选择安装位置（可在“编辑”→“首选项”中更改默认位置，建议将该目录设置在非系统分区中），单击“下一步”按钮，如图 7－4所示。

步骤 5：设置最大磁盘大小为 60 GB，选中“将虚拟磁盘拆分为多个文件”单选按钮，单击“下一步”按钮，如图 7－5 所示。

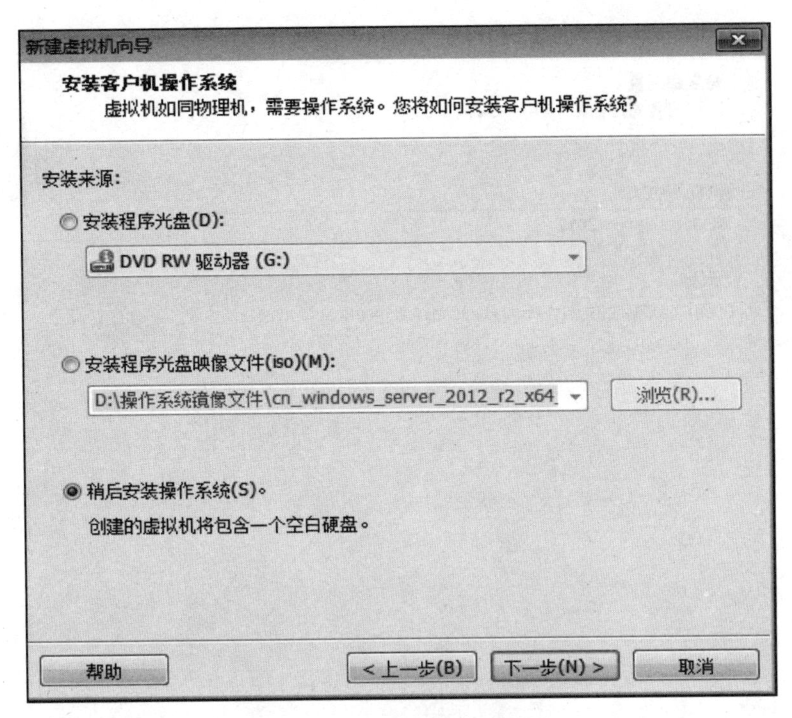

图7－2　安装客户机操作系统

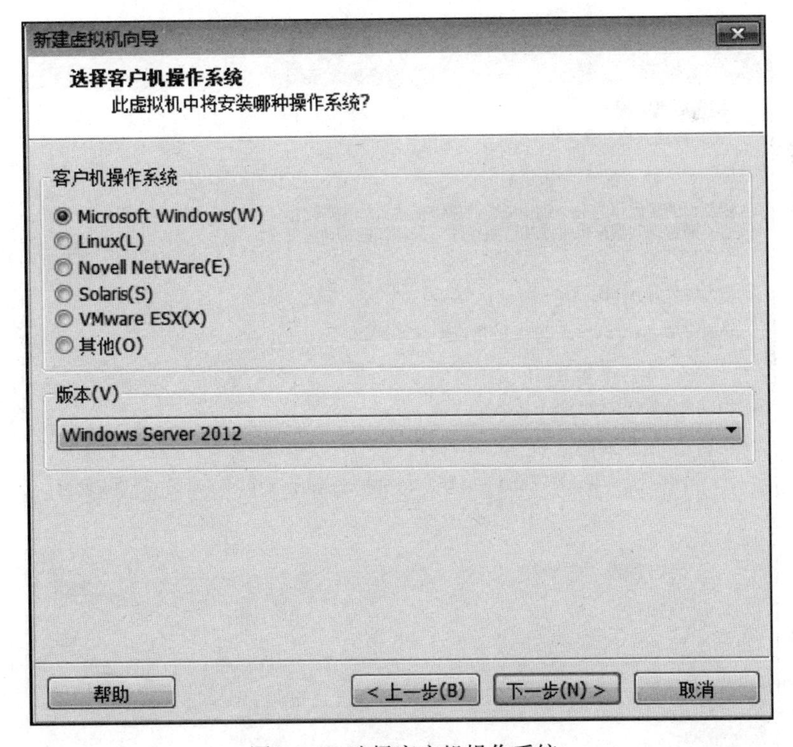

图7－3　选择客户机操作系统

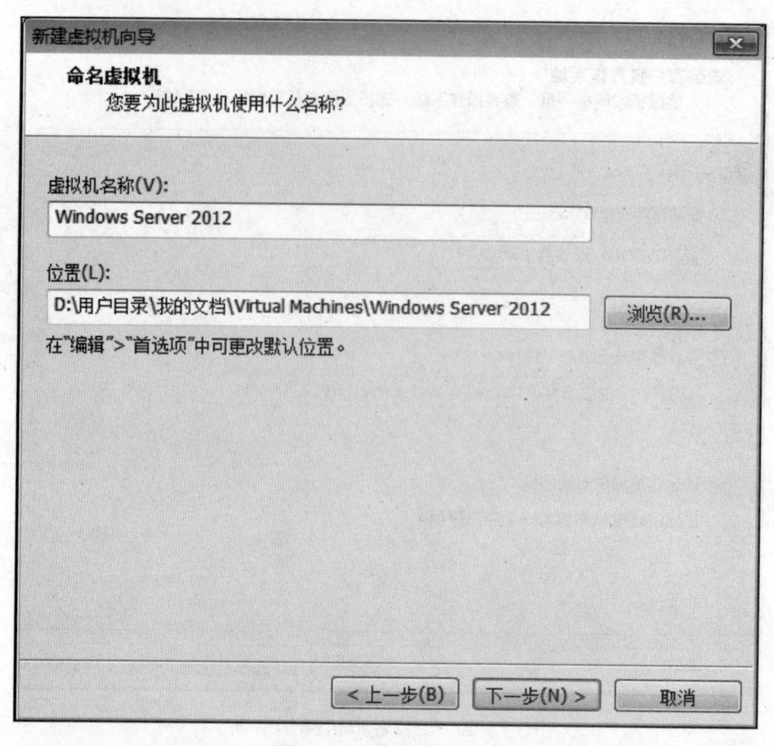

图 7－4　命名虚拟机

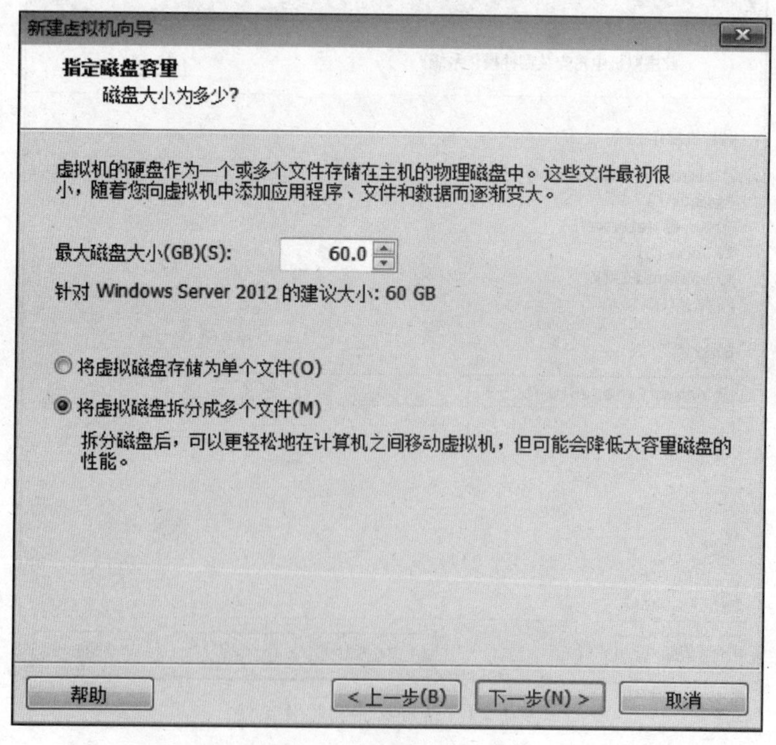

图 7－5　指定磁盘容量

步骤6：图7－6所示为刚才所做的设置，单击“完成”按钮，完成该虚拟机的环境设置。

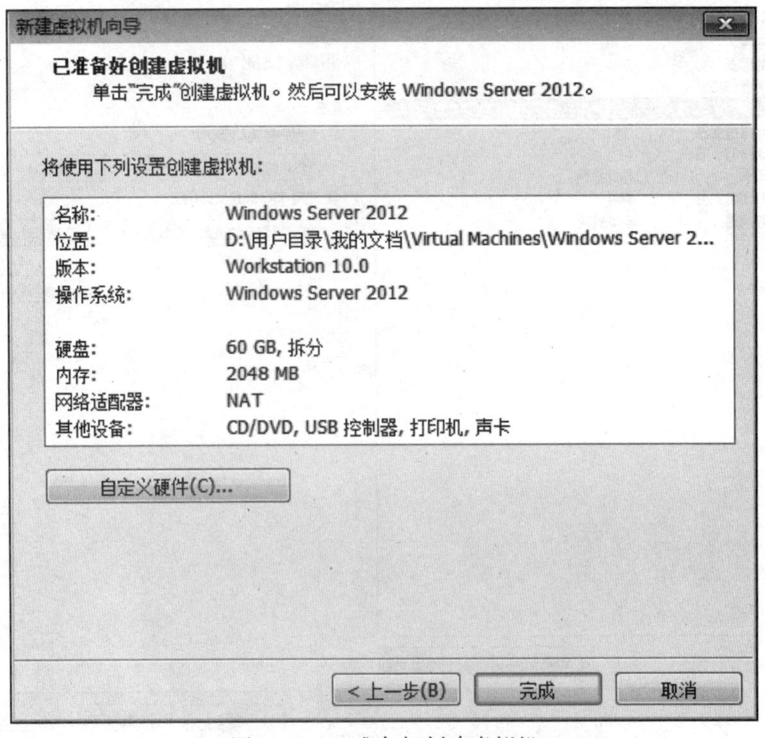

图7－6　已准备好创建虚拟机

步骤7：在VMware Workstation软件中选择“虚拟机”→“设置”命令，弹出“虚拟机设置”对话框，如图7－7所示，选择“硬件”选项卡，在“连接”选项区域中选中“使用ISO映像文件”单选按钮，单击“浏览”按钮，选择Windows Server 2012 R2镜像文件所在的位置，单击“确定”按钮。

步骤8：在主界面中单击“开启此虚拟机”按钮，正式进入Windows Server 2012 R2的安装界面，如图7－8所示。

步骤9：进入安装程序后，首先需要选择安装语言、时间和货币格式、键盘和输入方法，如图7－9所示。

步骤10：单击“下一步”按钮，出现询问是否立即安装Windows Server 2012 R2的窗口，单击“现在安装”按钮即可，如图7－10所示。

步骤11：在选择要安装的操作系统界面中，选择“Windows Server 2012 R2 Standard（带有GUI的服务器）”选项。该选项安装完毕后会是带有图形界面的系统，单击“下一步”按钮，如图7－11所示。

步骤12：选中“我接受许可条款”复选框，单击“下一步”按钮，如图7－12所示。

步骤13：如果当前计算机没有安装操作系统，则选择“自定义：仅安装Windows（高级）”选项，选择安装类型如图7－13所示。

图 7－7　“虚拟机设置”对话框

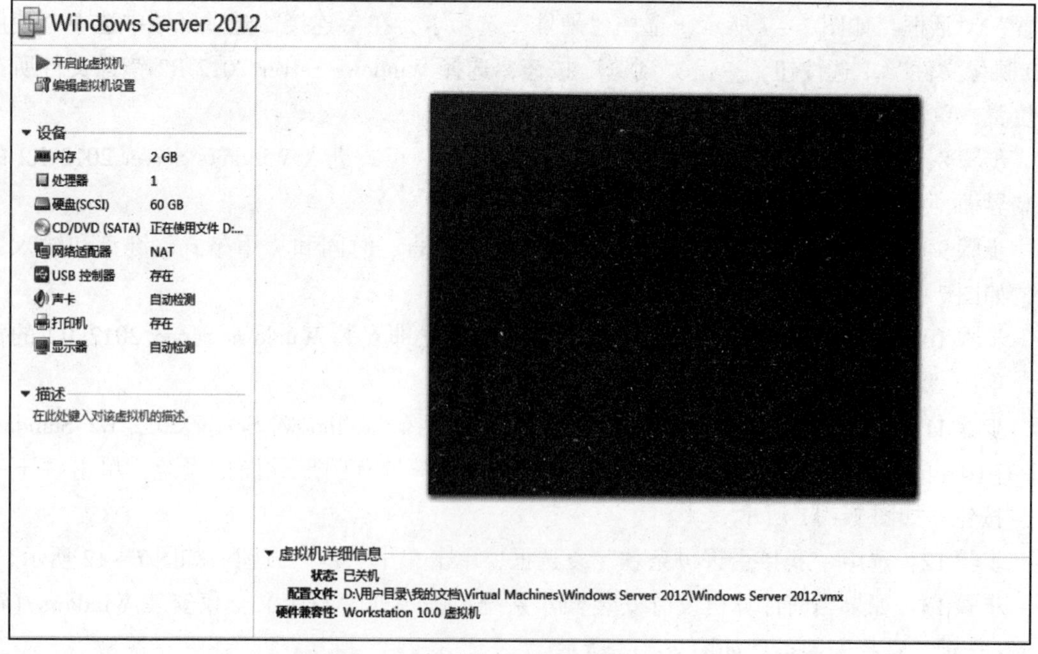

图 7－8　开启此虚拟机

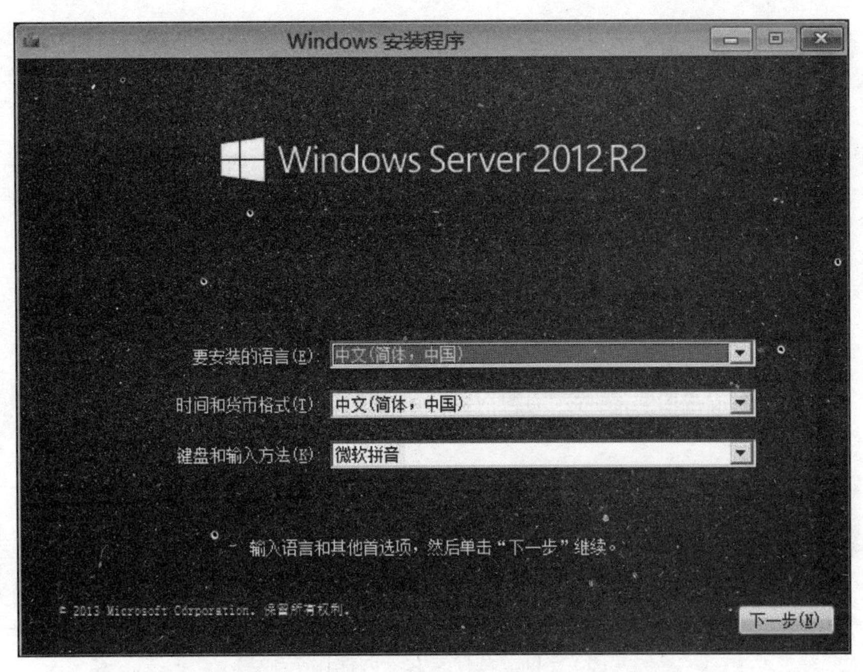

图7-9　选择安装语言、时间和货币格式、键盘和输入方法

图7-10　单击“现在安装”按钮

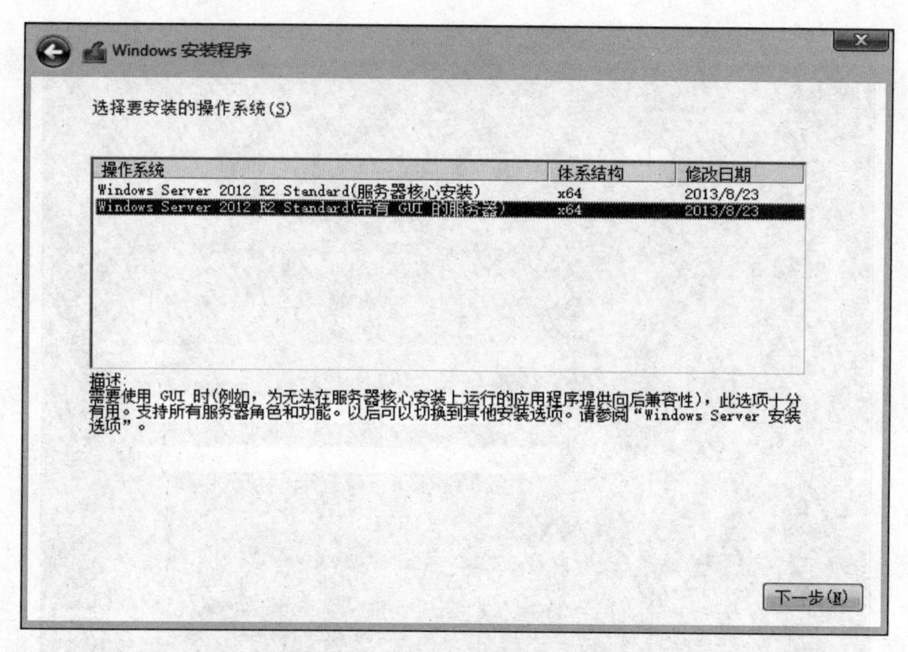

图 7-11　选择要安装的操作系统

图 7-12　选中“我接受许可条款”复选框

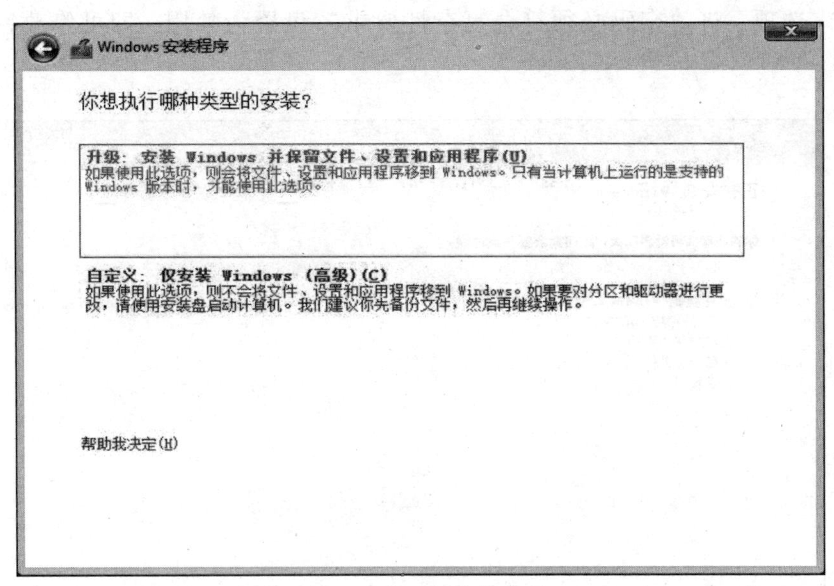

图 7－13　选择安装类型

步骤 14：选择相应的驱动器，单击“下一步”按钮，如图 7－14 所示。

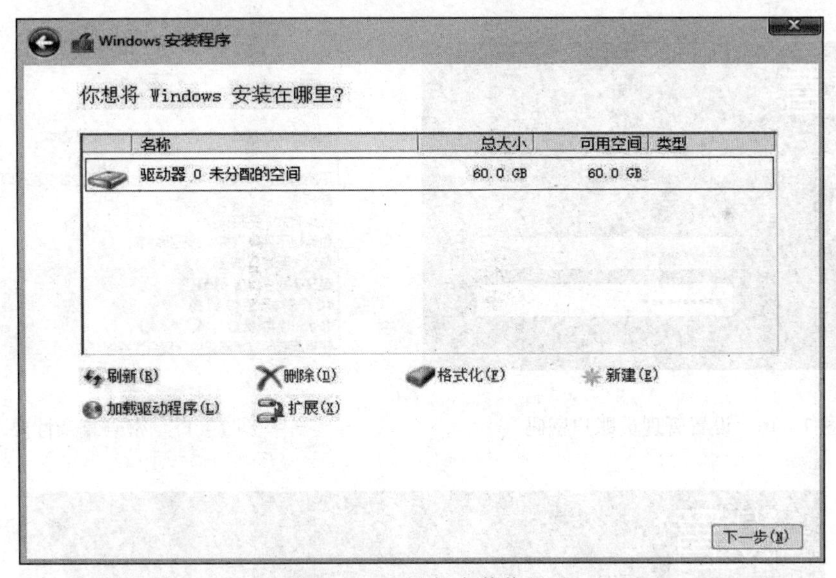

图 7－14　选择安装位置

步骤 15：如图 7－15 所示，显示正在安装 Windows，开始复制 Windows 文件并安装。

步骤 16：在安装过程中，系统会根据需要自动重启。在安装完成前，系统会要求用户设置管理员（Administrator）密码（图 7－16）。注意，Windows Server 2012 对密码有复杂度要求（图 7－17），如果设置的密码不符合要求，会弹出提示“输入的密码不满足网络或组管理员设置的密码复杂要求，应从管理员那里了解这些要求，然后输入新密码”（图 7－18）。安装完 Windows Server 2012 R2 后，选择“开始”→“管理工具”命令，打开“管理工具”窗口，双击“本地安全策略”打开“本地安全策略”窗口，选择“账户策略”→

"密码策略"选项，将"密码必须符合复杂性要求"设置为禁用，即可修改密码为普通等级。

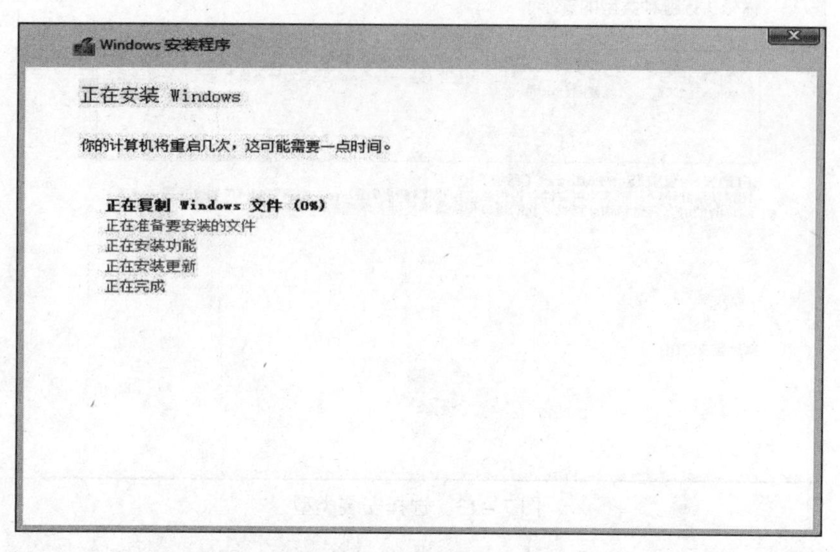

图 7－15　正在安装 Windows

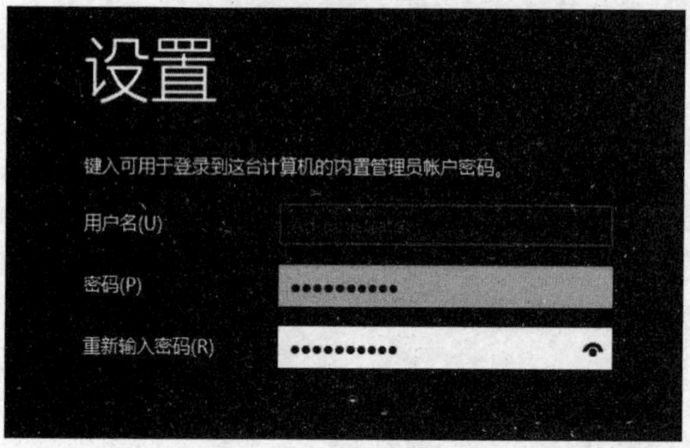

图 7－16　设置管理员账户密码

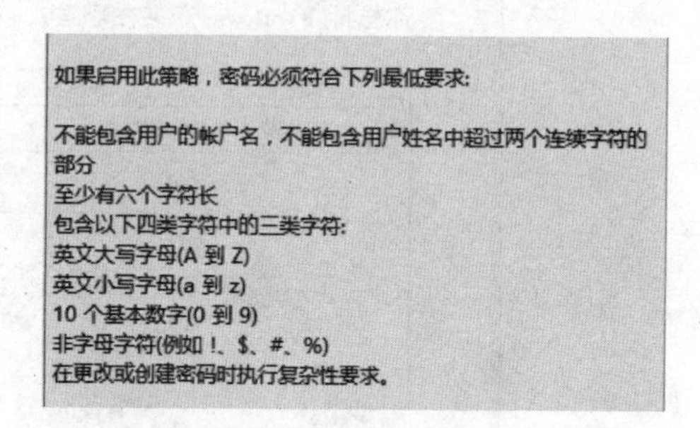

图 7－17　密码复杂性要求

图 7－18　密码不符合复杂性要求

步骤 17：设置好密码后，按 Enter 键，即可完成 Windows Server 2012 R2 的安装。按 Ctrl + Alt + Delete 组合键，输入设置的密码后即可登录 Windows Server 2012 R2。

7.2.2 配置 Windows Server 2012 R2

在完成 Windows Server 2012 R2 的安装之后，先进行一些必要的基本配置，如计算机名、IP 地址等，便于操作系统的使用。

1. 任务目标

（1）掌握配置计算机和工作组的操作步骤。

（2）掌握配置网络常用功能的操作步骤。

（3）掌握添加角色和功能的操作步骤。

2. 任务环境

已安装好 Windows Server 2012 R2 的计算机 1 台。

3. 任务实施

子任务 1：配置计算机名称。

Windows Server 2012 R2 在安装过程中不需要用户设置计算机名称，而是由系统随机配置一个计算机名称。系统配置的计算机名称一般都比较长，不便于辨识和记忆，因此在系统安装完成后有必要重新设置一个有意义、便于记忆的计算机名称。

步骤 1：选择“开始”→“服务器管理器”，或者直接单击桌面左下角“开始”按钮右边的服务器管理器按钮，打开“服务器管理器”窗口，如图 7－19 所示。

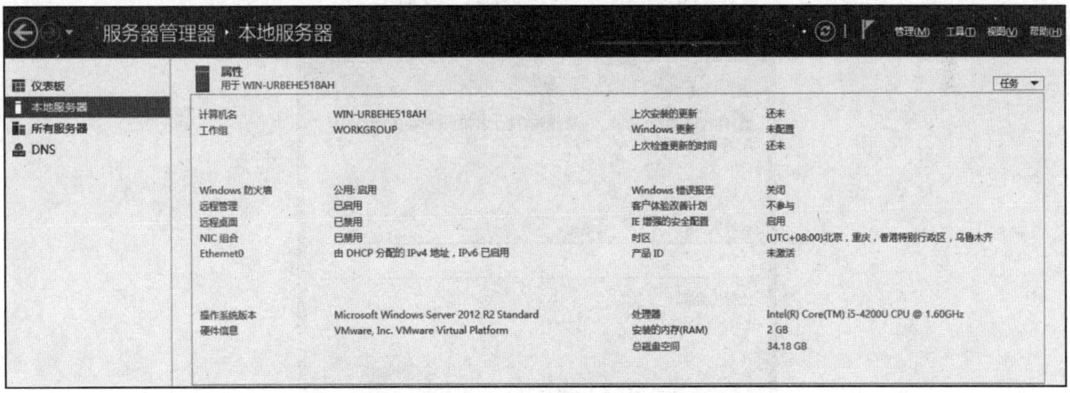

图 7－19 “服务器管理器”窗口

步骤 2：单击“计算机”和“工作组”后面的名称，对计算机名称和工作组名称进行修改即可。先单击计算机名称，弹出“系统属性”对话框，如图 7－20 所示。

步骤 3：单击“更改”按钮，弹出“计算机名/域更改”对话框。在“计算机名”文本框中输入新的名称，如 Server2012。在“工作组”文本框中设置计算机所处的工作组，如图 7－21 所示。

步骤 4：单击“确定”按钮，弹出重新启动计算机提示框，提示必须重新启动计算机才能应用这些更改，如图 7－22 所示。

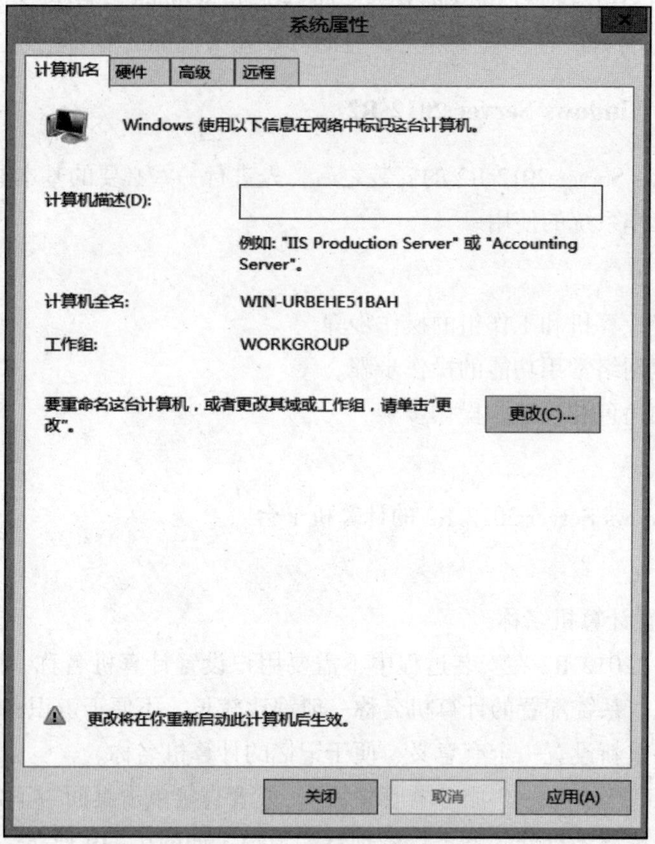

系统属性

计算机名 硬件 高级 远程

Windows 使用以下信息在网络中标识这台计算机。

计算机描述(D):

例如: "IIS Production Server" 或 "Accounting Server"。

计算机全名: WIN-URBEHE51BAH

工作组: WORKGROUP

要重命名这台计算机，或者更改其域或工作组，请单击"更改"。 更改(C)...

更改将在你重新启动此计算机后生效。

关闭 取消 应用(A)

图 7－20 “系统属性”对话框

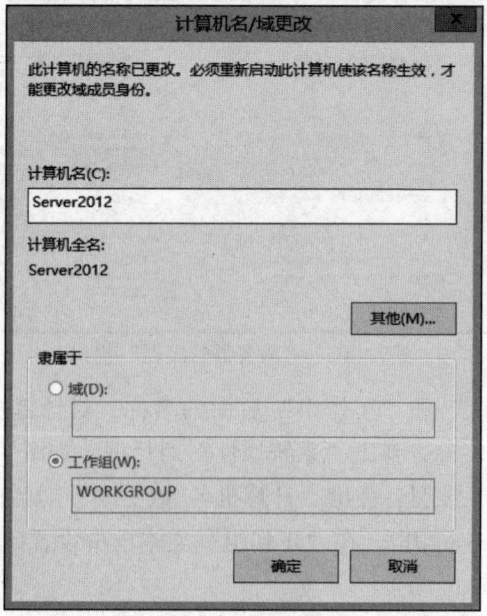

计算机名/域更改

此计算机的名称已更改。必须重新启动此计算机使该名称生效，才能更改域成员身份。

计算机名(C):

Server2012

计算机全名:

Server2012

其他(M)...

隶属于

域(D):

工作组(W):

WORKGROUP

确定 取消

图 7－21 “计算机名/域更改”对话框

步骤5：单击“确定”按钮，返回“系统属性”对话框，单击“关闭”按钮，关闭“系统属性”对话框。

步骤6：如图7-23所示，单击“立即重新启动”按钮，即可重新启动计算机并应用新的计算机名称。若单击“稍后重新启动”按钮，则不会立即重新启动计算机，所做设置不会生效。

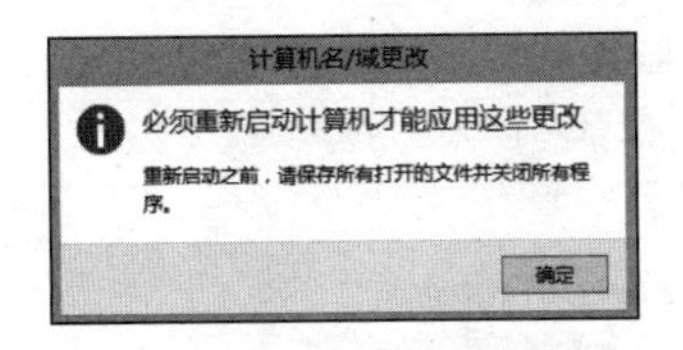

图7-22　重新启动计算机提示框

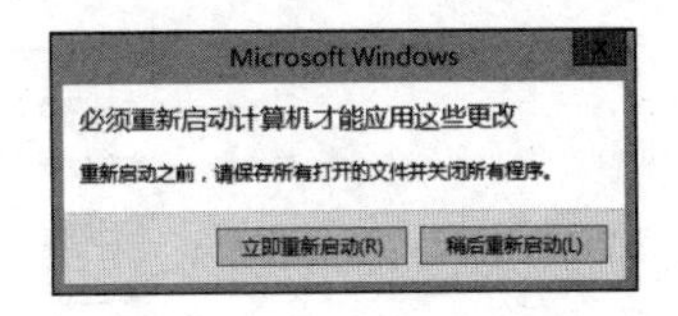

图7-23　重新启动计算机对话框

子任务2：配置网络。

网络配置是提供各种网络服务的前提。Windows Server 2012 R2安装完成后，默认为自动从网络中的DHCP服务器获得IP地址。但是，由于Windows Server 2012 R2需要为网络提供各种服务，因此通常需要设置静态IP地址。

步骤1：配置IP地址。

（1）右击任务栏右侧的网络连接图标，在弹出的快捷菜单中选择“打开网络和共享中心”命令，打开图7-24所示的“网络和共享中心”窗口。

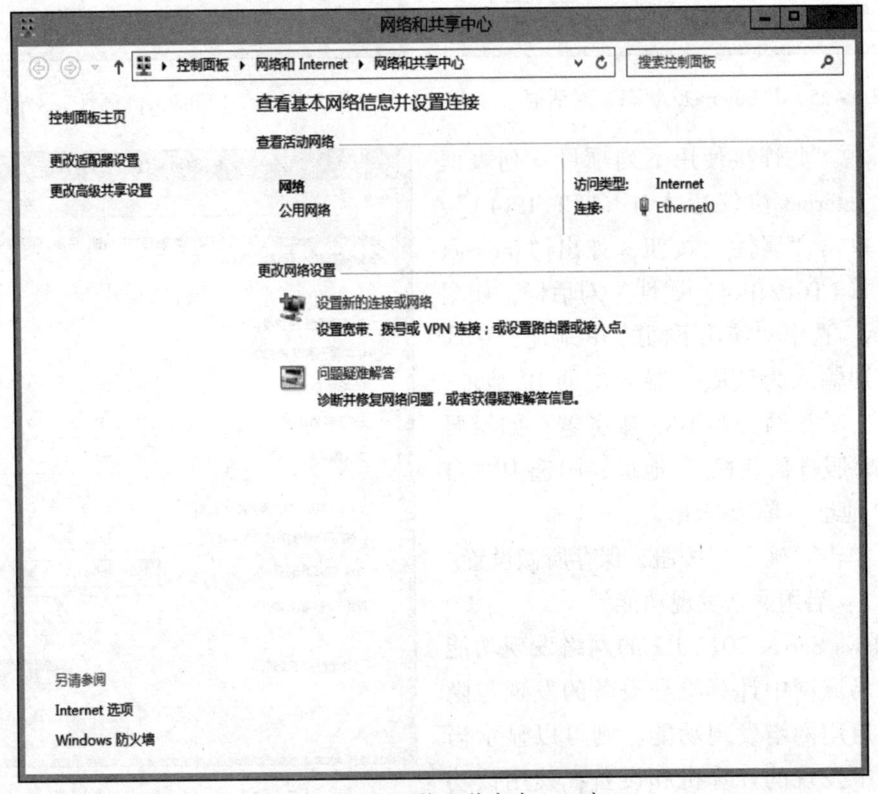

图7-24　“网络和共享中心”窗口

（2）单击 Ethernet0 超链接，弹出“Ethernet0 状态”对话框，如图 7－25 所示。

（3）单击“属性”按钮，弹出“Ethernet0 属性”对话框，如图 7－26 所示。Windows Server 2012 R2 包含 IPv6 和 IPv4 两个版本的 Internet 协议，并且默认都已启用。

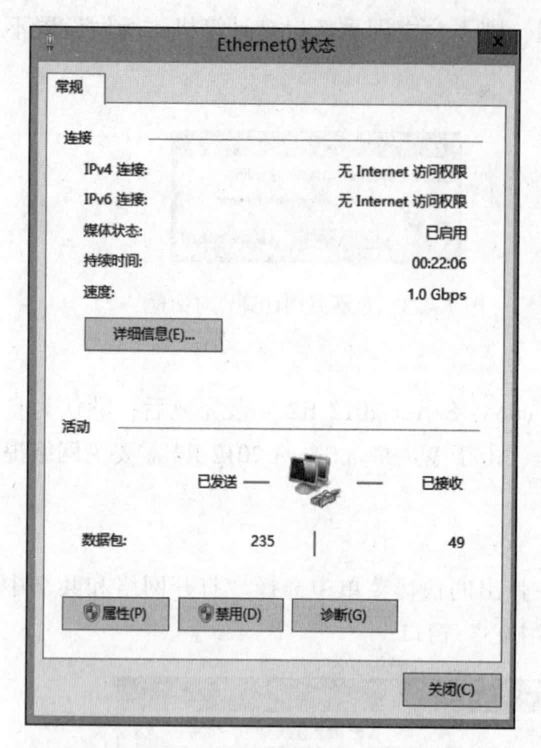

图 7－25　“Ethernet0 状态”对话框

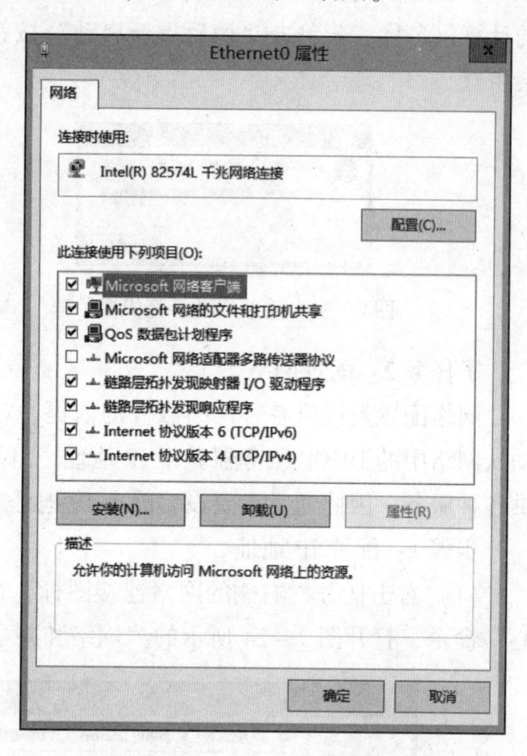

图 7－26　“Ethernet0 属性”对话框

（4）在“此连接使用下列项目”列表框中选中“Internet 协议版本 4（TCP/IPv4）”复选框，单击“属性”按钮，弹出“Internet 协议版本 4（TCP/IPv4）属性”对话框，如图 7－27所示。选中“使用下面的 IP 地址”单选按钮，分别输入为该服务器分配的 IP 地址、子网掩码、默认网关和 DNS 服务器。如果要通过 DHCP 服务器获取 IP 地址，则选中“自动获得 IP 地址”单选按钮。

（5）单击“确定”按钮，保存所做设置。

步骤 2：启用网络发现功能。

Windows Server 2012 R2 的网络发现功能用来控制局域网中计算机和设备的发现与隐藏。如果启用网络发现功能，则可以显示当前局域网中发现的计算机和设备；禁用该功能，则不能发现网络中的其他计算机和设

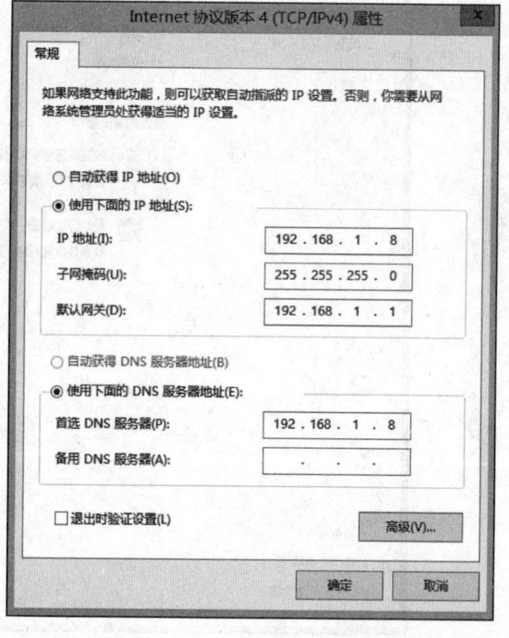

图 7－27　“Internet 协议版本（TCP/IPv4）属性”对话框

备，也不能被其他计算机所发现。但是，即使禁用网络发现功能，其他计算机仍可以通过搜索、指定计算机名称或IP地址的方式来访问该计算机，但不用显示在其他用户的网上邻居中。

在“网络和共享中心”窗口中单击“更改高级共享设置”超链接，弹出图7-28所示的“高级共享设置”窗口，选中“启用网络发现”单选按钮，单击“保存更改”按钮即可。

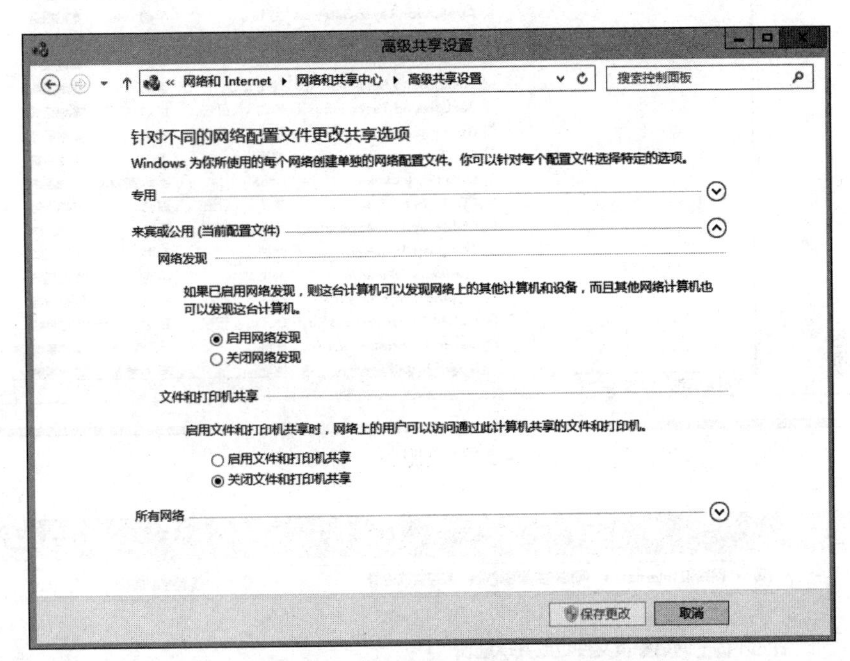

图7-28　“高级共享设置”窗口

设置完毕后，当再次打开“高级共享设置”窗口时，会发现该窗口中选中的仍然是“关闭网络发现”单选按钮，这个问题可以通过启动3个服务来解决。选择“开始”→“管理工具”命令，打开“管理工具”窗口，双击“服务”，打开图7-29所示的服务窗口。

在该窗口中将Function Discover Resource Publication、SSDP Discovery、UPnP Device Host 3个服务设置为自动并启动，再次打开“高级共享设置”窗口进行设置后，启用网络服务就可以生效了。

步骤3：设置文件和打印机共享。

通过启用或关闭文件共享功能，可实现为其他用户提供服务或访问其他计算机共享资源的功能。在图7-30所示的“高级共享设置”窗口中，选中“启用文件和打印机共享”单选按钮，单击“保存更改”按钮，可启用文件和打印机共享功能。

步骤4：设置密码保护的共享。

在“高级共享设置”窗口中单击“所有网络”右侧的按钮，展开“所有网络”的高级共享，如图7-31所示。

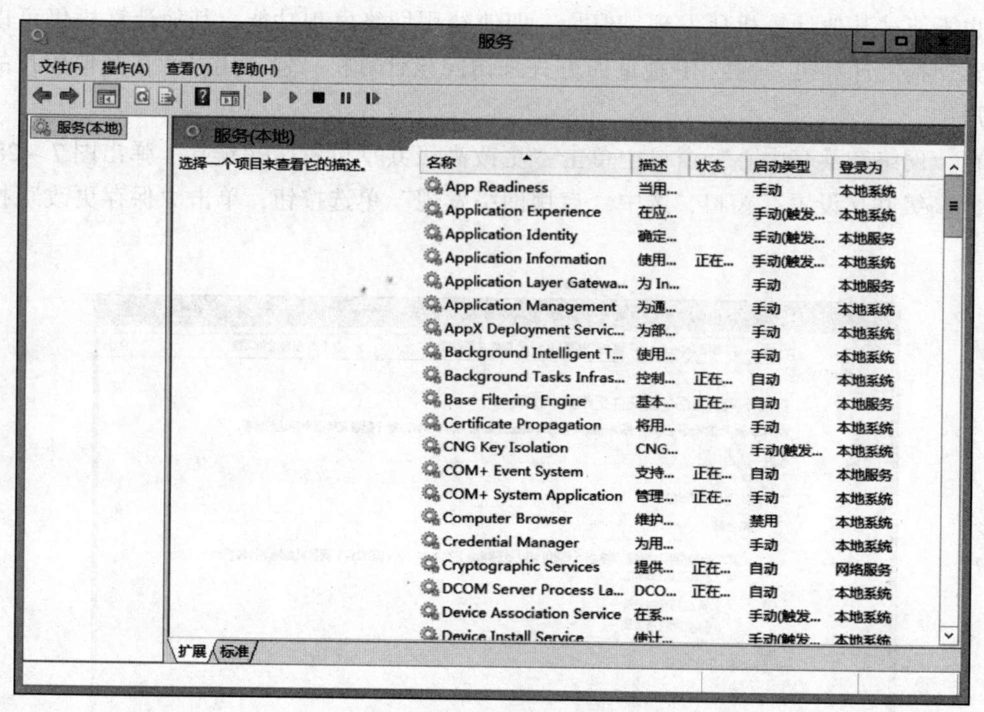

图 7－29 “服务”窗口

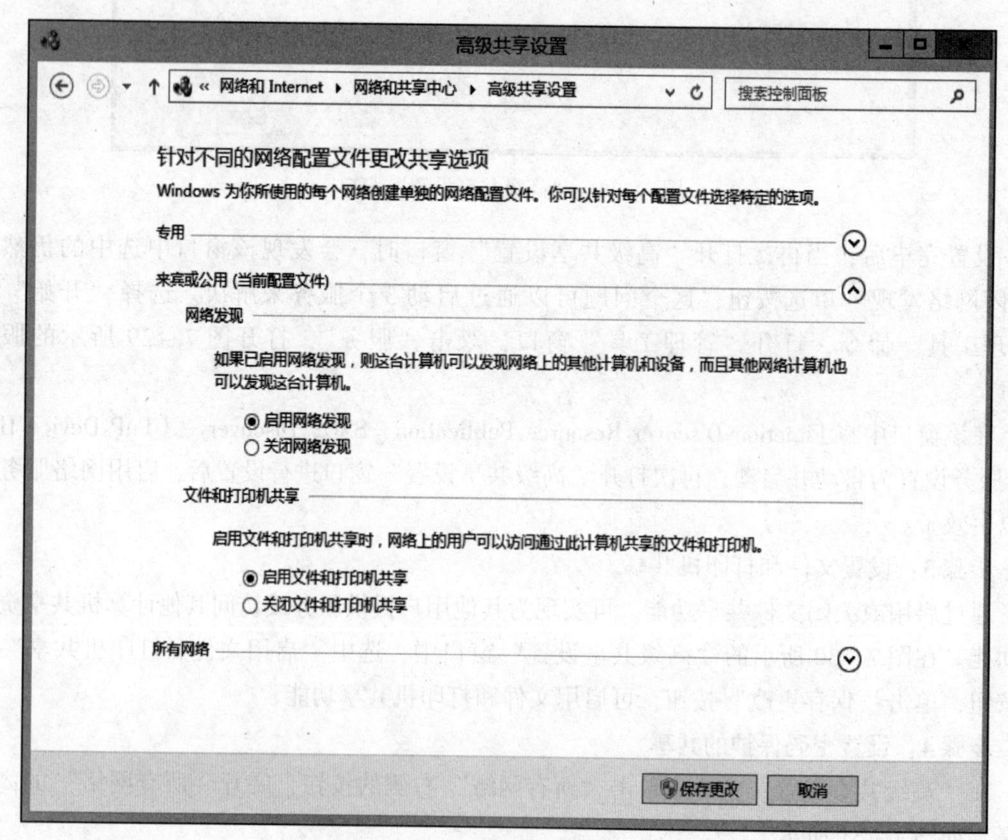

图 7－30 “高级共享设置”窗口

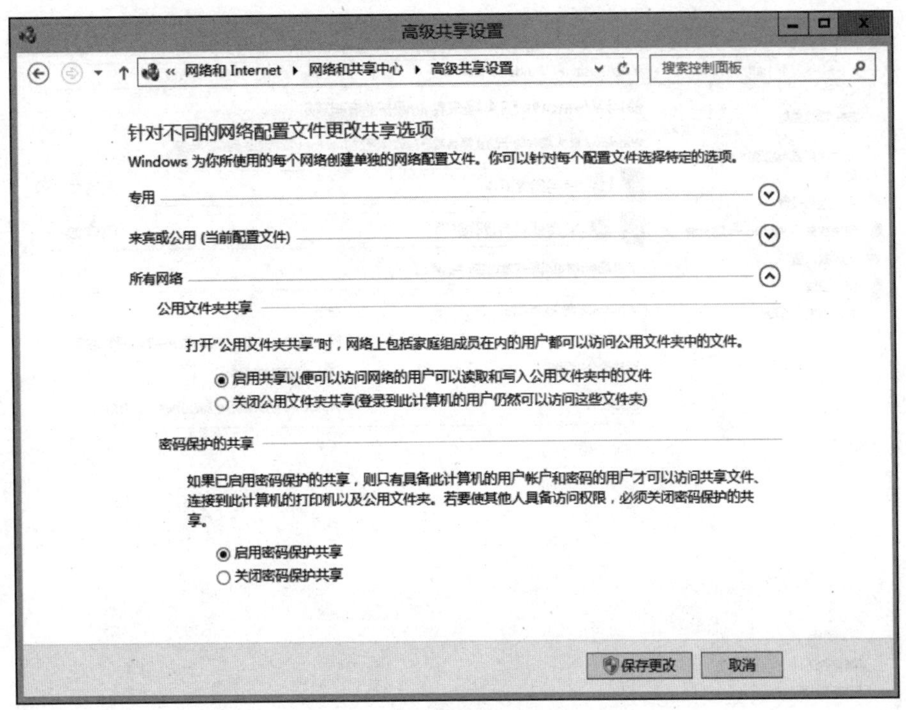

图7-31　“高级共享设置”对话框

（1）可以“启用共享以便可以访问网络的用户可以读取和写入公用文件夹中的文件”。

（2）如果启用密码保护共享功能，则其他用户必须使用当前计算机上有效的用户账户和密码才可以访问共享资源。Windows Server 2012 R2 默认启用该功能。

步骤5：配置防火墙。

Windows Server 2012 R2 同之前的版本一样，也自带防火墙功能，而且默认自动启用防火墙。在防火墙启用的情况下，系统会阻止网络中的访问行为，如我们常用的 ping 命令默认就是被阻止的。由于我们在做网络实验时，不可避免地会利用 ping 命令来做一些网络测试行为，因此建议大家在做网络测试实验时暂时关闭防火墙功能。

（1）选择“开始”→“控制面板”命令，打开“控制面板”窗口，单击“系统和安全”超链接，打开“系统和安全”窗口，单击“Windows 防火墙”超链接，打开“Windows 防火墙”窗口，如图7-32所示。

（2）单击左侧的“启动或关闭 Windows 防火墙”超链接，打开“自定义设置”窗口，如图7-33所示，根据使用的网络类型选中“关闭 Windows 防火墙（不推荐）”单选按钮后，单击“确定”按钮。

（3）返回“Windows 防火墙”窗口，会看到相应类型网络下的防火墙状态变为关闭，如图7-34所示。

子任务3：添加角色和功能。

默认情况下，Windows Server 2012 R2 不会安装任何组件，用户可以根据自己的实际需求来选择安装相应的网络服务。

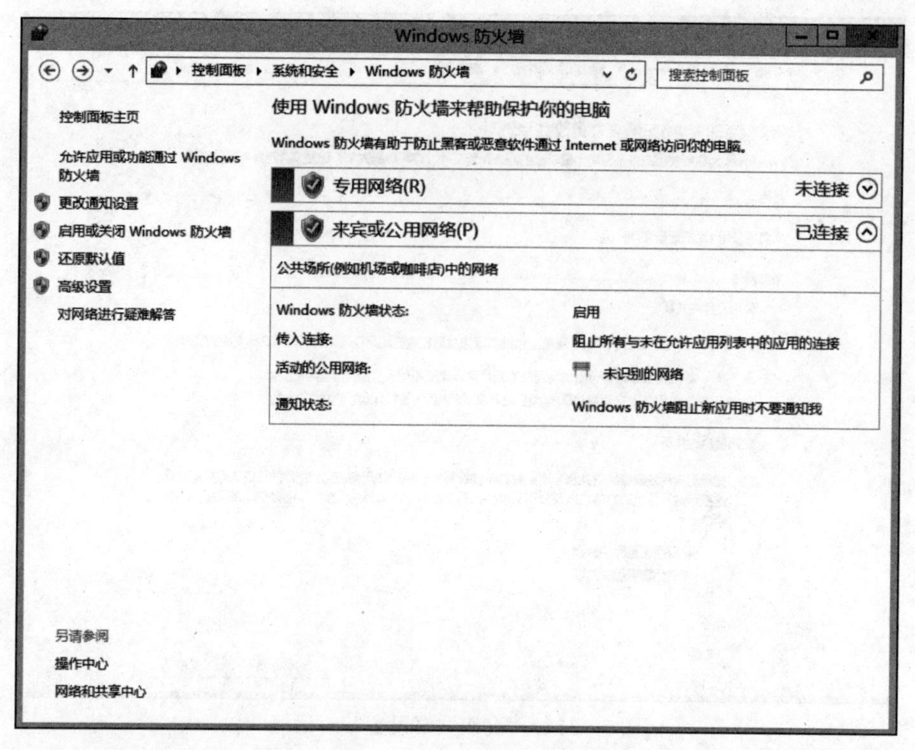

图 7－32 “Windows 防火墙”窗口

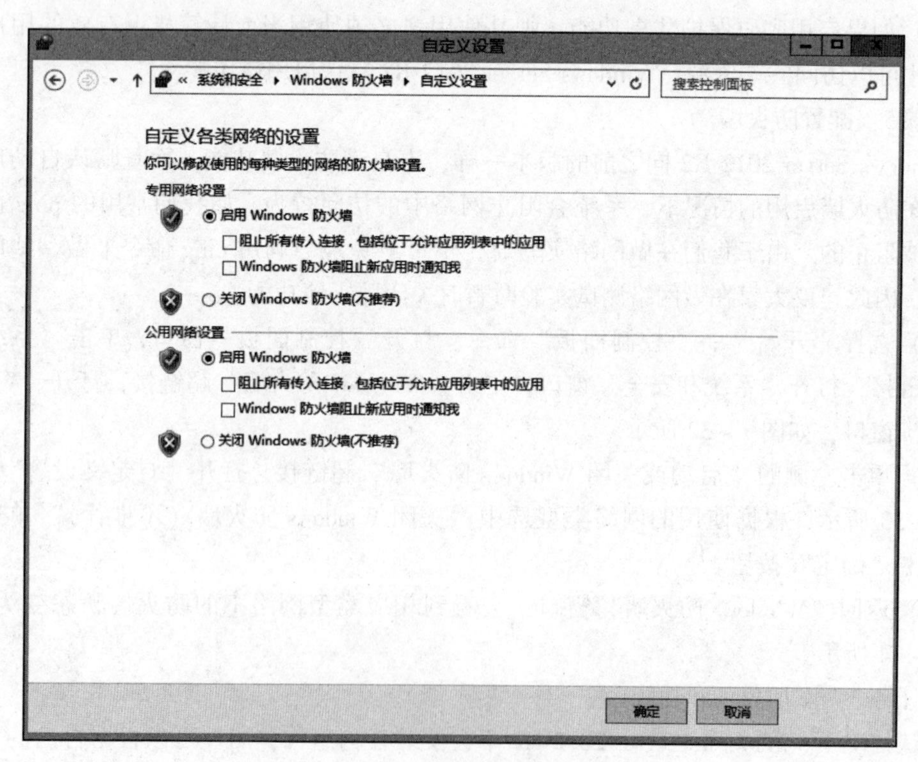

图 7－33 “自定义设置”窗口

图 7－34　设置后的“Windows 防火墙”窗口

步骤1：选择“开始”→“服务器管理”，打开“服务器管理”窗口，选择“管理”→“添加角色和功能”命令，启动添加角色和功能向导，显示如图 7－35 所示的“开始之前”对话框。该对话框中的内容用来提示用户此向导可以完成的工作及继续操作之前需要完成的任务，单击“下一步”按钮。

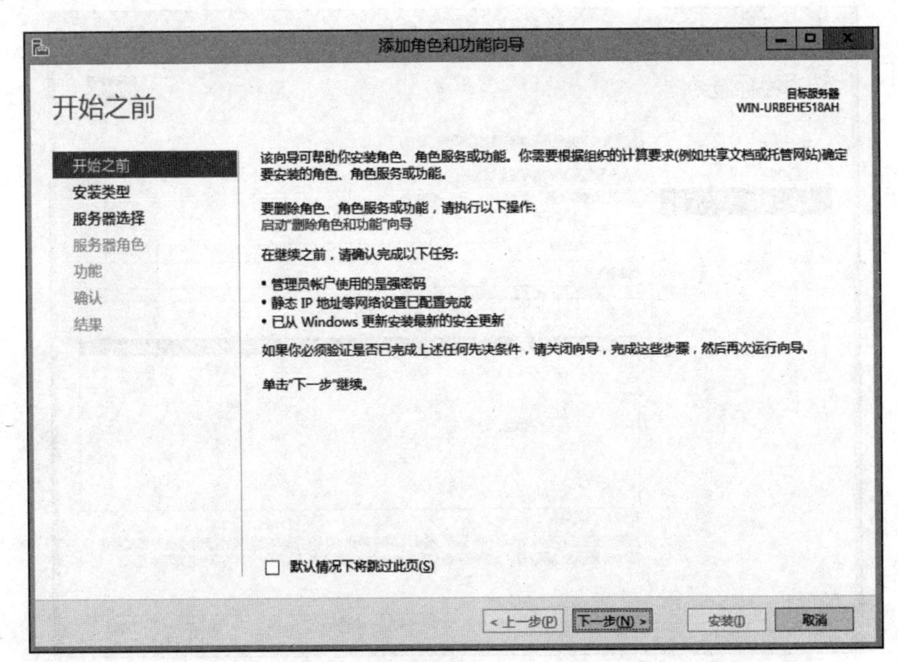

图 7－35　添加角色和功能向导——“开始之前”对话框

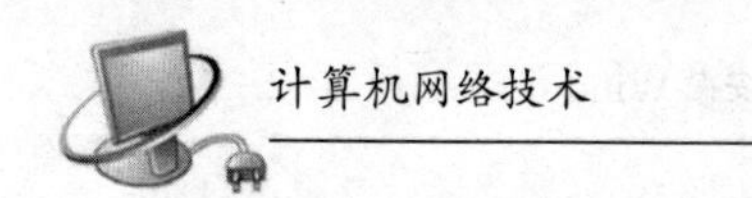

步骤2：弹出“选择安装类型”对话框，如图7－36所示。选中“基于角色或基于功能的安装”单选按钮，单击“下一步”按钮。

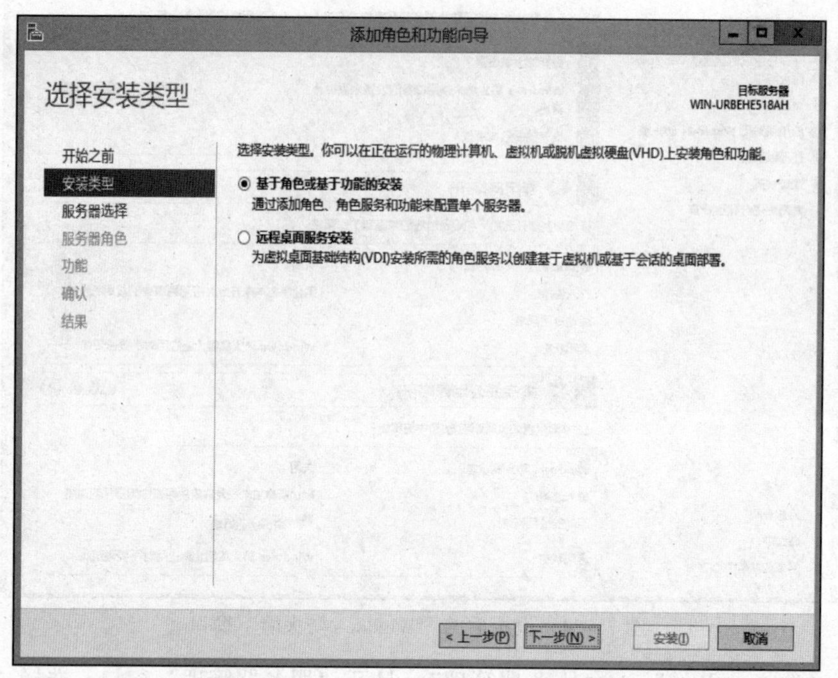

图7－36　添加角色和功能向导——“选择安装类型”对话框

步骤3：弹出“选择目标服务器”对话框，如图7－37所示。选中“从服务器池中选择服务器”单选按钮，单击“下一步”按钮。

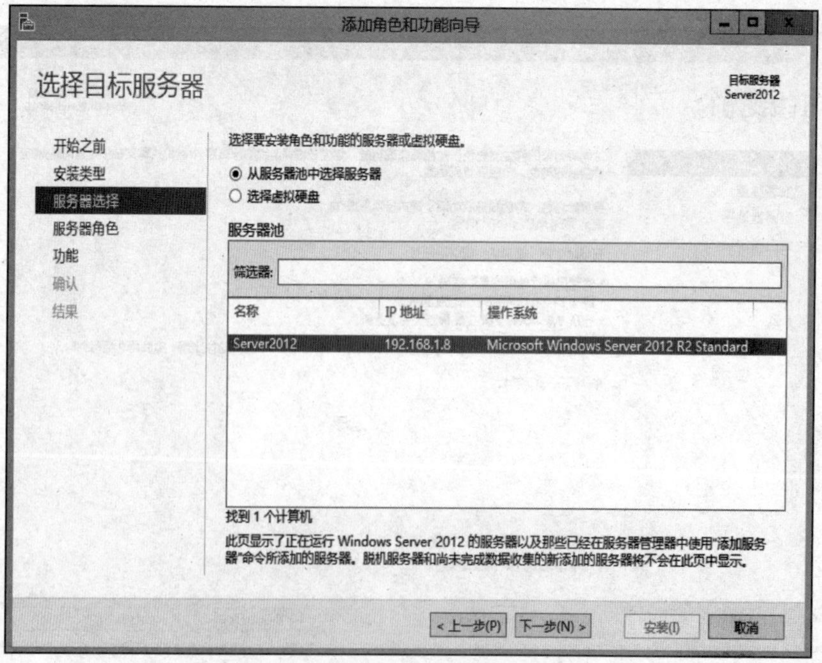

图7－37　添加角色和功能向导——“选择目标服务器”对话框

步骤4：弹出“选择服务器角色”对话框，如图7-38所示。该对话框显示了所有可以安装的服务角色。如果角色前面的复选框没有被选中，则表示该网络服务尚未安装；如果已选中，则说明已经安装。在“角色”列表框中选中需要安装的网络服务即可，本例选中“Web服务器（IIS）”复选框，单击“下一步”按钮。

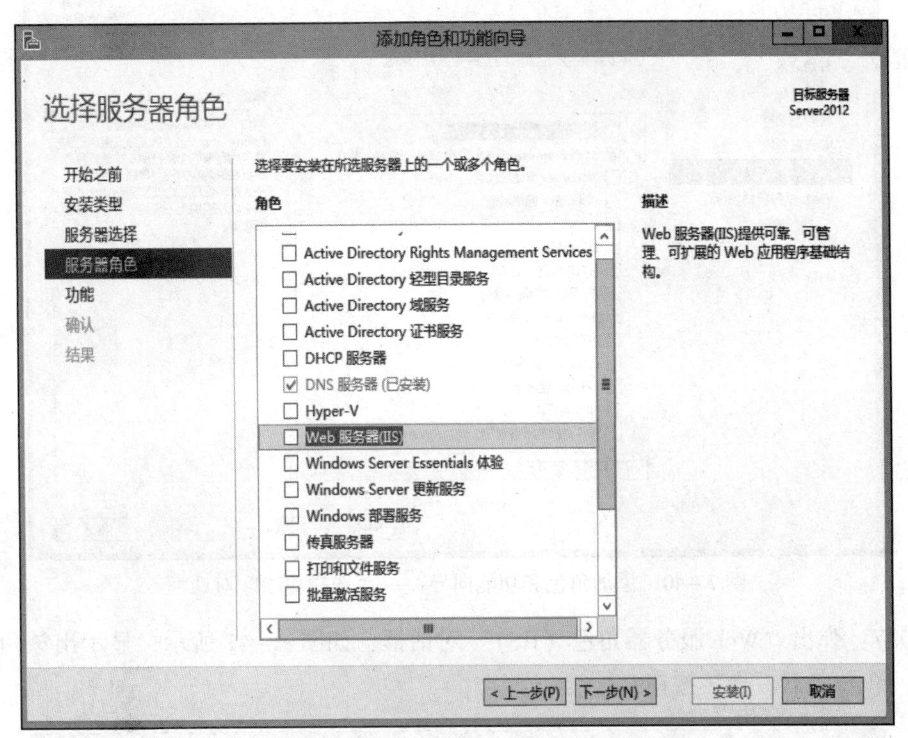

图7-38　添加角色和功能向导——“选择服务器角色”对话框

步骤5：弹出“添加Web服务器（IIS）所需的功能?”对话框，如图7-39所示。添加管理该网络服务所需要的工具，单击“添加功能”按钮。

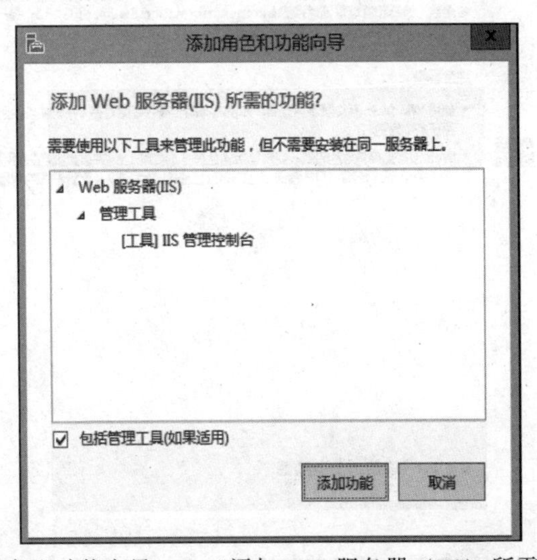

图7-39　添加角色和功能向导——“添加Web服务器（IIS）所需的功能?”对话框

步骤6：选中需要安装的网络服务后，单击“下一步”按钮，弹出“选择功能”对话框，如图7-40所示，单击“下一步”按钮。

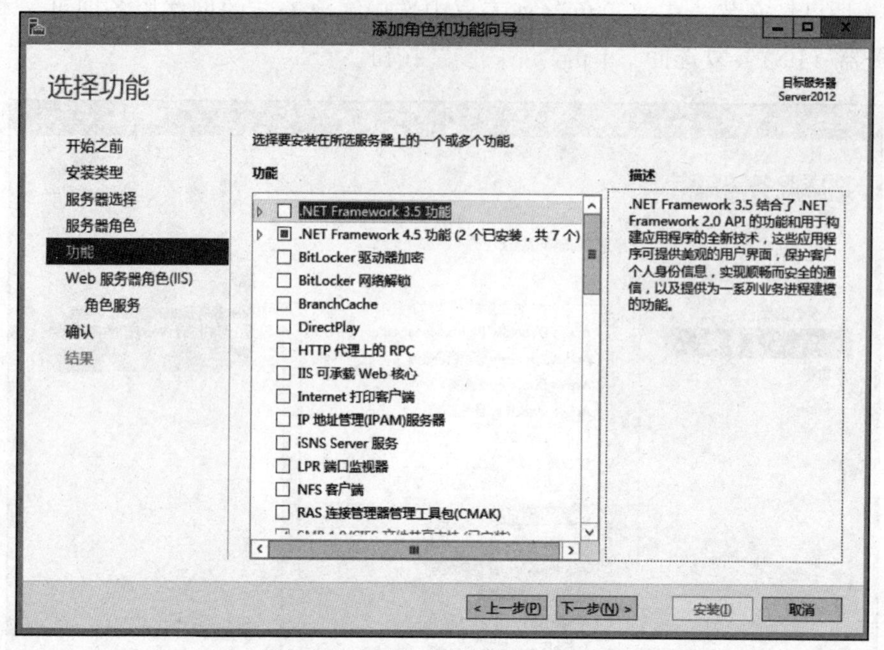

图7-40　添加角色和功能向导——“选择功能”对话框

步骤7：弹出“Web服务器角色（IIS）”对话框，如图7-41所示，显示出该角色的简介信息，单击“下一步”按钮。

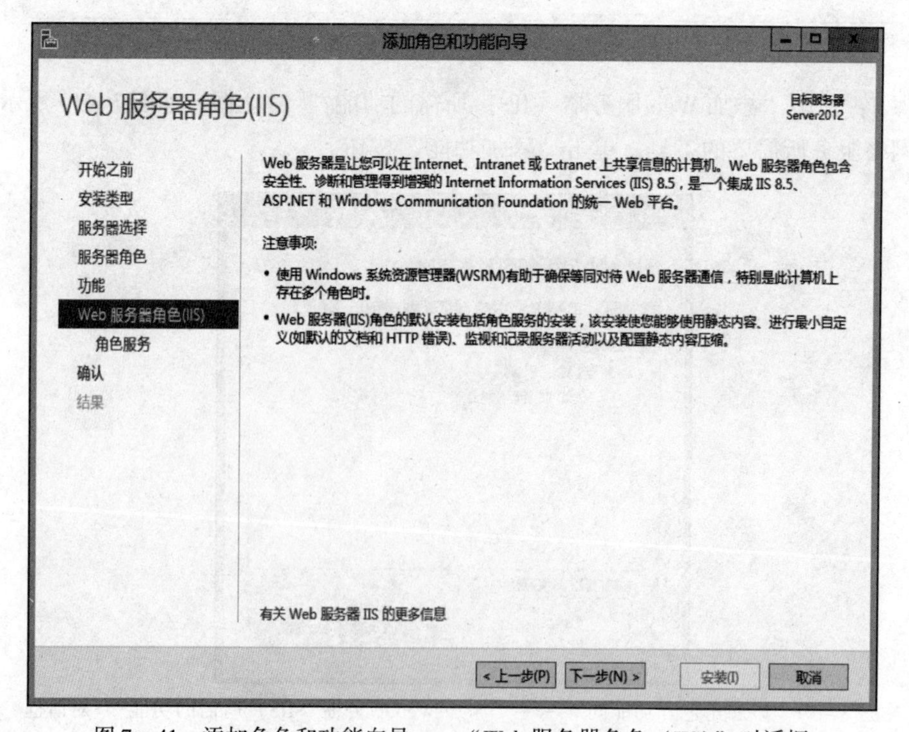

图7-41　添加角色和功能向导——“Web服务器角色（IIS）”对话框

步骤8：弹出“选择角色服务”对话框，可以为该角色选择详细的组件，如图7－42所示，单击“下一步”按钮。

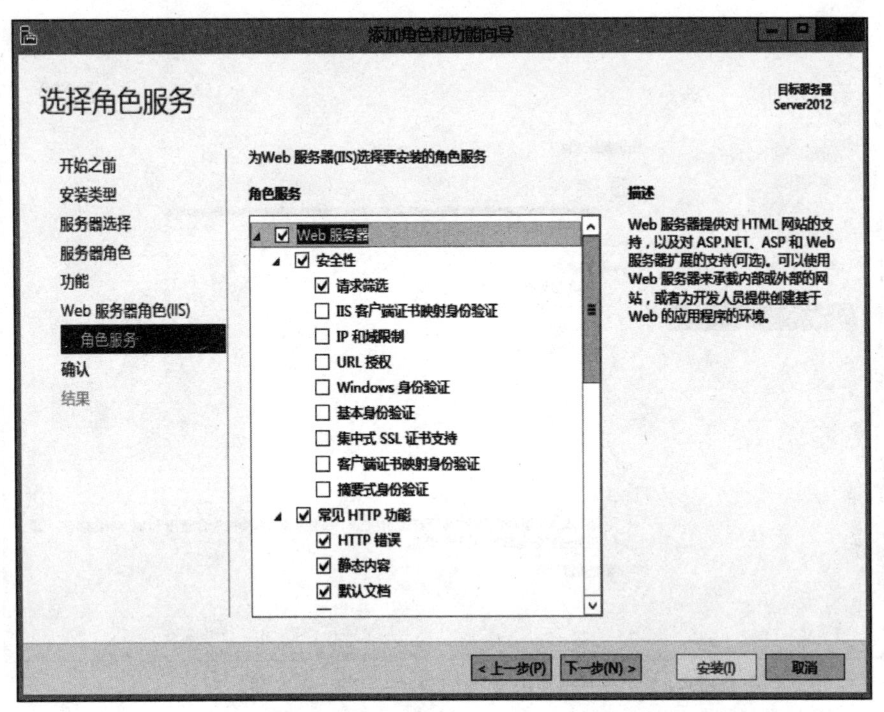

图7－42　添加角色和功能向导——“选择角色服务”对话框

步骤9：在弹出的“确认安装所选内容”对话框中，确认要在所选服务器中安装的角色、角色服务或功能，如图7－43所示。确认完毕后，单击“安装”按钮。

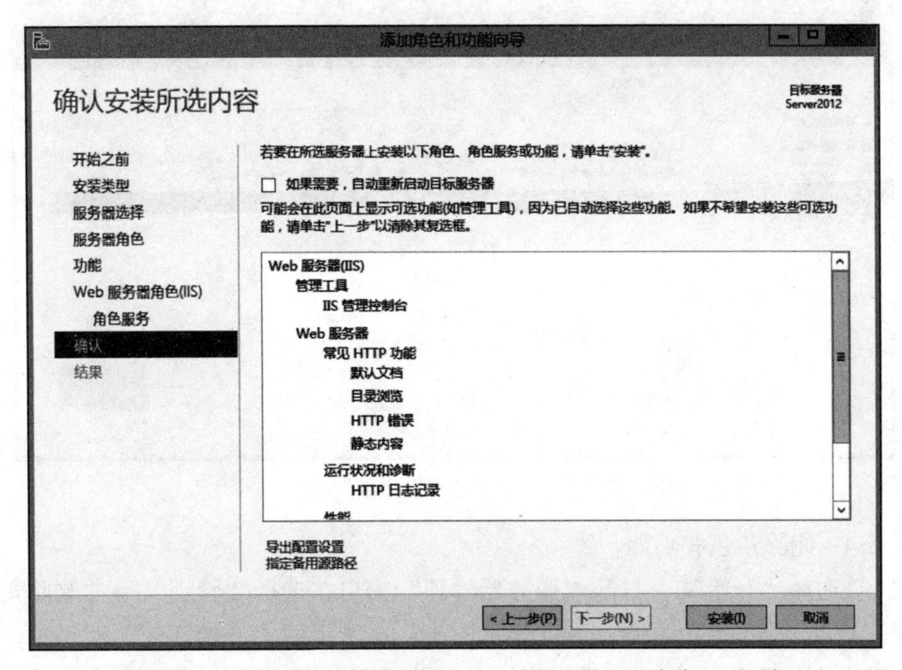

图7－43　添加角色和功能向导——“确认安装所选内容”对话框

步骤 10：弹出“安装进度”对话框后，可以查看该角色和功能的安装进度，安装完成后单击“关闭”按钮即可，如图 7－44 所示。

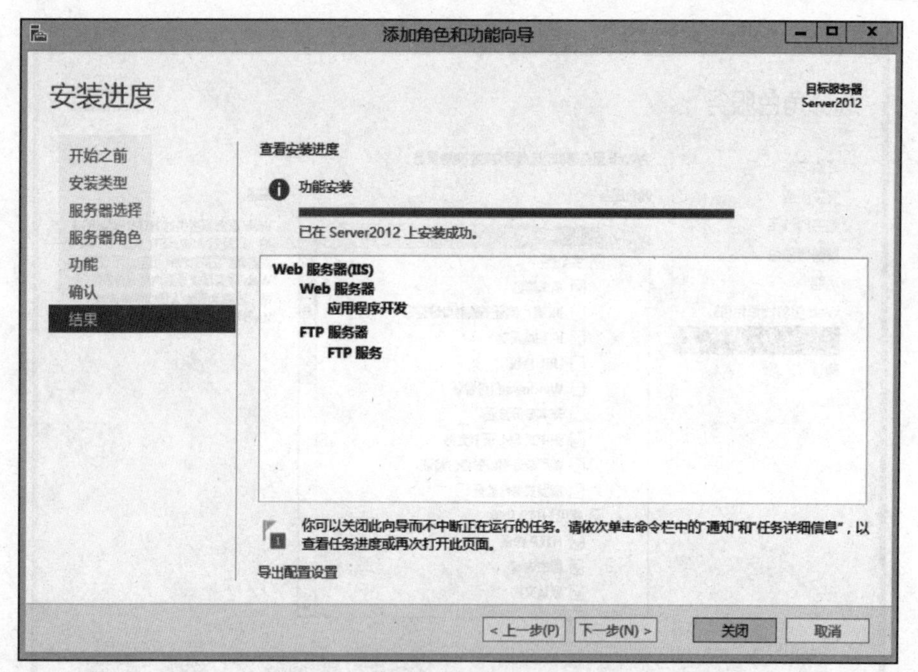

图 7－44　添加角色和功能向导——“安装进度”对话框

步骤 11：安装完毕后，在“服务器管理器”窗口左侧会显示所安装的网络服务，如图 7－45 所示。

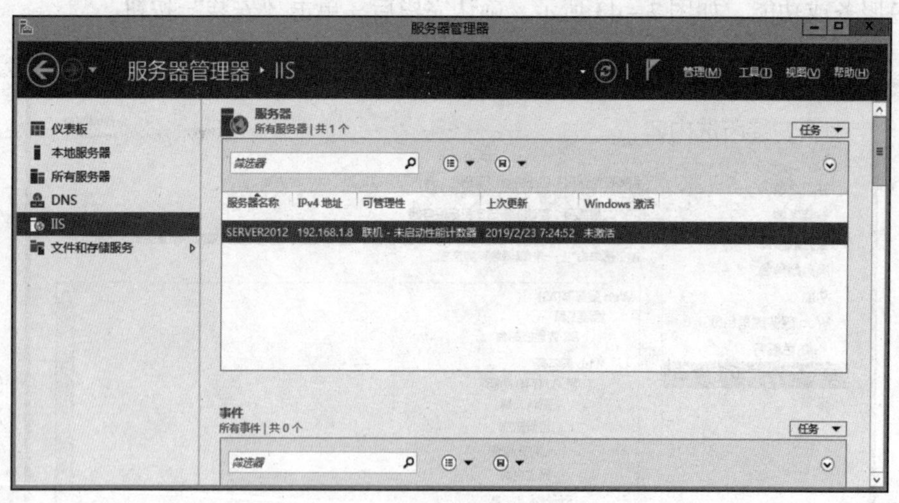

图 7－45　“服务器管理器”窗口

子任务 4：删除角色和功能。

步骤 1：选择“开始”→打开“服务器管理”窗口，选择“管理”→“删除角色和功能”命令，启动删除角色和功能向导，显示图 7－46 所示的“开始之前”对话框。该对话框中的内容用来提示用户此向导可以完成的工作及继续操作之前需要完成的任务，单击

“下一步”按钮。

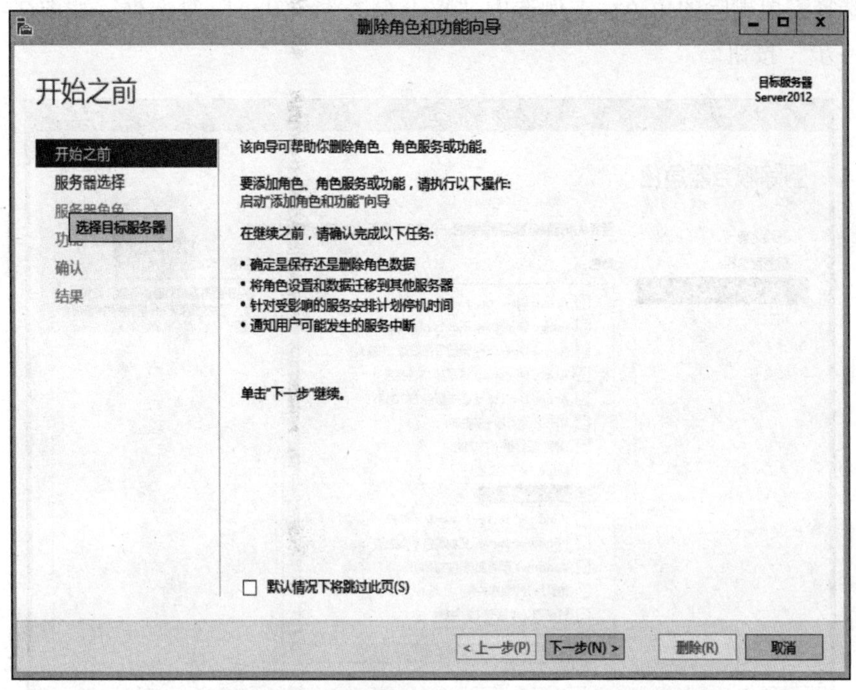

图7－46　删除角色和功能向导——“开始之前”对话框

步骤2：在弹出的“选择目标服务器”对话框中选择“从服务器池中选择服务器”选项，单击“下一步”按钮，如图7－47所示。

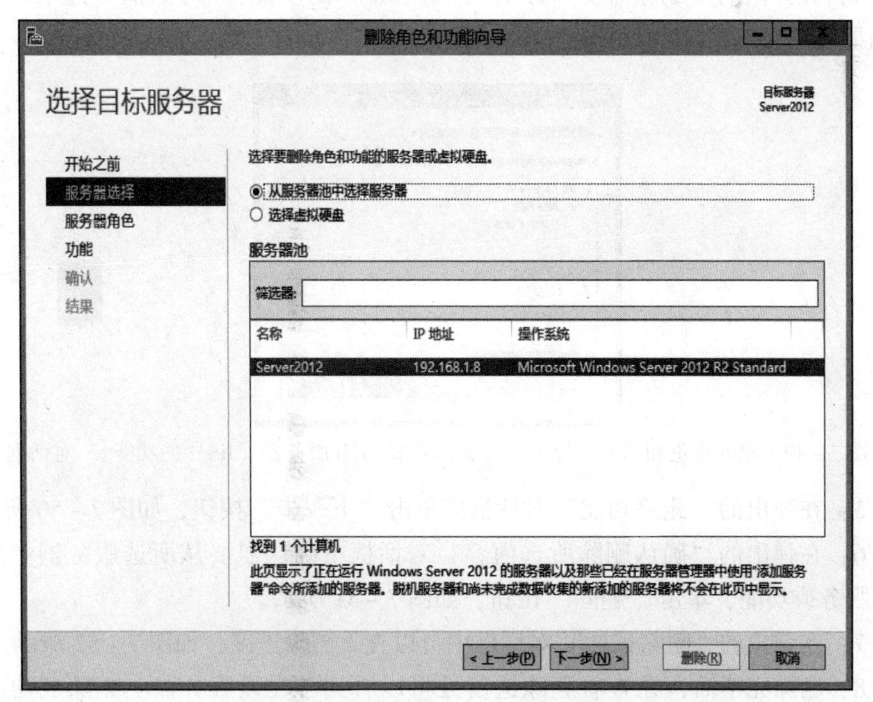

图7－47　删除角色和功能向导——“选择目标服务器”对话框

步骤3：在弹出的“删除服务器角色”对话框中显示了所有已经安装的服务角色。在此对话框中选择需要删除的角色，本例选中“Web服务器（IIS）”复选框，如图7－48所示，单击“下一步”按钮。

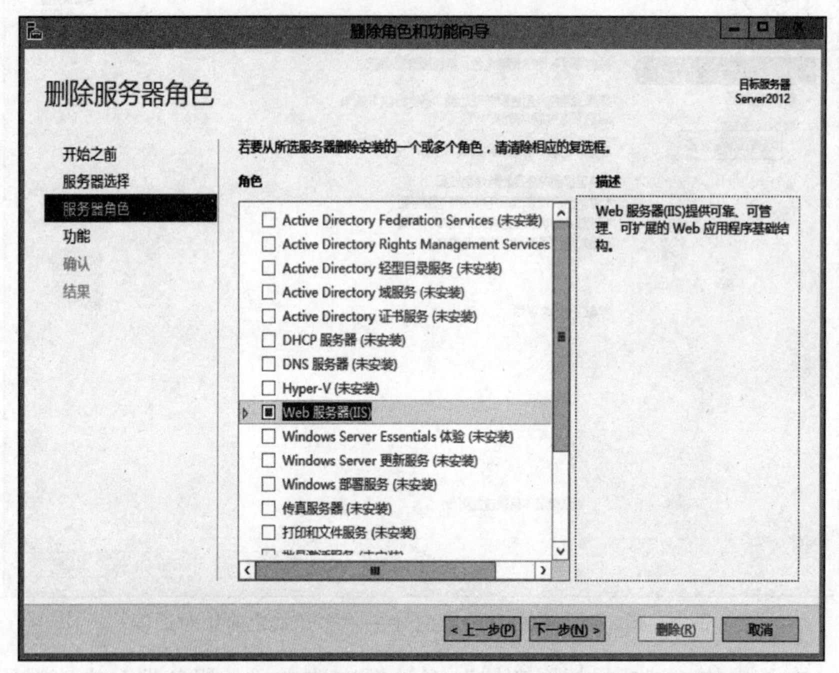

图7－48 删除角色和功能向导——“删除服务器角色”对话框

步骤4：在弹出的“删除需要Web服务器（IIS）的功能?”对话框中选中“删除管理工具（如果适用)”复选框，单击“删除功能”按钮，如图7－49所示。

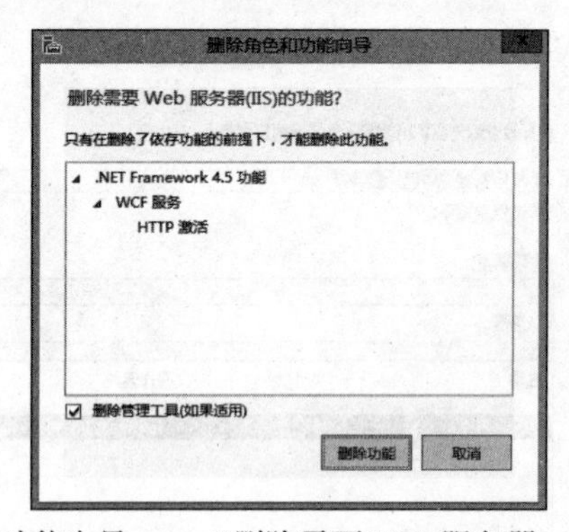

图7－49 删除角色和功能向导——“删除需要Web服务器（IIS）的功能?”对话框

步骤5：在弹出的“删除功能”对话框中单击“下一步”按钮，如图7－50所示。

步骤6：在弹出的“确认删除所选内容”对话框中确认需要从所选服务器中删除的角色、角色服务或功能，单击“删除”按钮，如图7－51所示。

步骤7：在弹出的“删除进度”对话框中可以查看删除进度，如图7－52所示。

步骤8：删除完毕后，在查看删除进度处可以看到已在该服务器上删除成功的提示信息，单击“关闭”按钮，即可完成角色的删除，如图7－53所示。

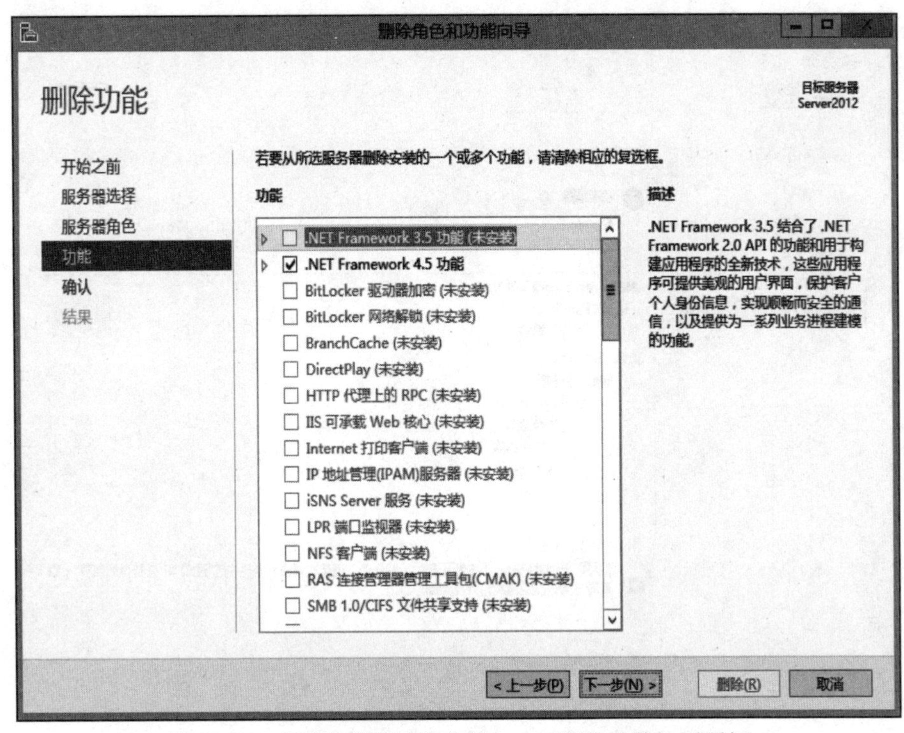

图 7－50　删除角色和功能向导——“删除功能”对话框

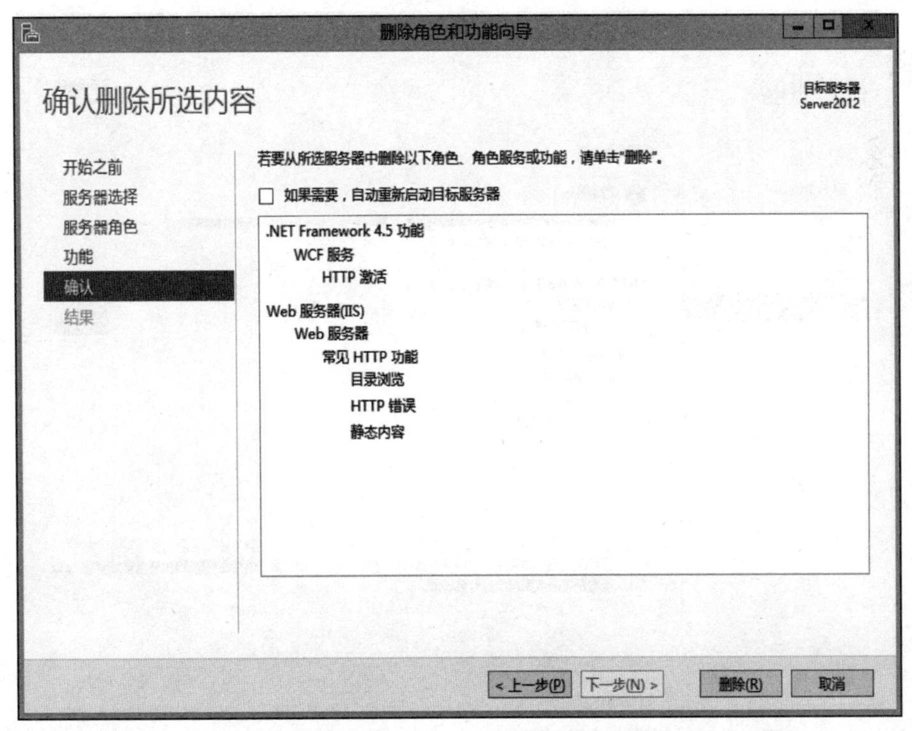

图 7－51　删除角色和功能向导——“确认删除所选内容”对话框

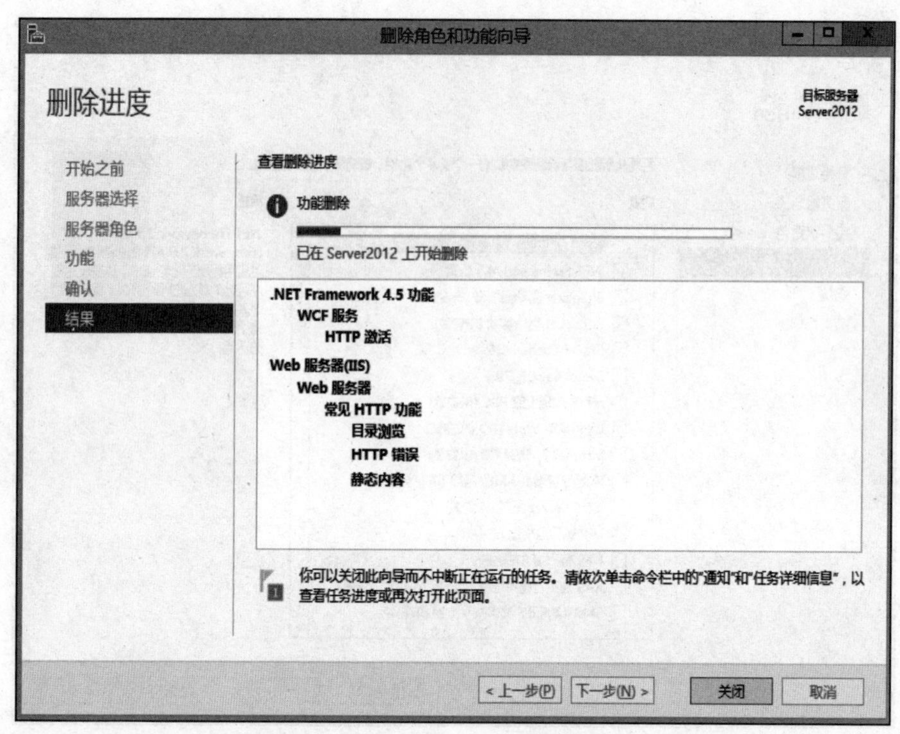

图 7－52　删除角色和功能向导——“删除进度”对话框（一）

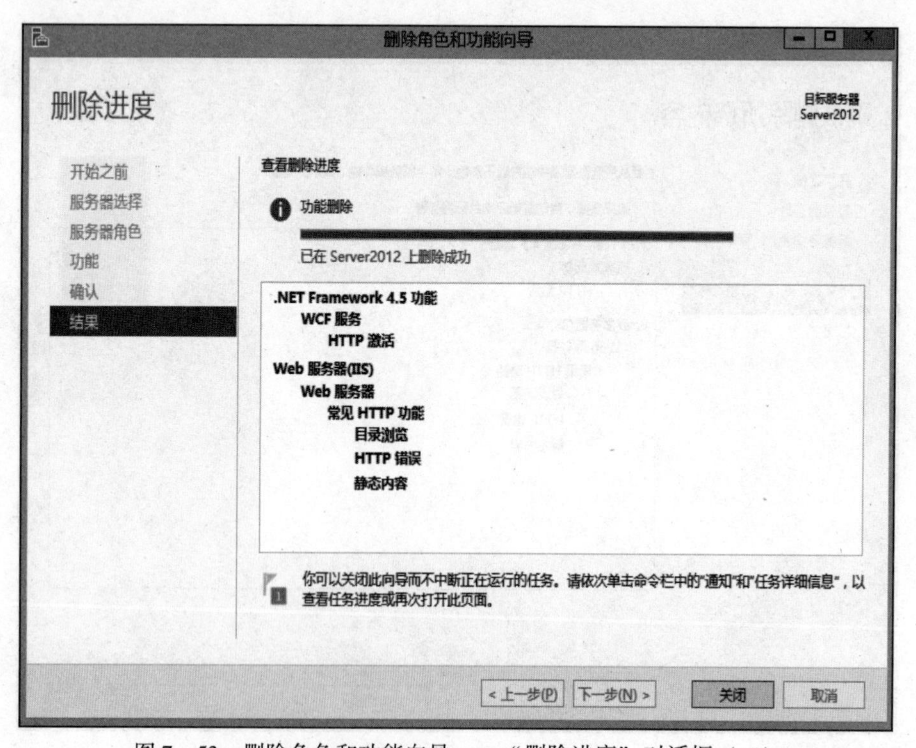

图 7－53　删除角色和功能向导——“删除进度”对话框（二）

练习题

一、填空题

1. Windows Server 2012 有 4 个版本：__________、精华版、____________和数据中心版。

2. 安装 Windows Server 2012 R2 的处理器至少为__________，处理器必须为________位，内存至少为________，空余硬盘空间至少为________。

3. Windows Server 2012 R2 的安装方式：________、升级安装、通过 Windows 部署服务远程安装和________________。

4. Windows Server 2012 R2 的密码复杂度要求中，至少有__________个字符，包含 4 类字符中的 3 类字符，这 4 类字符分别为____________、______________、10 个基本数字和____________。

5. Windows Server 2012 R2 在设置计算机名称时最长支持________个字符。

6. Windows Server 2012 R2 在设置计算机名称后，必须要__________，该设置才能生效。

7. Windows Server 2012 R2 安装完成后，默认为________________，即自动从网络中的 DHCP 服务器中获取 IP 地址。如果 Windows Server 2012 R2 需要对外提供网络服务，通常需要设置____________。

8. 启用 Windows Server 2012 R2 中的__________功能，可以显示当前局域网中存在的计算机。

二、选择题

1. Windows Server 2012 R2 必须使用（　　）类型。

A. FAT　　B. FAT32　　C. NTFS　　D. ext2

2. Windows Server 2012 标准版最多支持（　　）个物理处理器。

A. 1　　B. 2　　C. 32　　D. 64

3. 在安装 Windows Server 2012 R2 前，下列工作不是必须完成的是（　　）。

A. 备份工作　　B. 安装打印机驱动程序

C. 规划硬盘分区　　D. 断开网络连接

4. Windows Server 2012 R2 安装完毕后，按（　　）组合键能进入登录界面。

A. Ctrl + A　　B. Ctrl + Alt + Delete　　C. Ctrl + Alt + A　　D. Ctrl + Shift

5. 在 Windows Server 2012 R2 中，想要输入 Dos 命令，可以在“运行”对话框中输入（　　）

A. cmd　　B. setup　　C. regedit　　D. autoconfig

6. 现要在一台装有 Windows 10 操作系统的计算机上安装 Windows Server 2012 R2，做成双引导系统。此计算机的硬盘大小为 500 GB，有 4 个分区，其中 C、D 盘为 100 GB，D、E 盘为 150 GB，各盘文件系统类型皆为 NTFS，则下列选项中可实现该目的的操作为（　　）。

A. 安装时选择升级安装，并选择 D 盘作为安装盘

B. 安装时选择全新安装，选择 C 盘上与 Windows 相同的目录作为 Windows Server 2012 R2 的安装目录

C. 安装时选择升级安装，选择 C 盘上与 Windows 不同的目录作为 Windows Server 2012 R2 的安装目录

D. 安装时选择全新安装，并选择 D 盘作为安装盘

三、简答题

1. 简述安装 Windows Server 2012 R2 所需要的硬件配置要求。
2. 简述安装 Windows Server 2012 R2 的注意事项。
3. 简述安装 Windows Server 2012 R2 的过程。

四、实训练习

1. 练习目的

（1）掌握 Windows Server 2012 R2 的安装方法。

（2）掌握 Windows Server 2012 R2 的网络基本配置。

（3）掌握 Windows Server 2012 R2 防火墙的配置方法。

（4）掌握 Windows Server 2012 R2 添加角色和功能的方法。

2. 练习环境

公司采购了一台计算机作为服务器，CPU 主频为 2.6 GHz，内存为 8 GB，硬盘为 1TB，操作系统为 Windows 7。已安装 VMware 12.0。Windows Server 2012 R2 已保存在该计算机的 E 盘中。

3. 练习拓扑图（图 7－54）

角色：客户机
操作系统：Windows 7
计算机名：Client_1
IP地址：192.168.1.2
子网掩码：255.255.255.0

角色：服务器
操作系统：Windows Server 2012 R2
计算机名：Server2012_1
IP地址：192.168.1.100
子网掩码：255.255.255.0

图 7－54　Windows Sever 2012 R2 基本配置拓扑图

4. 练习要求

（1）利用 VMware 12.0 软件安装 Windows Server 2012 R2。

（2）按照练习拓扑图中的要求配置计算机名。

（3）按照练习拓扑图中的要求配置服务器及客户机 IP 地址和子网掩码。

（4）关闭 Windows Server 2012 R2 的防火墙功能。

（5）测试物理主机与虚拟机之间的通信。

（6）在 Windows Server 2012 R2 中添加 Web 服务器（IIS）。

项目 8

Windows Server 2012 R2 中用户和组的管理

任务描述

企业服务器的网络操作系统完成安装并进行基本网络配置后，就可以进行网络资源的共享了。为了保证网络共享资源的安全性及数据访问和存储的合法性，网络管理员需要规划一个安全的网络环境。在 Windows Server 2012 R2 中，可通过建立合法账户并赋予账户相应权限的方法来为用户提供有效、安全的网络资源访问服务。本项目将带领大家完成 Windows Server 2012 R2 中用户账户的创建与管理及网络共享资源访问权限操作。

学习目标

- 理解用户账户和组的概念；
- 掌握管理本地用户账户的方法；
- 掌握管理本地组的方法。

8.1 知识要点

8.1.1 用户账户概述

用户账户是计算机的基本安全组件。计算机通过用户账户来辨别用户身份，让有使用权限的用户登录计算机，访问本地计算机资源或从网络访问这台计算机的共享资源。为用户指派不同的权限，可以让用户执行不同的计算机管理任务。

当我们登录运行装有 Windows Server 2012 R2 的计算机时，需要有用户账户。在登录过程中，当运行 Windows Server 2012 R2 服务器验证用户输入的账户和密码与本地安全数据库中的用户信息一致时，才能让用户登录本地计算机或从网络上获取资源访问权限。用户登录时，本地计算机验证用户账户的有效性，如用户提供了正确的用户名和密码，本地计算机则分配给用户一个访问令牌（Access Token）。该令牌定义了用户在本地计算机上的访问权限。资源所在的计算机负责对该令牌进行鉴别，以保证用户只能在管理定义的权限范围内使用本地计算机上的资源。对访问令牌的分配和鉴别由本地计算机的本地安全权限（Local Security Authority，LSA）负责。

8.1.2 用户账户的类型

Windows Server 2012 R2 支持两种用户账户，即域账户和本地账户。域账户可以登录到域上，并获得访问该网络的权限；本地账户只能登录到一台特定的计算机上，并访问其共享资源。

Windows Server 2012 R2 默认只有 Administrator 账户和 Guest 账户。Administrator 账户可以执行计算机管理的所有操作；而 Guest 账户是为临时访问用户而设置的，默认是禁用的。

Administrator：使用内置 Administrator 账户可以对整台计算机或域配置进行管理，如创建修改用户账户和组、管理安全策略、管理打印机、分配允许用户访问资源的权限等。作为管理员，应该创建一个普通用户账户，在执行非管理任务时使用该用户账户，仅在执行管理任务时才使用 Administrator 账户。Administrator 账户可以更名，但不可以删除。

Guest：一般的临时用户可以使用它进行登录并访问资源。为保证系统安全，Guest 账户默认是禁用的，但在安全性要求不高的环境中，也可以使用该账户，且通常分配给它一个口令。

8.1.3　组的概念

对用户进行分组管理可以更加高效灵活地进行权限分配，以方便管理员对 Windows Server 2012 R2 的具体管理。如果 Windows Server 2012 R2 计算机被安装为成员服务器（而不是域控制器），将自动创建一些本地组。如果将特定角色添加到计算机中，还将创建额外的组，用户可以执行与该组角色相对应的任务。例如，如果计算机被配置成 DHCP 服务器，将创建管理和使用 DHCP 服务的本地组。

8.1.4　组的类型

在“计算机管理”管理单元的“本地用户和组”下的组文件夹中查看默认组。常用的默认组有以下几种。

Administrators：该组成员拥有没有限制的、在本地或远程操作和管理计算机的权利。默认情况下，本地 Administrator 和 Domain Admins 组的所有成员都是该组的成员。

Backup Operators：该组成员可以本地或远程登录，备份、还原文件夹和文件并关闭计算机。注意，该组的成员在自己本身没有访问权限的情况下也能够备份、还原文件夹和文件，这是因为 Backup Operators 组权限的优先级要高于成员本身的权限。默认情况下，该组中没有成员。

Guests：只有 Guest 账户是该组的成员，但 Windows Server 2012 R2 中的 Guest 账户默认是禁用的。该组的成员没有默认的权利或权限。如果 Guest 账户被启用，当该组成员登录计算机时，将创建一个临时配置文件；当其注销时，该配置文件将被删除。

Power Users：该组的成员可以创建并操作用户账户。它们可以创建本地组，然后在已创建的本地组中添加或删除用户账户；还可以在 Power Users 组、Users 组和 Guests 组中添加或删除用户。默认情况下，该组中没有成员。

Print Operators：该组的用户可以管理打印机和打印队列。默认情况下，该组中没有成员。

Remote Desktop Users：该组的成员可以远程登录服务器。

Users：该组的成员可以执行一些常见任务，如运行程序和使用打印机。该组的成员不能创建共享或打印机（但它们可以连接到网络打印机，并远程安装打印机）。新建的用户默认隶属于该组，包括在域中创建的任何用户也会成为该组的成员。

8.1.5 域的作用

域（Domain）是Windows网络系统中独立运行的单位，域之间相互访问则需要建立信任关系。当一个域与其他域建立了信任关系后，两个域之间不但可以按需要相互进行管理，还可以跨网分配文件和打印机等设备资源，使不同域之间实现网络资源的共享与管理。如果说工作组是“免费旅店”，那么域就是“星级宾馆”。工作组可以随便进进出出，而加入域则需要进行严格的审核控制。

在域模式下，至少有一台服务器负责每一台连入网络的计算机和用户的验证工作，称为域控制器。域控制器上存储了有关网络对象的信息，这些对象包括用户、用户组、计算机、域、组织单位、组、文件、打印机、应用程序、服务器及安全策略等。当计算机连入网络时，域控制器首先鉴别这台计算机是否属于这个域、用户使用的登录账户是否存在及密码是否正确，如果以上信息有一项不符，那么域控制器将会拒绝这个用户从这台计算机登录。如果不能登录，用户就不能访问服务器上有权限保护的资源，这样就在一定程度上保护了网络上的共享资源；如果用户能够成功登录域，域控制器会将配置好的权限分发给用户，用户可以在权限允许范围内访问域内的共享资源。

由于域的操作相对复杂，而本书篇幅有限，因此，本项目不再描述与域相关的操作，相关操作请查阅其他参考资料。

8.2 实训任务

8.2.1 创建与管理本地用户账户

1. 任务目标

（1）掌握创建用户账户的操作方法。

（2）掌握配置用户账户属性的操作方法。

（3）掌握删除用户账户的操作方法。

2. 任务环境

安装有Windows Server 2012 R2操作系统的计算机一台。

3. 任务实施

步骤1：创建用户账户client1。

（1）单击“开始”→“管理工具”命令，打开“管理工具”窗口，双击“计算机管理”，打开“计算机管理”窗口，如图8-1所示。

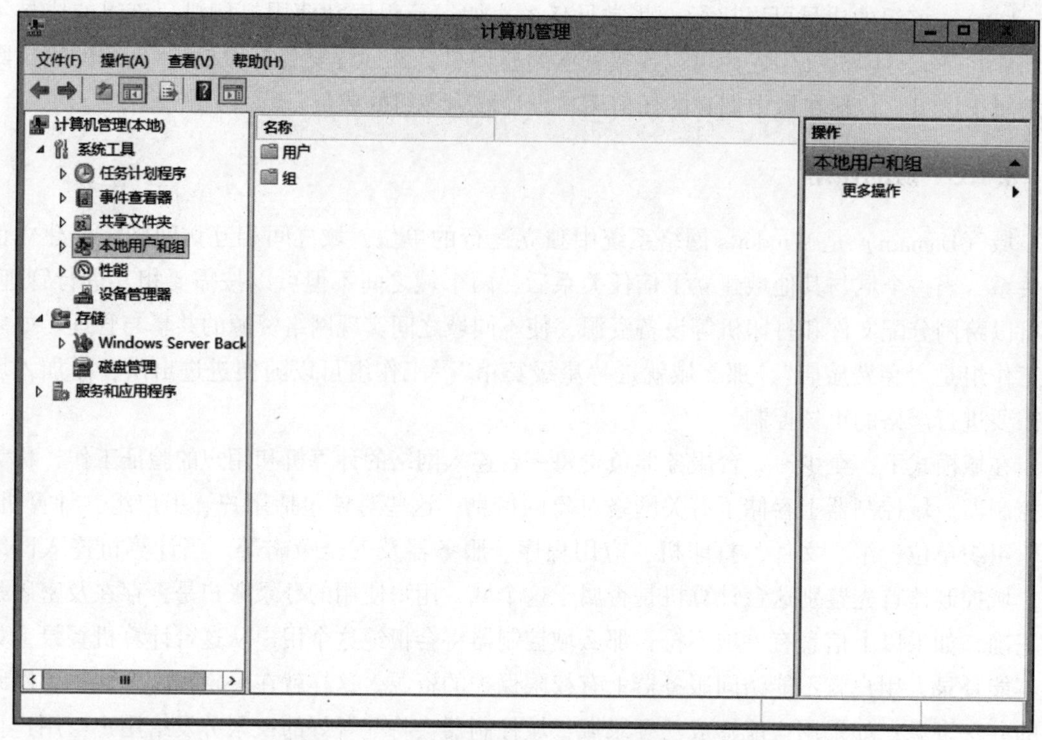

图 8－1　“计算机管理”窗口（创建账户前）

（2）在“计算机管理”窗口中展开“本地用户和组”，右击“用户”目录，在弹出的快捷菜单中选择“新用户”命令。

弹出“新用户”对话框，如图 8－2 所示。输入用户名、全名、描述和密码。在此可以设置密码选项，包括“用户下次登录时须更改密码”“用户不能更改密码”“密码永不过期”和“账户已禁用”。设置完毕后，单击“创建”按钮即可新增该账户。

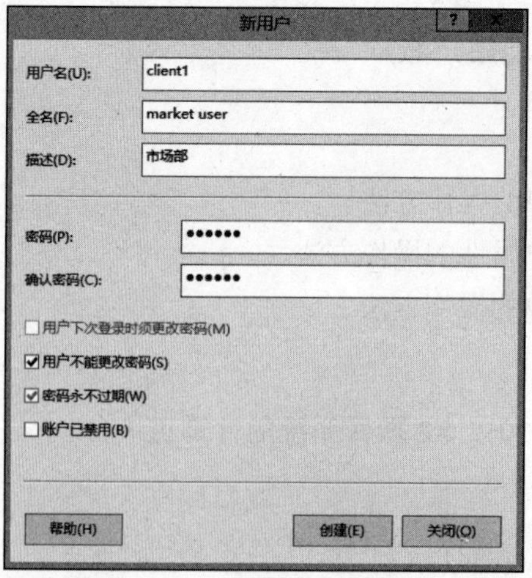

图 8－2　“新用户”对话框

各密码选项含义如下：

①用户下次登录时须更改密码：要求用户下次登录时必须修改密码。

②用户不能更改密码：通常用于多个用户共用一个账户的场景，如 Guest 等。

③密码永不过期：通用用于 Windows Server 2012 R2 的服务账户或应用程序所使用的用户账户。

④账户已禁用：禁用用户账户。

(3) 单击“创建”按钮后，关闭“新用户”对话框，返回“计算机管理”窗口中，会看到新建的用户在列表中出现，如图 8－3 所示。

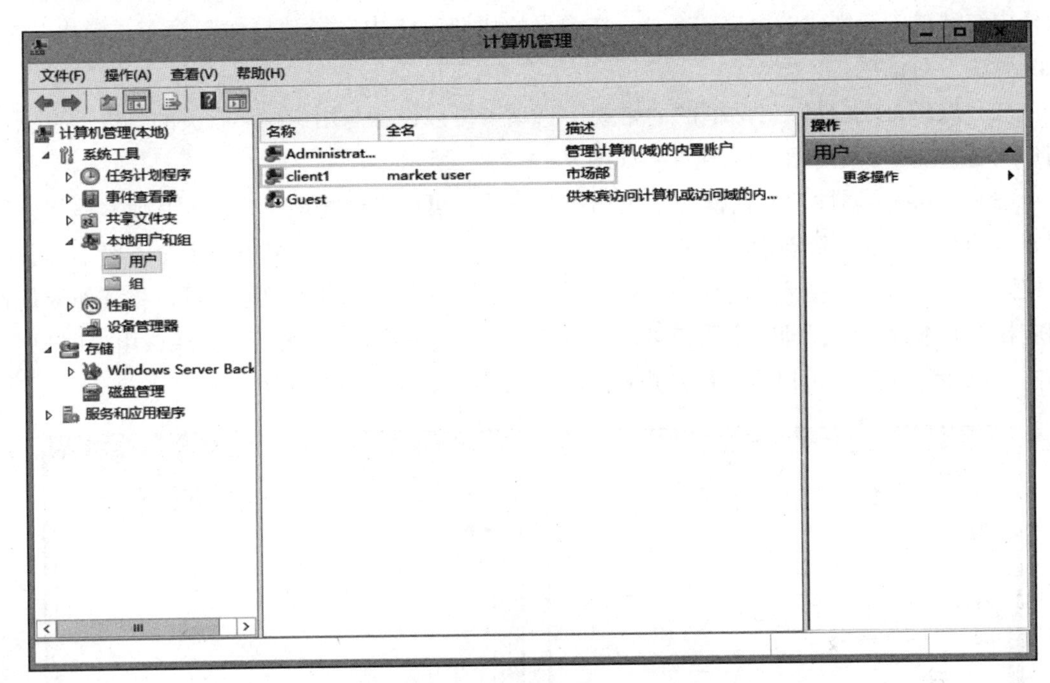

图 8－3 “计算机管理”窗口（创建账户后）

注意：

- 账户名命名规则。

账户名必须唯一，本地账户名称必须在本地计算机上是唯一的。

账户名不能包含以下字符：“/” “\” “[” “]” “:” “|” “<” “>” “+” “=” “,” “?” “*” “@”。

账户名最长不能超过 20 个字符。

- 密码设置规则。

Administrator 账户一定要设置密码，以防止他人随意使用该账户。

确定是管理员还是用户本人拥有用户密码的控制权。管理员可以给每个用户指定一个唯一的密码，并防止其他用户对其进行更改；也可以允许用户在每一次登录时修改自己的密码。一般情况下，允许用户控制自己的密码。

密码不能太简单，尽量不用类似“66666666”“88888888”这样的密码。

密码最多可以由 128 个字符组成，推荐最小长度为 8 个字符。

密码应由大小写字母、数字及合法的非字母数字的字符混合组成。

用户可通过“计算机管理”中的“本地用户和组”管理单元来创建本地用户账户，而且用户必须拥有管理员权限。

步骤2：配置用户账户 client1 的属性。

根据网络访问的需要完成用户账户的创建操作后，还可以配置用户账户的其他属性，如用户账户隶属的本地组、用户配置文件、远程控制、会话等属性。

（1）在“计算机管理”控制台中展开“本地用户和组”，单击“用户”选项，在右侧窗格中右键单击新创建的用户 client1，在弹出的快捷菜单中选择“属性”命令，弹出“client1 属性”对话框。

（2）“client1 属性”对话框的“常规”选项卡可以设置与用户账户有关的一些信息，如用户全名、描述、用户密码选项等，如图 8－4（a）所示。

（3）“client1 属性”对话框的“隶属于”选项卡可以设置将该账户加入其他本地组。如图 8－4（b）所示。新创建的用户账户默认会加入 users 组，users 组中的用户一般不具备特殊权限，可以执行一些常见的任务。要想该用户账户具备一些其他权限，可以将其加入具备相应权限的本地组中，即一个用户可以同时隶属于多个不同的本地组。选择该用户账户名，单击“删除”按钮，可以将该用户账户从一个或多个本地组中删除。

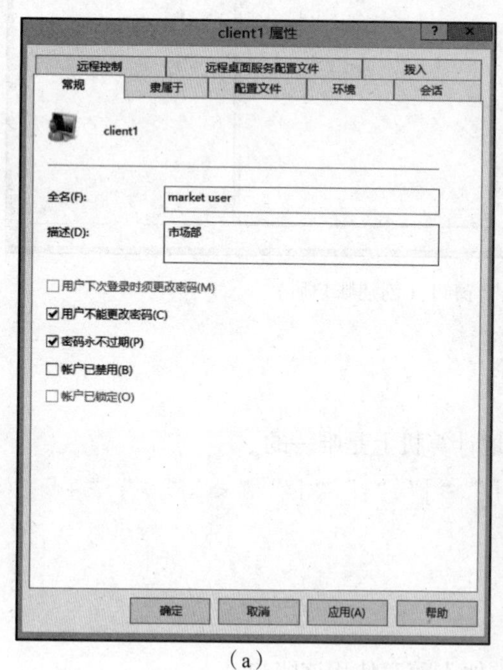

（a）

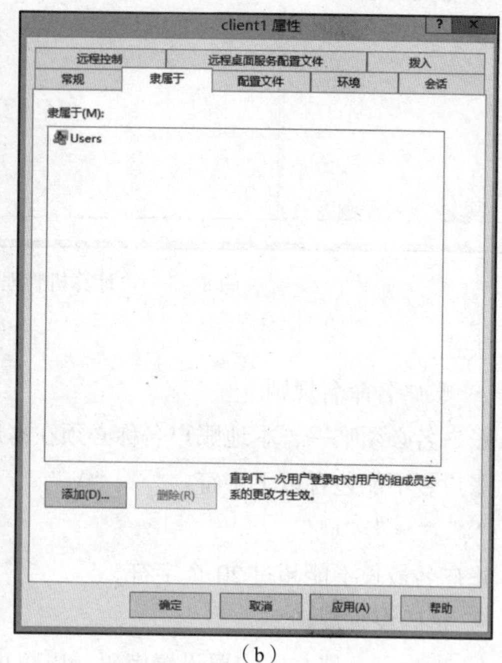

（b）

图 8－4 “client1 属性”对话框

（a）“常规”选项卡；（b）“隶属于”选项卡

（4）在“隶属于”选项卡中，单击“添加”按钮，弹出“选择组”对话框（图 8－5），在“输入对象名称来选择（示例）：”文本框中，输入管理组名称 Administrators，单击“检查名称”按钮，检查名称是否正确，名称变为 SERVER2012 \ Administrators，名称中的前面部分为该服务器的主机名，后面部分为本地组名称。除了手动输入本地组名称外，还可

以单击“高级”按钮，在弹出的“选择组”对话框中单击“立即检查”按钮，在“搜索结果”列表框中选择一个或多个本地组。如果选择了多个本地组，则本地组与本地组之间用分号隔开。

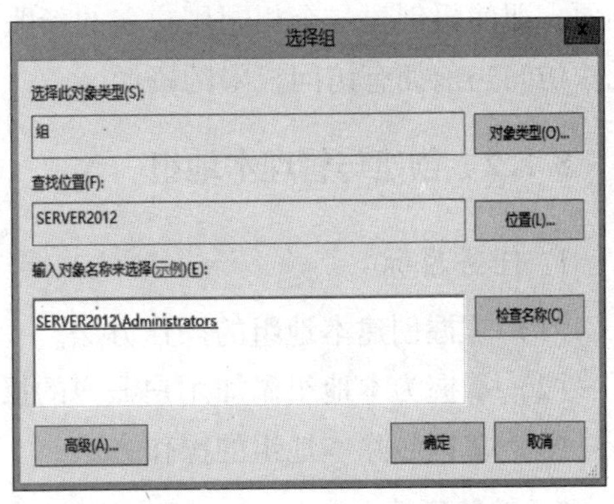

图8－5　“选择组”对话框

(5)“client1 属性”对话框中的“配置文件”选项卡可以设置用户账户的配置文件路径、登录脚本和主文件夹路径。

用户配置文件是存储当前桌面环境、应用程序设置及个人数据的文件夹和数据的集合，还包括所有登录到本地服务器所建立的网络连接。由于用户配置文件提供的桌面环境与用户最近一次登录到该计算机上所用的桌面相同，因此，保持了用户配置文件，就保持了用户桌面环境及其他设置的一致性。

当用户第一次登录到某台计算机上时，Windows Server 2012 R2 根据默认用户配置文件自动创建一个用户配置文件。用户 client1 的配置文件默认位于“C:\users\client1”中，普通用户默认的配置文件位于“C:\users\default”中。

步骤3：删除用户账户 client1。

当企业网络环境中不需要使用某一个用户账户时，可将该用户账户删除。删除用户账户会导致与该账户有关的信息全部丢失，因此需要慎用此功能。在实际应用当中，网络管理员可以设置一些临时账户给普通员工使用，一旦员工因为离职或其他原因离开工作岗位，可以将他的用户账户先行禁用，等到有新的员工入职时再行启用。此时只需要更改用户名即可。

(1) 在“计算机管理”窗口中展开“本地用户和组”，单击“用户”选项。

(2) 在右侧窗格中右击要删除的用户账户，在弹出的快捷菜单中选择“删除”命令，弹出“本地用户和组”对话框，如图8－6 (a) 所示，单击“是”按钮即可将该用户账户删除。

注意：

- 系统内置账户如 Administrator、Guest 等无法实现删除操作，如图8－6 (b) 所示。

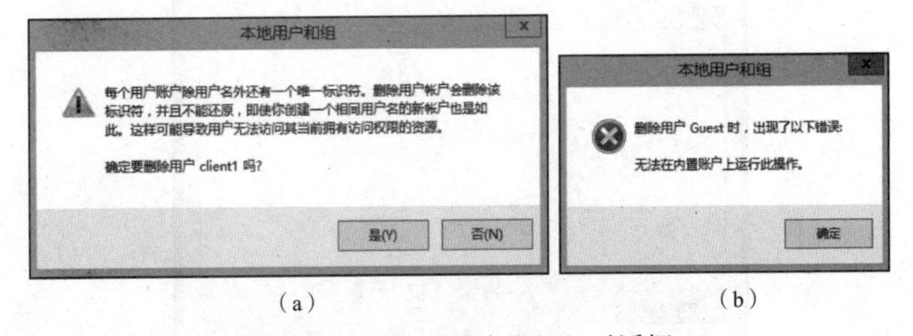

(a)　　(b)

图8－6　“本地用户和组”对话框

(a) 删除用户账户 client1；(b) 无法删除用户账户 Guest

- 删除“本地用户和组”时，会弹出提示信息。在 Windows Server 2012 R2 中，每个用户账户除了用户名外，还有一个唯一的标识符。删除用户账户会删除该标识符，并且不能还原，即使再创建一个相同用户名的新账户也无法再使用相同的标识符。这样可能导致用户无法访问当前拥有访问权限的资源。

8.2.2 创建与管理本地组

1. 任务目标

（1）掌握创建本地组的操作方法。

（2）掌握为本地组添加用户账户的操作方法。

（3）掌握删除本地组的操作方法。

2. 任务环境

安装有 Windows Server 2012 R2 操作系统的计算机一台。

3. 任务实施

步骤 1. 创建本地组 market。

登录到安装有 Windows Server 2012 R2 操作系统的计算机上的每个用户都需要有一个用户账户和密码，并由管理员分配相应的访问权限来实现对网络资源的安全访问。企业中往往有多个部门，而每个部门中的员工又不止一个，如果由网络管理员给每个用户赋予访问权限，工作量会非常大。此时网络管理员可以创建本地组的方式，将多个具有相同权限的用户账户添加到同一个组中即可方便地进行统一管理。

（1）选择“开始”→“管理工具”命令，打开“管理工具”窗口，双击“计算机管理”命令，打开“计算机管理”窗口。

（2）在“计算机管理”窗口中，展开“本地用户和组”，右击“组”目录，在弹出的快捷菜单中，选择“新建组”命令。

（3）在弹出的“新建组”对话框中输入组名和描述，如图 8－7 所示。

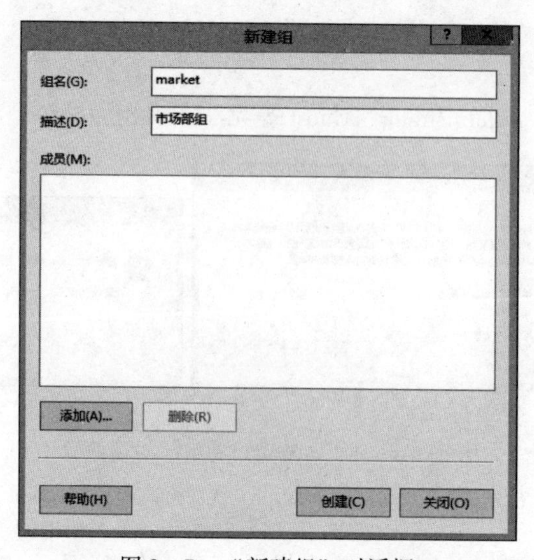

图 8－7 “新建组”对话框

(4) 单击“创建”按钮，即可完成本地组的创建。新建的本地组会显示在“计算机管理”窗口中的右侧窗格中，如图8-8所示。

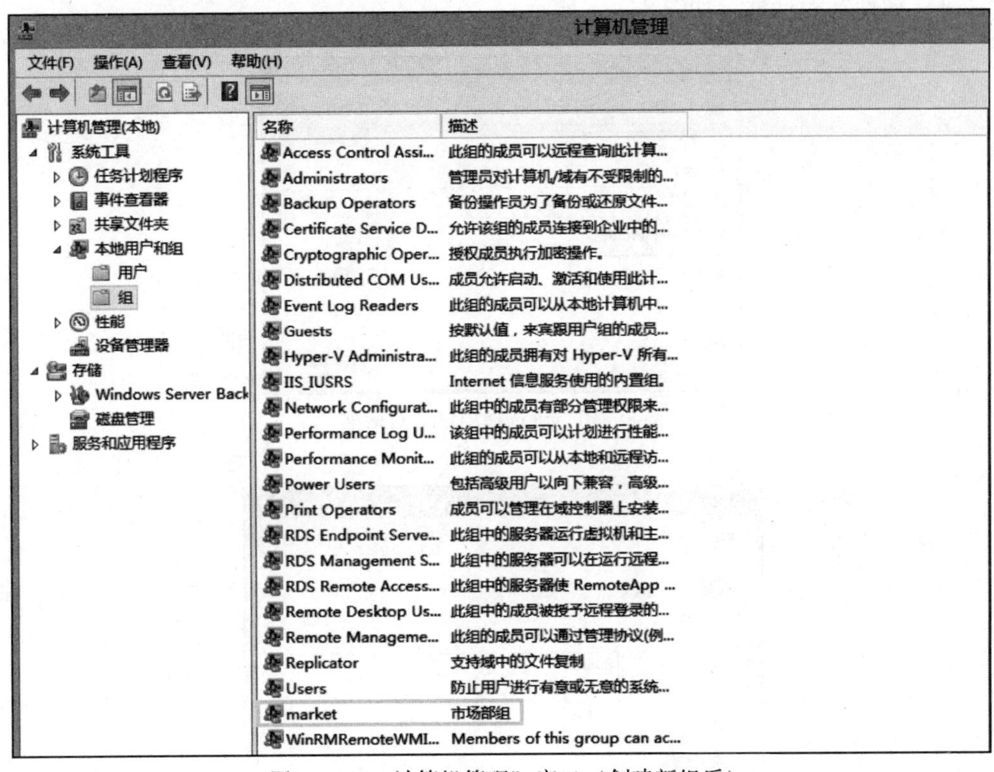

图8-8 “计算机管理”窗口（创建新组后）

步骤2：为本地组 market 添加组成员 client1。

在本地组创建完成后，就可以将已有的用户账户添加到新建的组中了。将用户账户添加到本地组中有两种操作方式，一种方式是通过本地组属性中直接添加，另一种方式是通过用户属性中设置“隶属于”属性。这里介绍第一种操作方式。

(1) 选择“开始”→“管理工具”命令，打开“管理工具”窗口，双击“计算机管理”命令，打开“计算机管理”窗口。

(2) 在“计算机管理”窗口中，展开左侧窗格中的“本地用户和组”，右击“组”，在右侧窗格中双击需要添加用户账户的本地组名 market（或右击该本地组名，在弹出的快捷菜单中选择“属性”命令，弹出“market 属性”对话框，如图8-9所示。

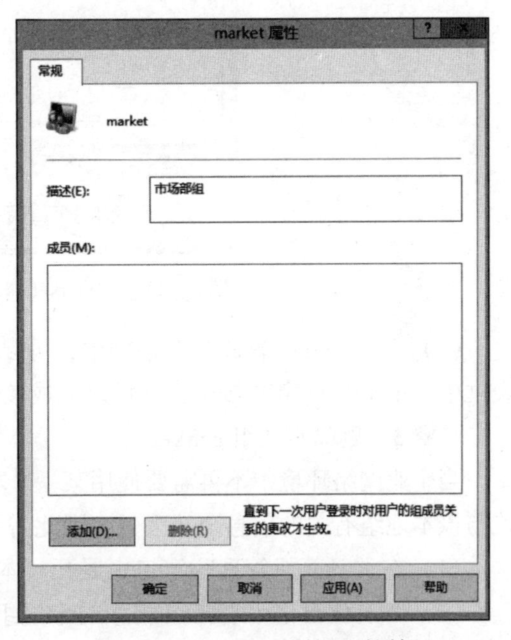

图8-9 “market 属性”对话框

（3）单击“添加”按钮，弹出“选择用户”对话框，如图 8－10 所示。在“输入对象名称来选择（示例）：”文本框中，输入需要添加的用户名 client1，单击“确定”按钮，返回“market 属性”对话框，如图 8－11 所示。

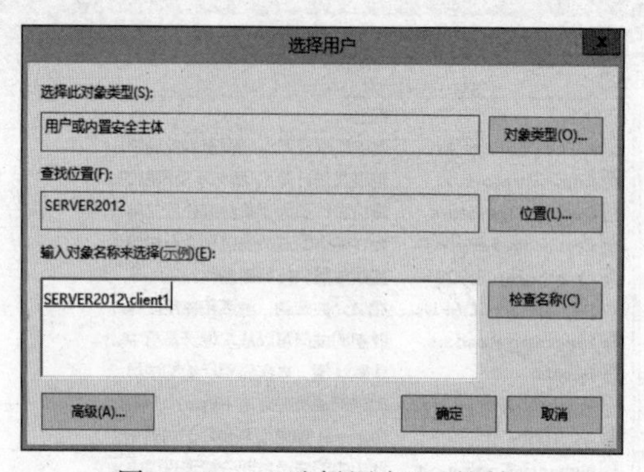

图 8－10　“选择用户”对话框

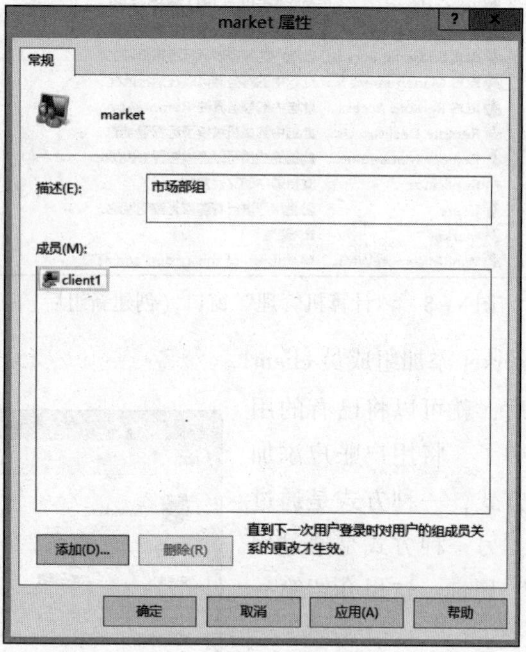

图 8－11　“market 属性”对话框（添加用户后）

（4）在“market 属性”对话框中，可以看到用户 client1 出现在 market 组的“成员”列表框中，单击“确定”按钮，即可以完成该用户账户的添加。

步骤 3：删除本地组 market。

当企业网络环境中不再需要使用某一个本地组时，可将该本地组删除。删除本地组会导致与该本地组有关的信息全部丢失，因此需要慎用此功能。

（1）在“计算机管理”窗口中展开“本地用户和组”，单击“组”目录。

（2）在右侧窗格中右击要删除的本地组，选择“删除”命令，弹出“本地用户和组”删除提示对话框，单击“是”即可将该本地组删除，如图 8－12 所示。

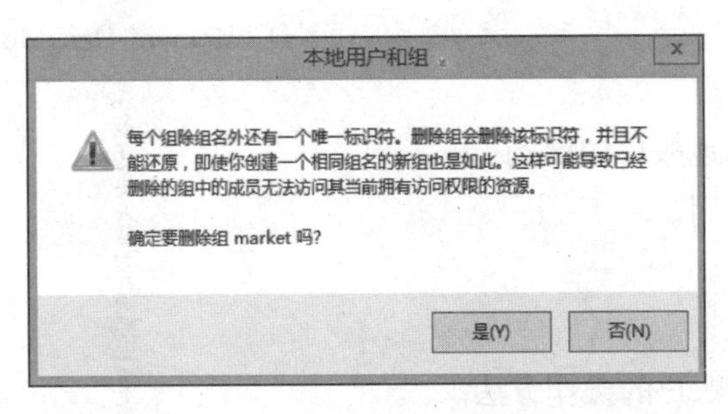

图 8－12 “本地用户和组”删除提示对话框

注 意

- 系统内置本地组如 Administrators、Power Users、Users 等无法执行删除操作。
- 删除本地组时，会弹出提示信息。在 Windows Server 2012 R2 操作系统中每个组除了组名外，还有一个唯一的标识符。删除组会删除该标识符，并且不能还原，即使再创建一个相同组名的新组也无法再使用相同的标识符。这样可能导致已经被删除组中的成员无法访问当前拥有访问权限的资源。

练习题

一、填空题

1. Windows Server 2012 R2 支持两种用户账户：________和________。

2. Windows Server 2012 R2 默认只有________账户和________账户，其中前者可以执行计算机管理的所有操作，后者是为临时访问用户而设置的。

3. Windows Server 2012 R2 创建的本地用户默认隶属于________组。

4. 设置用户账户密码时，密码应由________、________和________混合组成。

二、选择题

1. 在 Windows Server 2012 R2 中新建用户时，下列属于默认选项的是（　　）。

A. 用户下次登录时须更改密码　　B. 用户不能更改密码

C. 密码永不过期　　D. 账户已禁用

2. 系统内置的用户和用户组与其他用户和用户组一样，可以被重命名和删除，这一说法（　　）。

A. 正确　　B. 错误

3. 下列属于合法用户账户名的是（　　）。

A. clent *　　B. mar［ab］　　C. fina/nce　　D. CEO007

4. 下列用户组中，（　　）组内成员可以运行一些常见的任务，但不能创建共享打印机。

A. Administrators　　B. Guests

C. Users　　D. Remote Desktop Users

三、简答题

1. 简述域账户和本地账户的区别。

2. 简述用户组的作用。

四、实训练习

1. 练习目的

(1) 掌握创建用户账户的操作方法。

(2) 掌握删除用户账户的操作方法。

(3) 掌握创建用户组的操作方法。

(4) 掌握添加用户账户到用户组中的操作方法。

(5) 掌握删除用户组的操作方法。

2. 练习环境

企业网络中部署一台安装有 Windows Server 2012 R2 的服务器，该服务器的计算机名为 Server2012_1，要求在该服务器上进行本地用户和组的管理。

3. 练习要求

(1) 在 Server2012_1 上创建两个本地用户账户 client1 和 client11。

(2) 在 Server2012_1 上创建两个用户组 market 和 finance。

(3) 在 Server2012_1 将本地用户账户 client1 添加到 market 组中，将本地用户账户 client11 添加到 finance 组中。

(4) 在 Server2012_1 上删除本地账户 client11。

(5) 在 Server2012_1 上删除用户组 finance。

项目 9

配置 Windows Server 2012 R2 网络服务

任务描述

企业服务器的网络操作系统安装完成并进行基本网络配置后，就可以安装配置相关的网络服务功能。此时需要根据企业具体需求进行相关网络服务的安装与配置，常见的 DHCP、Web、DNS、FTP 能提供哪些网络服务？它们的工作原理与配置方法是什么？本项目将解答这些问题。

学习目标

- 掌握 DHCP 服务器的配置方法；
- 掌握 DNS 服务器的配置方法；
- 掌握 Web 服务器的配置方法；
- 掌握 FTP 服务器的配置方法。

9.1 知识要点

9.1.1 配置与管理 DHCP 服务器

通过前面的学习大家已经知道，如果想用计算机上网，就必须配置相应的 IP 地址。计算机获取 IP 地址的方式有哪些呢？一种方式是由管理员手动进行设置，这种方式在局域网中且计算机数目较少的情况下是可行的，但是当网络中计算机数目较多时，这种方式就给管理员增大了工作量。这时，可以采用另外一种方式，即由计算机自动获取 IP 地址的方式，这种方式需要用到动态主机配置协议（Dynamic Host Configuration Protocol，DHCP）。采用 DHCP 可实现自动为局域网中的每一台计算机分配 IP 地址，同时包括子网掩码、网关和 DNS 服务器等信息的配置，这样就大大减少了管理员的工作量。

1. DHCP **地址分配方式**

DHCP 服务器具有 3 种地址分配方式：手动分配、自动分配和动态分配。其中动态分配功能最为强大，配置也最为烦琐。目前的 DHCP 服务器一般支持全部的 3 种分配方式或者其中两种。

手动分配：网络管理员在 DHCP 服务器中通过手工方法配置 DHCP 客户机的 IP 地址。当 DHCP 客户机请求网络服务时，DHCP 服务器把手工配置的 IP 地址传递给 DHCP 客户机。

这种方式和管理员手工配置每一台计算机的 IP 地址差不多。

自动分配：当 DHCP 客户机第一次向 DHCP 服务器租用 IP 地址后，这个地址就永久地分配给了该 DHCP 客户机，而不会再分配给其他客户机。

动态分配：当 DHCP 客户机向 DHCP 服务器租用 IP 地址时，DHCP 服务器只是暂时分配给客户机一个 IP 地址。只要租约到期，这个地址就会还给 DHCP 服务器，以供其他客户机使用。后期如果 DHCP 客户机再次需要一个 IP 地址来完成工作，则可以再请求另外一个 IP 地址。

动态分配是唯一能够自动重复使用 IP 地址的方式。它对于只是暂时需要连网的 DHCP 客户机来说尤其方便，同时对于需要永久性与网络连接的 DHCP 客户机来说也是适用的。当 DHCP 客户机不需要连网时，会释放 IP 地址。如当 DHCP 客户机正常关闭时，它会把已获取到的 IP 地址释放给 DHCP 服务器，然后 DHCP 服务器就可以把该地址分配给其他正在申请 IP 地址的 DHCP 客户机了。

2. DHCP 的工作过程

DHCP 客户机首次登录网络时，可通过以下步骤从 DHCP 服务器上获取 IP 地址。

（1）DHCP 客户机发送 DHCP Discover 报文，此报文以广播方式发送。由于客户机没有 IP 地址，因此该报文以 0. 0. 0. 0 作为源地址。

（2）网络中的 DHCP 服务器收到客户机发出的 DHCP Discover 报文后，从地址池中选取一个可分配的 IP 地址，向客户机发送 DHCP Offer 报文。

（3）DHCP 客户机收到 DHCP Offer 报文。如果客户机收到多个 DHCP Offer 报文，即网络中有多台 DHCP 服务器，则客户机从中选择一个报文接收，一般选最先到达的报文。选择后发送 DHCP Request 报文到服务器，此报文也以广播方式发送，通知所有 DHCP 服务器它所使用的 IP 地址。

（4）DHCP 服务器在收到客户机发出的 DHCP Request 报文后，向客户机发送 DHCP ACK 确认报文，用来确认租约的成立。此报文还包含 HHCP 其他选项信息。

（5）DHCP 客户机收到服务器的确认信息后，利用其中的信息配置它的 IP 地址等相关信息。

第（2）步中如果网络中没有 DHCP 服务器或服务器故障无法提供服务，则客户端自动从 Microsoft 保留 IP 地址段中选择一个自动私有地址（Automatic Private IP Address，APIPA）作为自己的 IP 地址。Microsoft 的自动私有地址范围是 169. 254. 0. 116 ~ 9. 254. 255. 254。由于私有地址的存在，当网络中没有 DHCP 服务器或者服务器不可用时，局域网中的 DHCP 客户端之间仍然可以使用私有 IP 地址进行通信。

（6）DHCP 租约更新。

- DHCP 客户机从服务器处申请的 IP 地址是有租约限制的。Windows Sever 2012 R2 中租期默认是 8 天，到期后客户机要进行续租请示。
- 当 DHCP 客户机租期达 50% 时，重新更新租约，客户机发送 DHCP Request 包。
- 当 DHCP 客户机租期达 50%，没有联系上 DHCP 时，那么要等到当租约达到 87. 5%

时，进入重新申请状态，客户机发送 DHCP Discover 包。

- 如果当租期达到87.5%时还没有联系上 DHCP，那么就会在期满后重新进行 DHCP 的申请过程。
- 客户端可以使用 ipconfig /release 命令来释放由服务器自动分配的 IP 地址，客户机的 TCP/IP 通信联络停止。IP 地址为 0.0.0.0，子网掩码为 0.0.0.0，服务器可以将释放的 IP 分配给其他客户机。使用 ipconfig /renew 命令向 DHCP 服务器发送 DHCP Request 包，如果 DHCP 服务器没有响应，客户机将继续使用当前的配置。

9.1.2　配置与管理 Web 服务器

IIS 是由微软公司提供的基于运行 Microsoft Windows 的互联网基本服务。IIS 是一种 Web（网页）服务组件。其中包括 Web 服务器、FTP 服务器、NNTP 服务器和 SMTP 服务器。它们分别用于网页浏览、文件传输、新闻服务和邮件发送等操作，使得在网络（包括互联网和局域网）上发布信息成了一件很容易的事。IIS 在 Windows Server 2012 R2 初始安装时并没有进行默认安装，需要我们手动进行安装。

9.1.3　配置与管理 DNS 服务器

在 TCP/IP 构建的网络环境中，DNS 是一个非常重要而且常用的系统。DNS 的主要作用是将人们不容易记忆的 IP 地址与人们容易记忆的域名进行转换。DNS 包含两方面的内容：一是主机域名的管理，二是主机域名与 IP 地址之间的映射。

DNS 采用了层次化、分布式、面向客户端/服务器模式的名字管理来代替原来的集中管理，并允许命名管理者在较低的结构层次上管理它们自己的名字。这样就可以把名字空间划分得足够小，由不同的组织进行分散管理，使名字管理更加灵活、方便。DNS 的分层管理机制使它形成了一个规则的树状结构的名字空间，Internet 的域名结构示意图如图 9－1 所示。

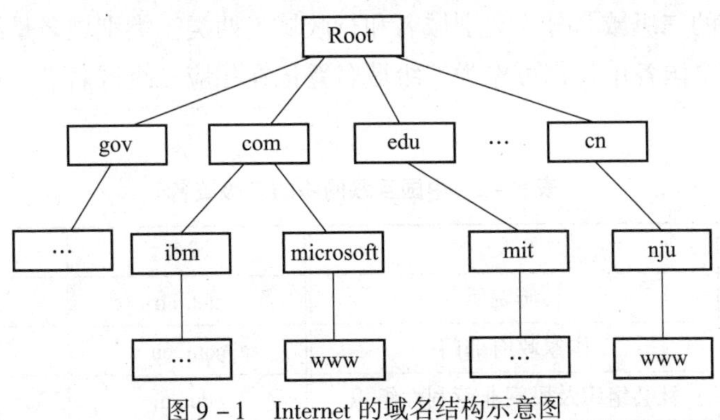

图 9－1　Internet 的域名结构示意图

在这棵结构树中，每个节点都有一个独立的节点名字，根节点的名字为空。兄弟节点不允许重名，而非兄弟节点可以重名。叶子节点通常用来代表主机。由于 Internet 本身的结构就是一种层次结构，因此层次型命名机制与 Internet 结构一一对应，使 Internet 的名字管理层次结构非常清晰。

1. DNS 域名结构

通常 Internet 主机域名的一般结构为主机名 . 三级域名 . 二级域名 . 顶级域名。Internet 顶级域名由国际互联网络信息中心进行登记和管理，它为 Internet 的每一主机分配唯一的 IP 地址。全世界目前有三大网络信息中心，分别是位于美国的 InterNIC，负责美国及其他地区；位于荷兰的 RIPE - NIC，负责欧洲地区；位于日本的 APNIC，负责亚太地区。

顶级域名有两种主要模式：组织模式和地域模式。组织模式是按管理组织的层次结构来划分域名，产生的域名就是组织性域名；地域模式是按国家地理区域来划分域名，用两个字符的国家代码表示主机所在的国家和地区，如 . cn 代表中国，. jp 代表日本，. us 代表美国。域名及含义对照表见表 9 - 1。

表 9 - 1　域名及含义对照表

域名	含义	域名	含义
. com	商业机构	. org	非营利性组织
. edu	教育机构	. arpa	临时 arpanet 域
. gov	政府部门	. int	国际组织
. mil	军事部门	. country code	国家
. net	网络服务机构		

2. 中国的域名体系

除了顶级域名，各个国家有权决定如何进一步划分域名，大部分国家都按组织模式对其再进行划分。

中国在国际互联网络信息中心正式注册并运行的顶级域名是 . cn，中国互联网络信息中心工作委员会在国务院信息办的授权和领导下，负责管理和运行中国顶级域名。

中国互联网络的二级域名分为类别域名和行政域名两类。类别域名是纵向域名，表示各单位的组织机构。全国各单位都可作为三级域名登记在相应二级域名下，目前有 6 个类别域名，见表 9 - 2。

表 9 - 2　中国互联网络的二级域名

域名	含义	域名	含义
ac. cn	科研院所	net. cn	主要网络支持中心
gov. cn	国家政府部门	com. cn	商业组织
org. cn	社会组织及民间非营利性组织	edu. cn	教育机构

行政域名是横向域名，使用直辖市和各省（自治区）的名称缩写。各直辖市、省（自治区）所属单位可以在其下建立三级域名，如 bj. cn 代表北京市，gd. cn 代表广东省。主机域名的三级域名一般代表主机所在的域或组织，如 tsinghua 代表清华大学。四级域名一般代表主机所在单位的下一级单位。从理论上说，域名可以无限细化，但通常不超过五级。

3. **域名解析**

字符型的主机域名比数字型的IP地址更容易记忆，在数据通信时需要将其映射成能直接用于TCP/IP通信的数字型IP地址。将主机域名映射为IP地址的过程称为域名解析。域名解析有两个方向：从主机域名解析到IP地址称为正向域名解析；从IP地址解析到主机域名为反向域名解析。

4. **DNS服务器的分类**

DNS服务器分为以下3类。

（1）主DNS服务器：负责维护所管辖的域名服务信息。

（2）从DNS服务器：用于分担主DNS服务器的查询负载。

（3）缓冲DNS服务器：供本地网络上的客户机用来进行域名转换。它通过查询其他DNS服务器并将获得的信息存放在它的高速缓存中，为客户机查询信息提供服务。

5. **DNS名称的查询模式**

当DNS客户端需要访问Internet上某一主机时，DNS客户端首先向本地DNS服务器查询对方IP地址，如果在本地DNS服务器无法查询出，本地DNS服务器会继续向另一台DNS服务器查询，直到得出结果，这一过程就称为查询。

查询模式可以分为递归查询和迭代查询。

（1）递归查询。递归查询是DNS客户端与DNS服务器之间最常用的一种查询方式。当DNS客户端发送查询请求后，DNS服务器会进行查找，如果DNS服务器内有客户端所需要的数据，则返回给DNS客户端；如果DNS服务器内没有客户端所需的数据，DNS服务器会代替提出请求的客户端进行域名查询，当查询到结果后，再将结果返回给客户端。在这种查询方式下，DNS客户端只需要接触一次DNS服务器。目前，由DNS客户端提出的查询请求一般均为递归查询。

（2）迭代查询。DNS服务器与DNS服务器之间大多会用到迭代查询。DNS客户端发送查询请求后，如果本地DNS服务器内没有DNS客户端所需要的数据，则本地DNS服务器向另一台DNS服务器发送请求；如果另一台DNS服务器内仍没有DNS客户端所需要的数据，则该DNS服务器将提供第三台DNS服务器的IP地址给本地DNS服务器，让本地DNS服务器直接向第三台DNS服务器发送查询请求，直到找到DNS客户端所需要的数据为止。

9.1.4　配置与管理FTP服务器

FTP是Internet中用来传输文件的应用层协议，采用客户机/服务器模式。客户机通过FTP登录到FTP服务器上，可以查看服务器上的共享文件，可以把服务器上的文件下载到本地计算机上，也可以把本地计算机上的文件上传到FTP服务器上。

通过FTP进行文件传输时，服务器与客户端之间建立两个TCP连接：FTP控制连接和FTP数据连接。FTP控制连接负责客户端与服务器之间交互FTP控制命令和应答信息，在整个FTP会话过程中一直保持打开；FTP数据连接负责在客户端与服务器之间进行文件和目录传输（仅在需要传输数据时才建立连接，数据传输完毕后会终止连接）。

9.2 实训任务

9.2.1 添加DHCP服务器角色

步骤1：选择“开始”→“服务器管理”命令，打开“服务器管理器”窗口，选择“添加角色和功能”，启动“添加角色和功能向导”，如图9-2所示。

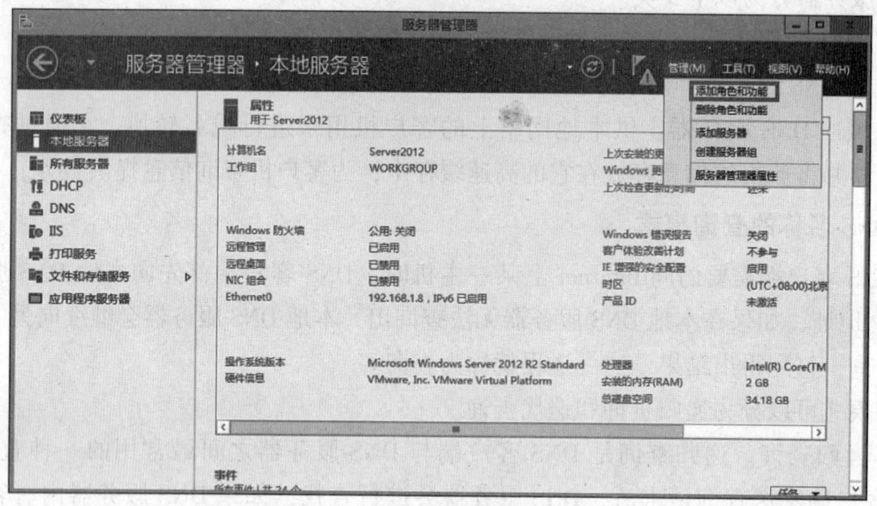

图9-2 “服务器管理器”窗口

步骤2：弹出“开始之前”对话框，如图9-3所示。单击“下一步”按钮。

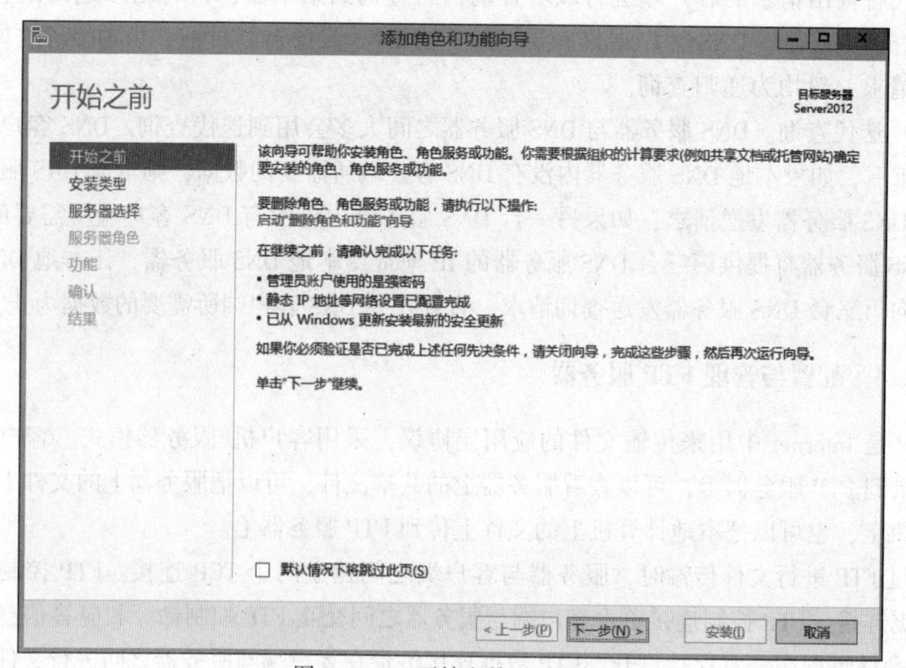

图9-3 “开始之前”对话框

步骤3：弹出“选择安装类型”对话框，如图9－4所示。选中“基于角色或基于功能的安装”单选按钮，单击“下一步”按钮。

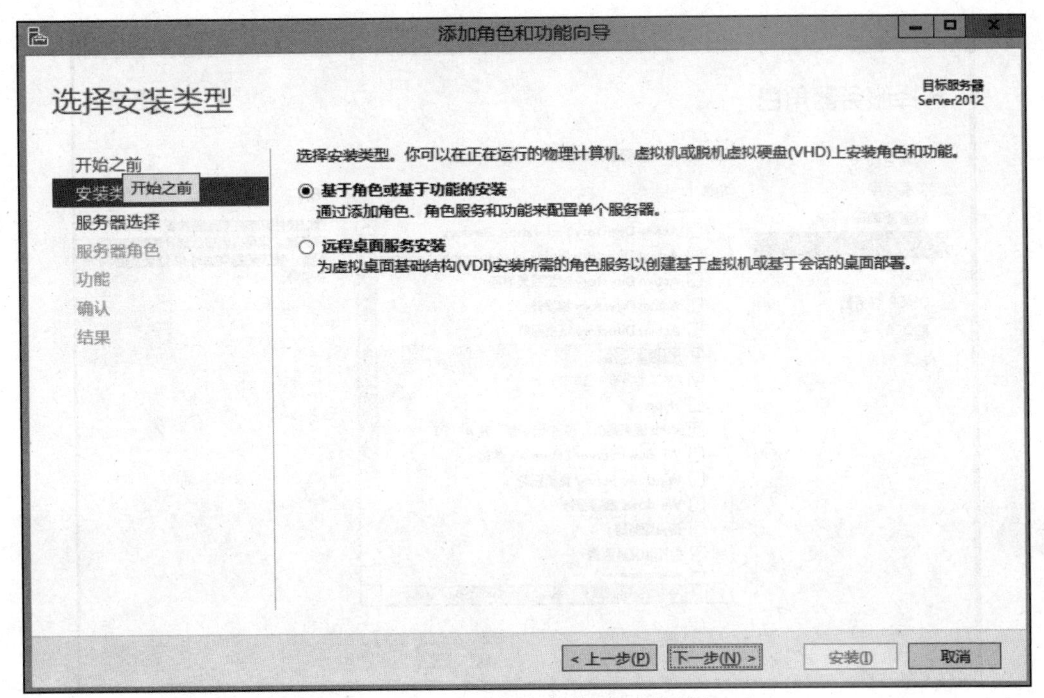

图9－4　“选择安装类型”对话框

步骤4：弹出“选择目标服务器”对话框，如图9－5所示。选中“从服务器池中选择服务器”单选按钮，单击“下一步”按钮。

添加角色和功能向导
选择目标服务器
目标服务器
Server2012
开始之前
安装类型
服务器选择
服务器角色
功能
确认
结果
选择要安装角色和功能的服务器或虚拟硬盘。
从服务器池中选择服务器
选择虚拟硬盘
服务器池
筛选器：

名称	IP 地址	操作系统
Server2012	192.168.1.8	Microsoft Windows Server 2012 R2 Standard

找到 1 个计算机
此页显示了正在运行 Windows Server 2012 的服务器以及那些已经在服务器管理器中使用"添加服务器"命令所添加的服务器。脱机服务器和尚未完成数据收集的新添加的服务器将不会在此页中显示。
< 上一步(P)　下一步(N) >　安装(I)　取消

图9－5　“选择目标服务器”对话框

步骤5：弹出“选择服务器角色”对话框，如图9－6所示。选中“DHCP服务器”复选框，单击“下一步”按钮。

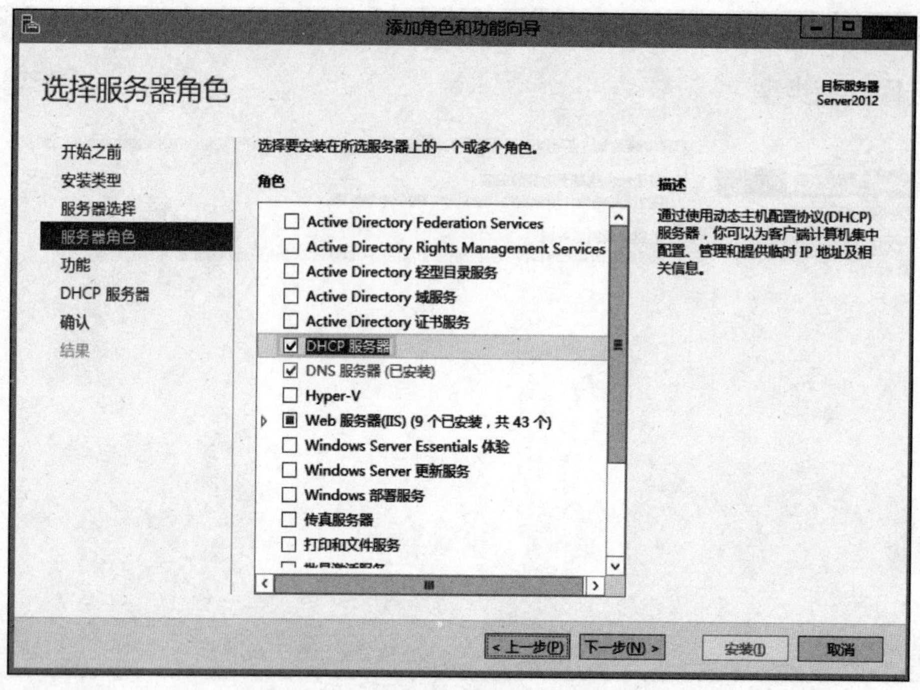

图9－6　“选择服务器角色”对话框

步骤6：弹出“选择功能”对话框，如图9－7所示。选择要安装在所选服务器上的一个或多个功能，采用默认设置即可，单击“下一步”按钮。

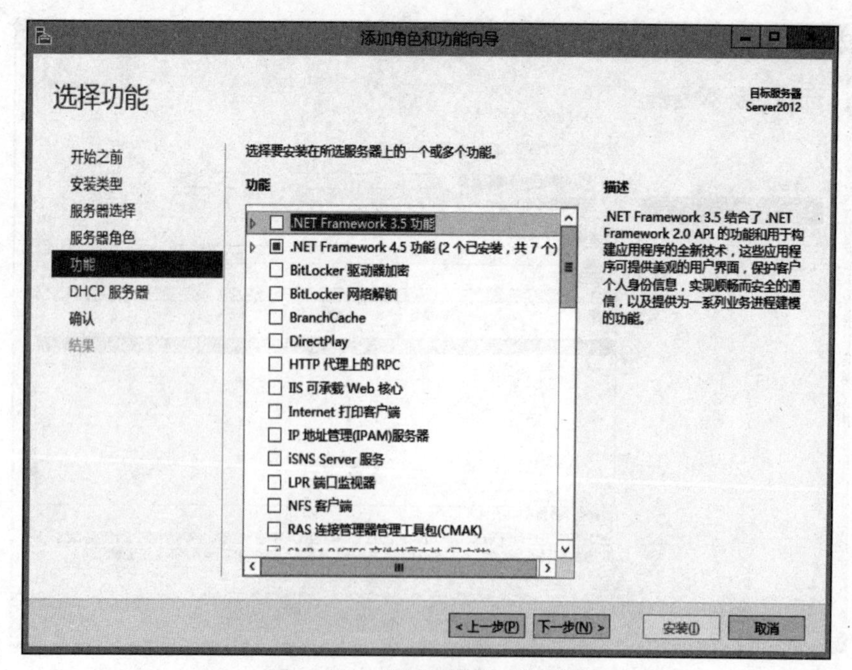

图9－7　“选择功能”对话框

步骤7：弹出“DHCP 服务器”对话框，如图9－8所示。单击“下一步”按钮。

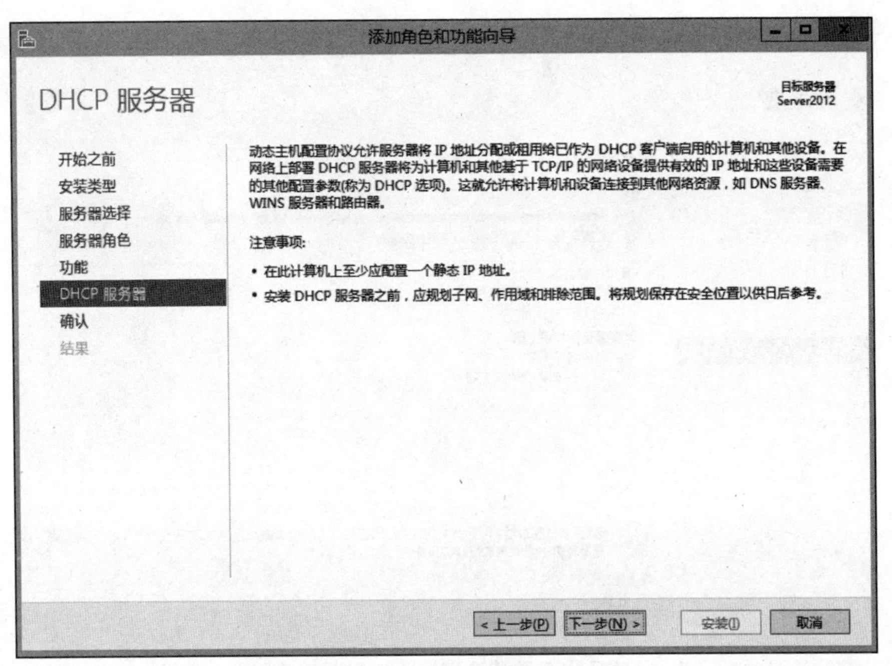

图9－8　“DHCP 服务器”对话框

步骤8：弹出“确认安装所选内容”对话框，如图9－9所示。确认要在所选服务器上安装的角色、角色服务器或功能，确认完毕后单击“安装”按钮。

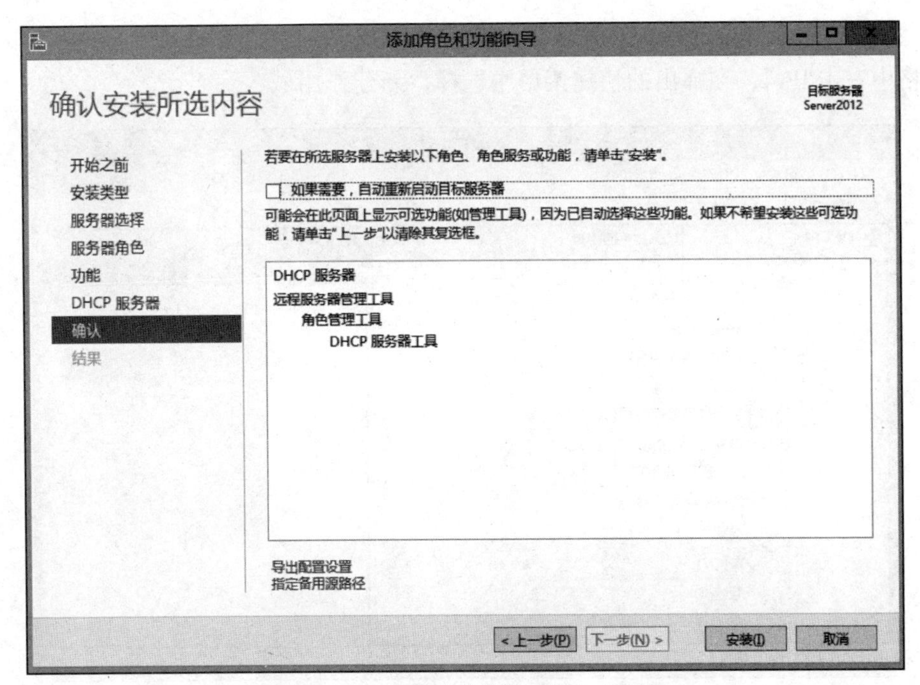

图9－9　“确认安装所选内容”对话框

步骤9：弹出“安装进度”对话框，如图9－10所示。在该对话框中可以查看安装进度，安装完毕后单击“关闭”按钮。

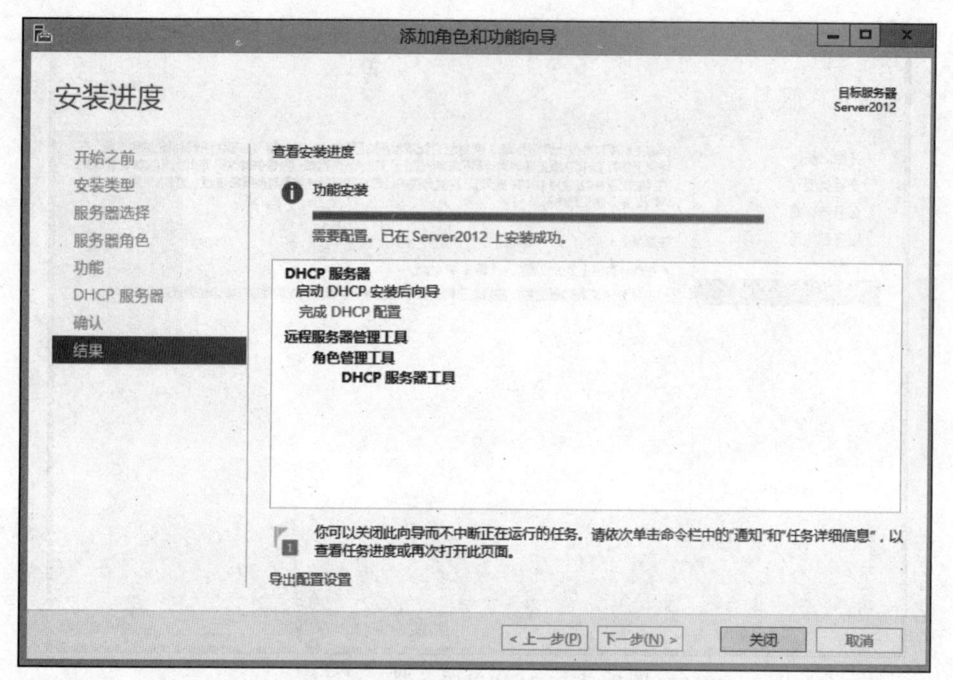

图 9－10　“安装进度”对话框

9.2.2　新建 DHCP 服务器作用域

步骤 1：单击“开始”→“DHCP”，打开 DHCP 窗口，如图 9－11 所示。在 DHCP 窗口左侧窗格中右击 IPv4，在弹出的快捷菜单中选择“新建作用域”命令。

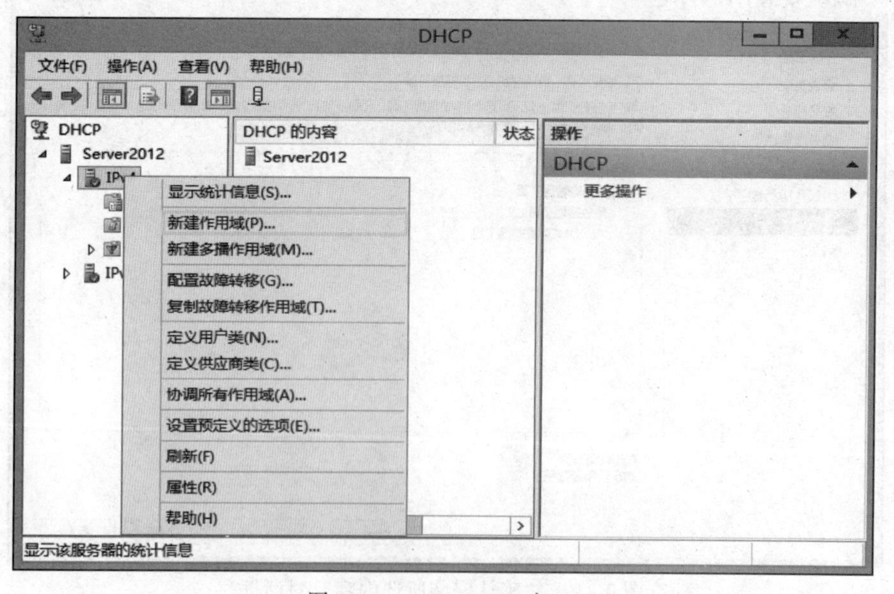

图 9－11　“DHCP”窗口

步骤 2：弹出“欢迎使用新建作用域向导”对话框，如图 9－12 所示。单击“下一步”

按钮。

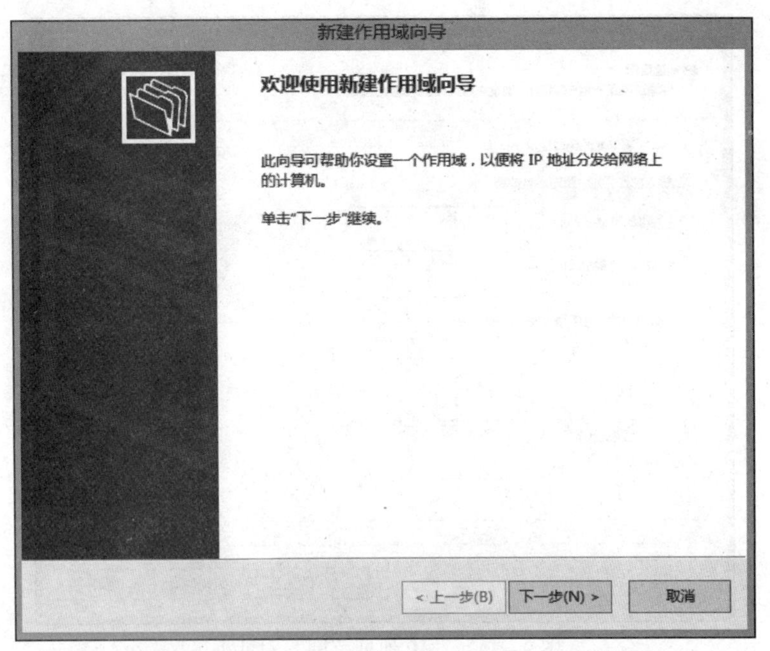

图 9－12 “欢迎使用新建作用域向导”对话框

步骤3：弹出“作用域名称”对话框，如图 9－13 所示。输入作用域的名称和描述信息，单击“下一步”按钮。

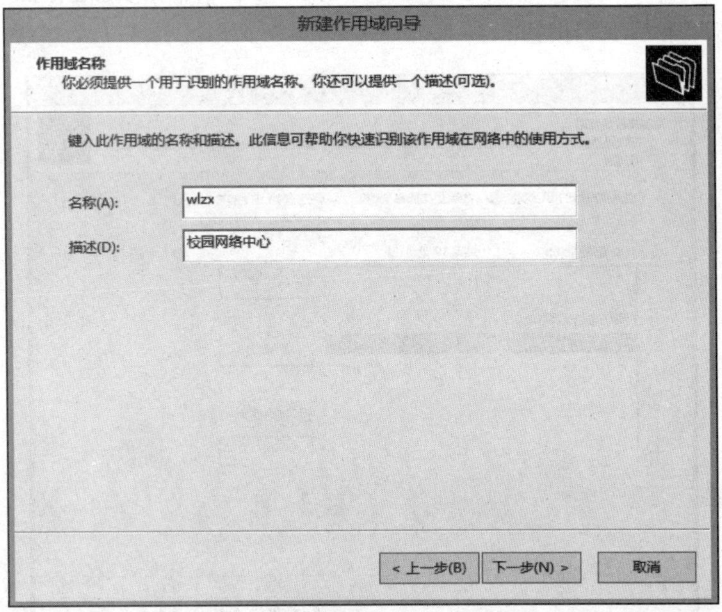

新建作用域向导
作用域名称
你必须提供一个用于识别的作用域名称。你还可以提供一个描述(可选)。
键入此作用域的名称和描述。此信息可帮助你快速识别该作用域在网络中的使用方式。
名称(A): wlzx
描述(D): 校园网络中心
< 上一步(B) 下一步(N) > 取消

图 9－13 “作用域名称”对话框

步骤4：弹出“IP 地址范围”对话框，如图9－14 所示。输入新建作用域可以分配的 IP 地址范围。在“起始 IP 地址”中输入 192.168.1.1，在“结束 IP 地址”中输入 192.168.1.254。输入完毕后，长度和子网掩码中会自动填入 24 和 255.255.255.0。确认无误后，单击“下一步”按钮。

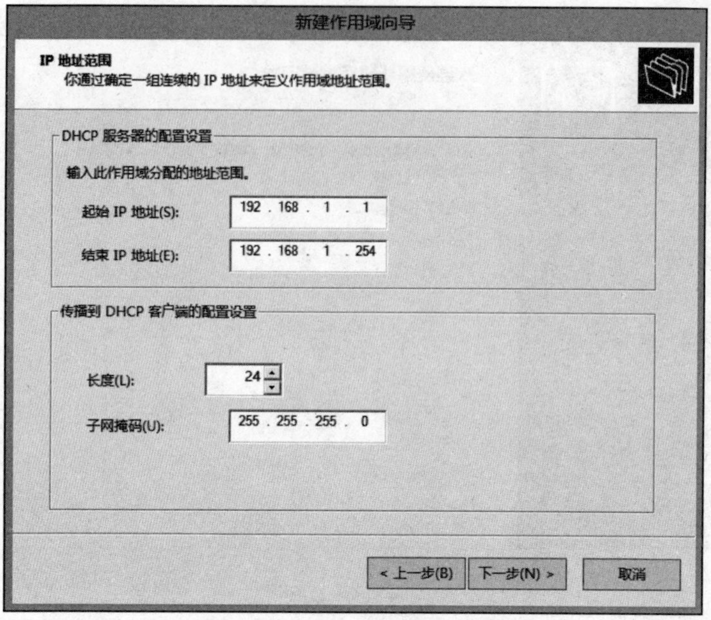

图 9 – 14　“IP 地址范围”对话框

步骤 5：弹出“添加排除和延迟”对话框，如图 9 – 15 所示。输入需要排除的 IP 地址范围，如果要排除单个地址，只需在“起始 IP 地址”中输入地址即可。注意，输入完毕后要单击“添加”按钮，将输入的排除 IP 地址范围添加到“排除的地址范围”文本框中。确认无误后，单击“下一步”按钮。

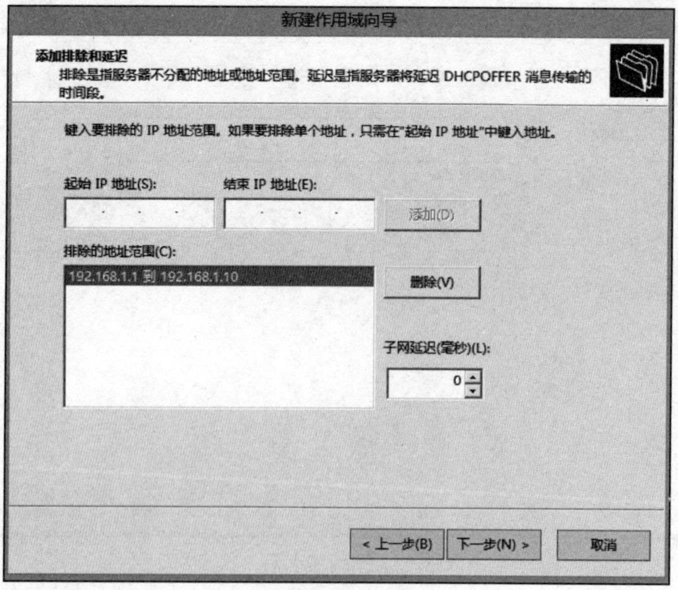

图 9 – 15　“添加排除和延迟”对话框

步骤 6：弹出“租用期限”对话框中，如图 9 – 16 所示。设置 DHCP 服务器分发时的作用域的租用期限，系统默认是 8 天，这里采用其默认值，单击“下一步”按钮。

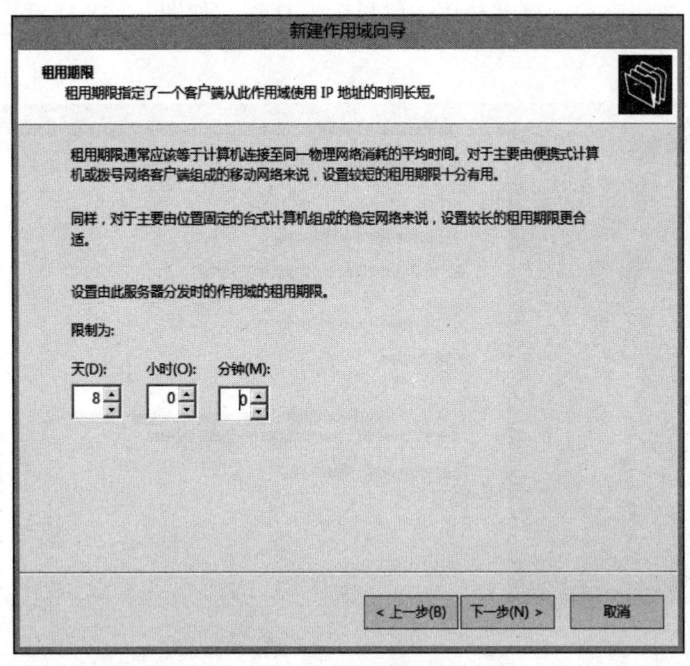

图9－16　“租用期限”对话框

步骤7：弹出“配置 DHCP 选项”对话框，如图9－17所示。该对话框提示是否要立即为新建作用域配置 DHCP 选项，暂时先不进行配置，故选中“否，我想稍后配置这些选项”单选按钮，单击“下一步”按钮。

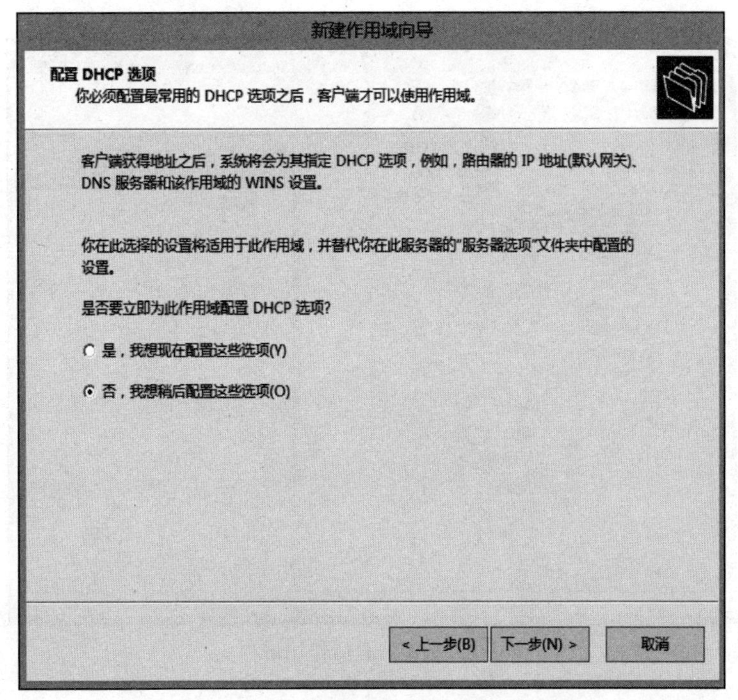

图9－17　“配置 DHCP 选项”对话框

步骤8：弹出“正在完成新建作用域向导”对话框，如图9－18所示。确定所有配置都无误的情况下，单击“完成”按钮。

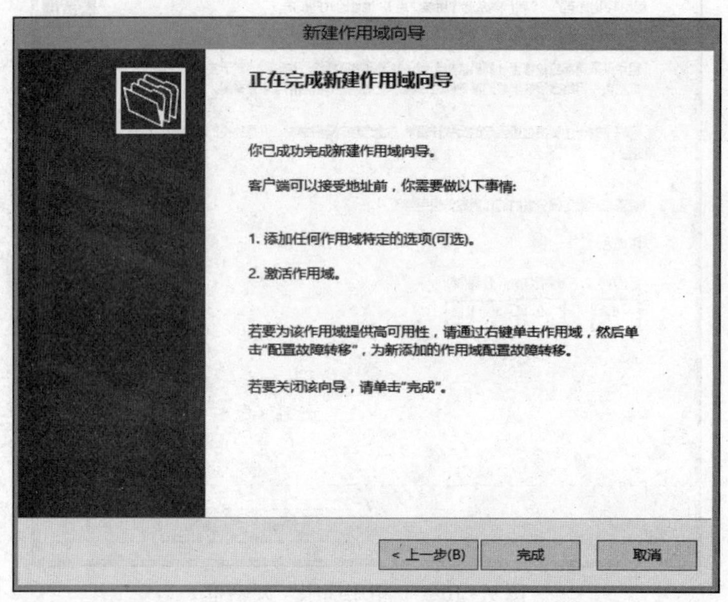

图9－18　“正在完成新建作用域向导”对话框

步骤9：作用域创建完毕后还不能起作用，必须激活才能正常工作。右击DHCP窗口左侧窗格中的“作用域”，在弹出的快捷菜单中选择“激活”命令，激活该作用域即可，如图9－19所示。

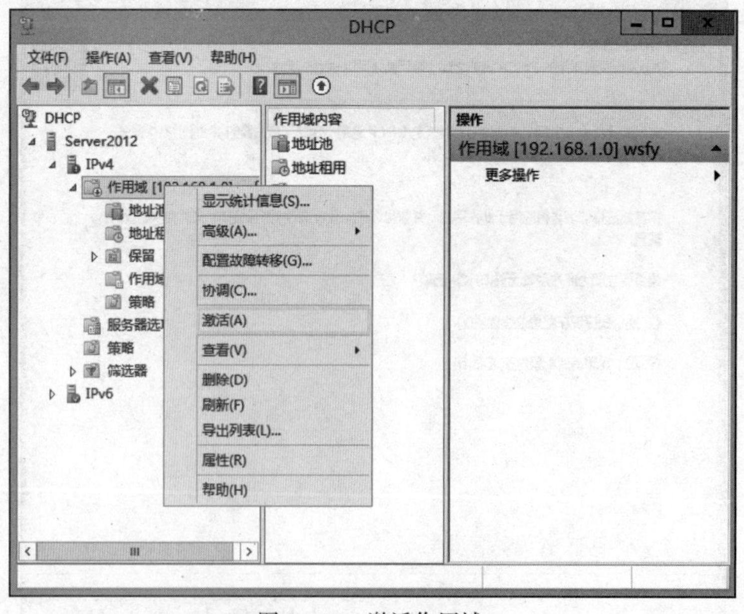

图9－19　激活作用域

9.2.3　保留地址

在组建网络时如果用户想保留特定的 IP 地址给指定的客户机，使该客户机每次启动时都能获得相同的 IP 地址。配置时需要将这个特定的 IP 地址与该客户机的 MAC 地址绑定。

步骤 1：打开 DHCP 窗口，在左侧窗格中展开新建的作用域，如图 9－20 所示。右击“保留”，在弹出的快捷菜单中选择“新建保留”命令。

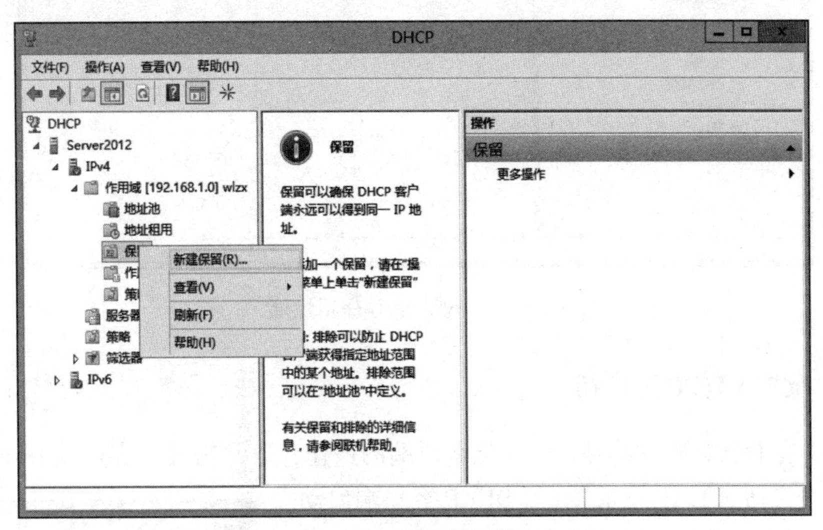

图 9－20　展开作用域

步骤 2：弹出“新建保留”对话框，输入相应的信息，如图 9－21 所示。

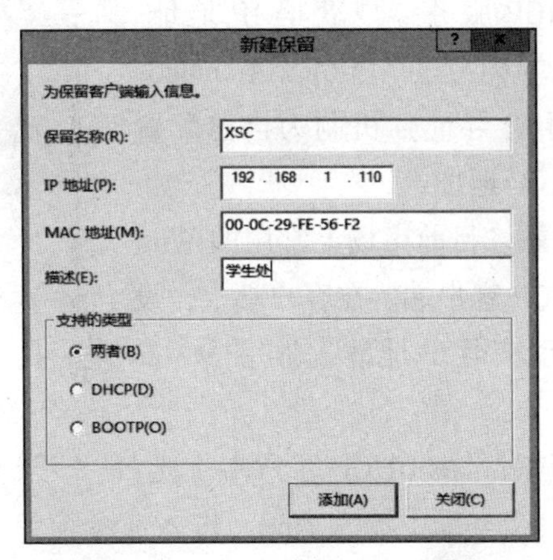

图 9－21　“新建保留”对话框

（1）保留名称：输入使用保留地址的用户名称，不能为空。

（2）IP 地址：输入需要保留的 IP 地址。

（3）MAC 地址：输入使用保留 IP 地址的客户机的网卡地址。

（4）描述：对用户信息的描述，可以为空。

步骤 3：单击“添加”按钮，完成保留地址的设置。单击“关闭”按钮，返回 DHCP 窗口，可以看到新建的保留地址，如图 9－22 所示。

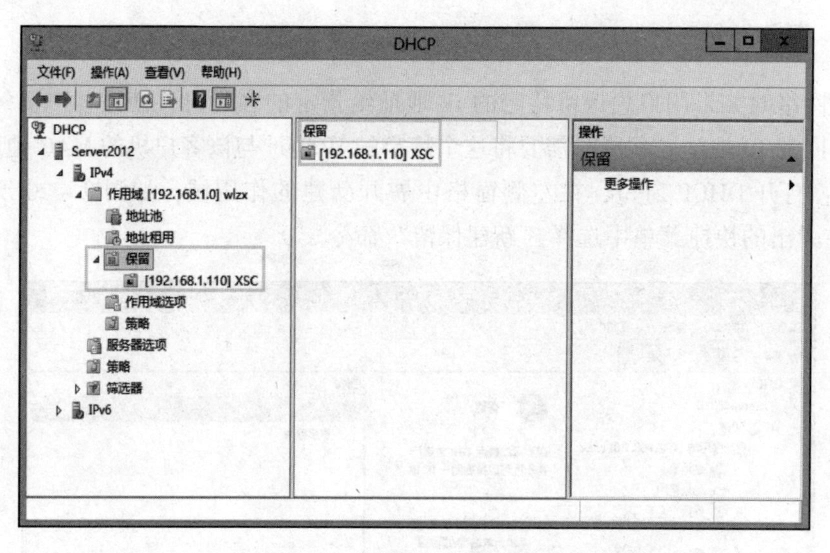

图9-22 查看新建保留地址

9.2.4 配置DHCP客户端

当网络中有DHCP服务器时，为简化客户端的操作，通常需要将客户端IP地址的获取方式设置为“自动获取IP地址”。当DHCP客户端启动时，会自动从DHCP服务器端获得各自的IP地址。如果客户端无法从服务器端获得IP地址，客户端会每隔5 min自动搜索网络中的DHCP服务器以获得IP地址。在未获得IP地址之前，客户端会通过APIPA（Automatic Private IP Address，自动专用IP寻址）机制为自己配置一个169.254.0.0/16格式的IP地址。

步骤1：配置DHCP客户端。目前市场上常用的Windows操作系统都可以作为DHCP客户端。在客户端上，设置IP地址的获取方式为“自动获得IP地址”，如图9-23所示。

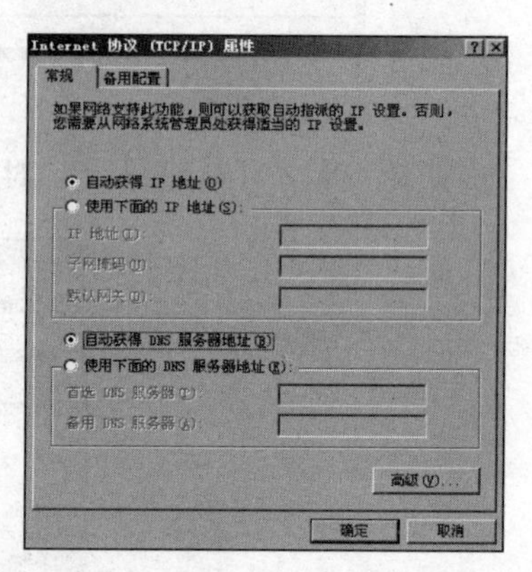

图9-23 设置“自动获得IP地址”

步骤2：测试DHCP客户端。在DHCP客户端上选择“开始”→“运行”命令，弹出“运行”对话框，在“打开”文本框中输入cmd，进入命令窗口。在命令窗口中输入ipconfig命令，如图9-24所示；在命令窗口中输入ipconfig/all命令，查看客户端IP地址等信息，如图9-25所示。

步骤3：释放DHCP客户端IP地址。在DHCP客户端上选择“开始”→“运行”命令，弹出“运行”对话框，在“打开”文本框中，输入cmd，进入命令窗口。在命令窗口中输入ipconfig/release命令，可释放DHCP客户端的IP地址，如图9-26所示。

```
C:\WINDOWS\system32\cmd.exe
Microsoft Windows XP [版本 5.1.2600]
(C) 版权所有 1985-2001 Microsoft Corp.

C:\Documents and Settings\Administrator>ipconfig

Windows IP Configuration


Ethernet adapter 本地连接:

        Connection-specific DNS Suffix  . :
        IP Address. . . . . . . . . . . . : 192.168.1.11
        Subnet Mask . . . . . . . . . . . : 255.255.255.0
        Default Gateway . . . . . . . . . :

C:\Documents and Settings\Administrator>
```

图9-24　输入ipconfig命令

```
C:\WINDOWS\system32\cmd.exe

C:\Documents and Settings\Administrator>ipconfig /all

Windows IP Configuration

        Host Name . . . . . . . . . . . . : 7b4032355d2048d
        Primary Dns Suffix  . . . . . . . :
        Node Type . . . . . . . . . . . . : Unknown
        IP Routing Enabled. . . . . . . . : No
        WINS Proxy Enabled. . . . . . . . : No

Ethernet adapter 本地连接:

        Connection-specific DNS Suffix  . :
        Description . . . . . . . . . . . : VMware Accelerated AMD PCNet Adapter

        Physical Address. . . . . . . . . : 00-0C-29-F5-5B-81
        Dhcp Enabled. . . . . . . . . . . : Yes
        Autoconfiguration Enabled . . . . : Yes
        IP Address. . . . . . . . . . . . : 192.168.1.11
        Subnet Mask . . . . . . . . . . . : 255.255.255.0
        Default Gateway . . . . . . . . . :
        DHCP Server . . . . . . . . . . . : 192.168.1.8
        Lease Obtained. . . . . . . . . . : 2019年2月26日 23:09:13
        Lease Expires . . . . . . . . . . : 2019年3月6日 23:09:13

C:\Documents and Settings\Administrator>
```

图9-25　查看客户端IP地址等信息

```
C:\WINDOWS\system32\cmd.exe

C:\Documents and Settings\Administrator>ipconfig /release

Windows IP Configuration


Ethernet adapter 本地连接:

        Connection-specific DNS Suffix  . :
        IP Address. . . . . . . . . . . . : 0.0.0.0
        Subnet Mask . . . . . . . . . . . : 0.0.0.0
        Default Gateway . . . . . . . . . :

C:\Documents and Settings\Administrator>_
```

图9-26　释放DHCP客户端的IP地址

步骤4：更新DHCP客户端IP地址。在DHCP客户端上选择“开始”→“运行”命令，弹出“运行”对话框，在“打开”文本框中输入cmd，进入命令窗口。在命令窗口输入ipconfig/renew命令，可更新DHCP客户端的IP地址。

9.2.5 安装 Web 服务器（IIS）角色

步骤 1：选择“开始”→“服务器管理”打开“服务器管理器”窗口。单击“管理”→选择“添加角色和功能”，启动“添加角色和功能向导”，在弹出的“开始之前”对话框中单击“下一步”按钮，如图 9－27 所示。

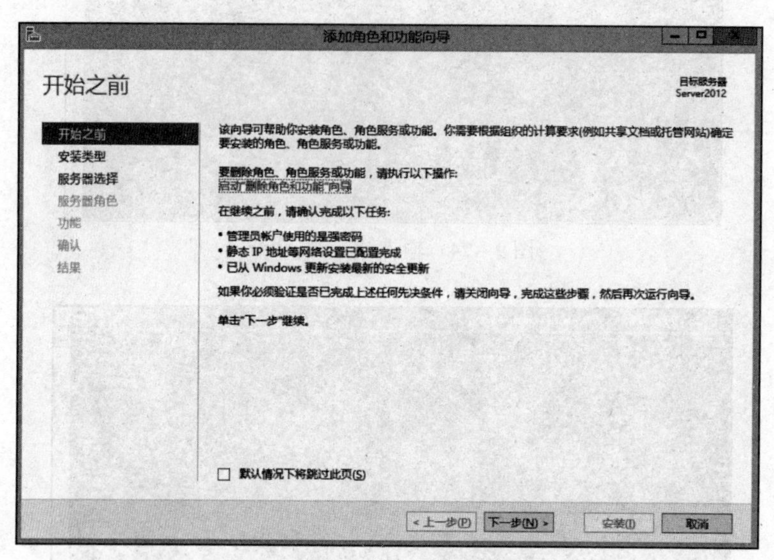

图 9－27　“开始之前”对话框

步骤 2：弹出“选择安装类型”对话框，如图 9－28 所示。选中“基于角色或基于功能的安装”单选按钮，单击“下一步”按钮。

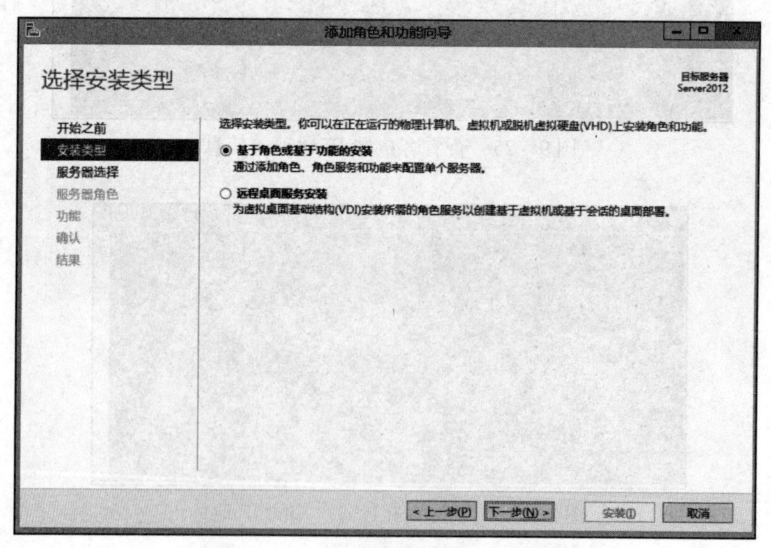

图 9－28　“选择安装类型”对话框

步骤 3：弹出“选择目标服务器”对话框，如图 9－29 所示。选中“从服务器池中选择服务器”单选按钮，单击“下一步”按钮。

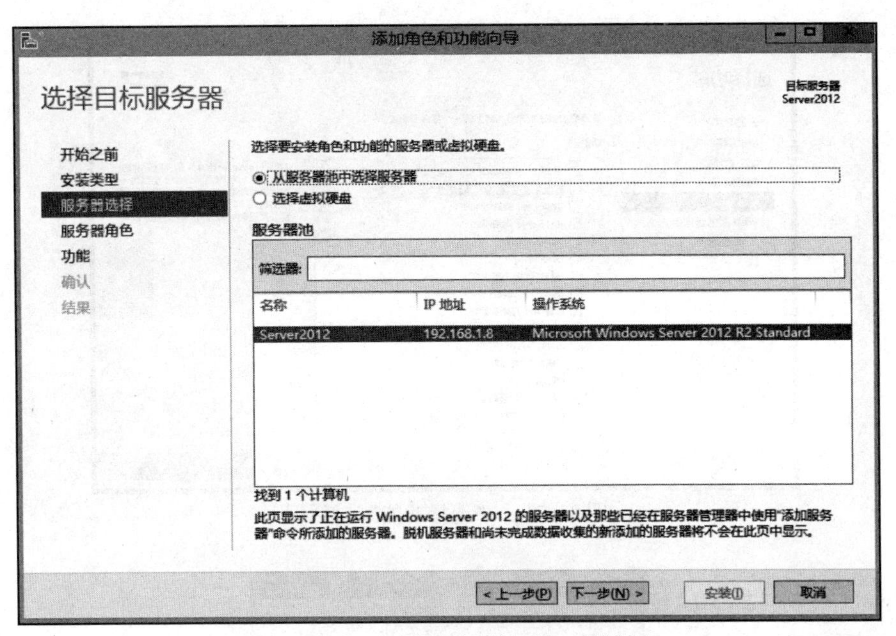

图 9－29 “选择目标服务器”对话框

步骤4：弹出“选择服务器角色”对话框，选中“Web 服务器（IIS）”复选框，单击“下一步”按钮，如图 9－30 所示。

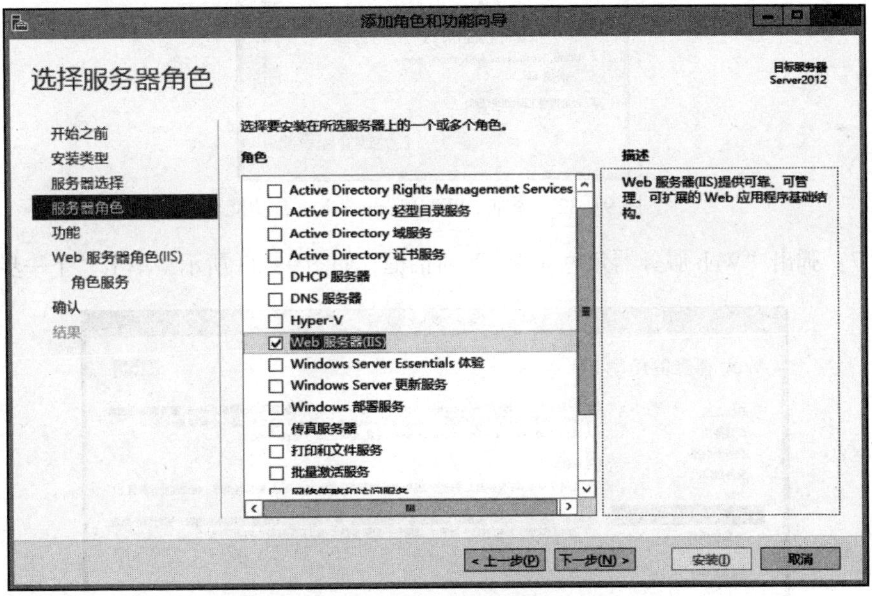

图 9－30 “选择服务器角色”对话框

步骤5：弹出“选择功能”对话框，如图 9－31 所示。选择要安装在所选服务器上的一个或多个功能，选中“. NET Framework 4. 5 功能”复选框。

步骤6：在弹出的图 9－32 所示的对话框中单击“添加功能”按钮，返回“选择功能”对话框，单击“下一步”按钮。

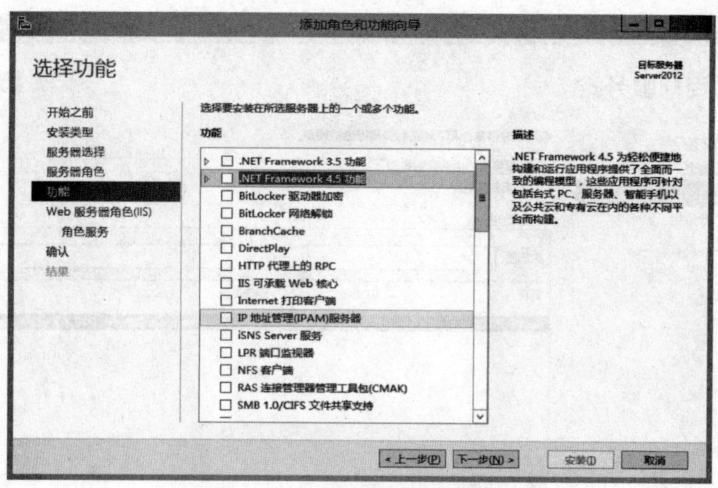

图 9－31　“选择功能”对话框

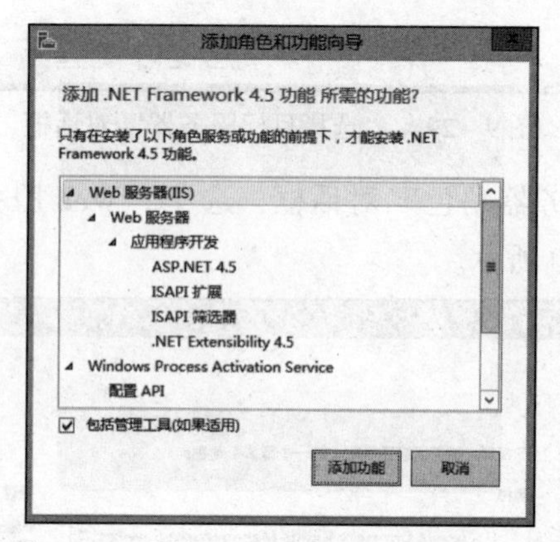

图 9－32　添加 . NET Framework 4. 5 功能

步骤 7：弹出“Web 服务器角色（IIS)”对话框，如图 9－33 所示，单击“下一步”按钮。

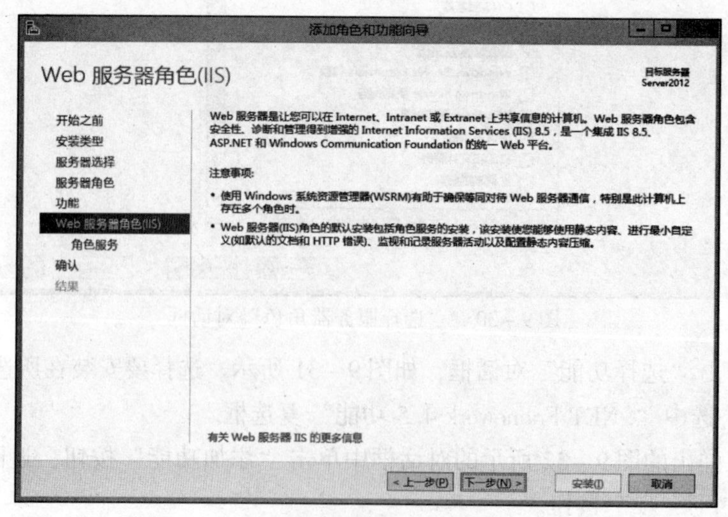

图 9－33　“Web 服务器角色（IIS)”对话框

步骤8：弹出“选择角色服务”对话框，如图9-34所示。选中“FTP服务器”“管理工具”复选框及其下面的子复选框，单击“下一步”按钮。

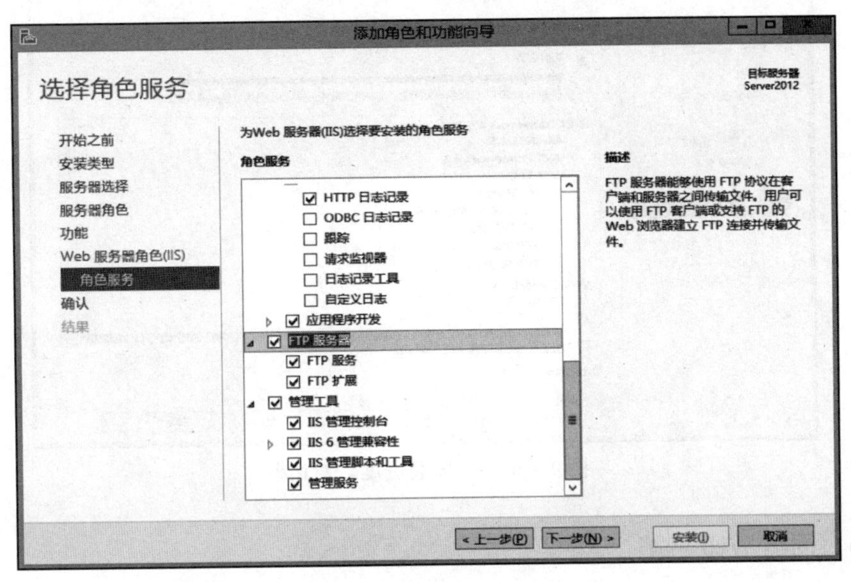

图9-34 “选择角色服务”对话框

步骤9：弹出“确认安装所选内容”对话框，如图9-35所示。确认要在所选服务器上安装的角色、角色服务或功能，确认完毕后，单击“安装”按钮。

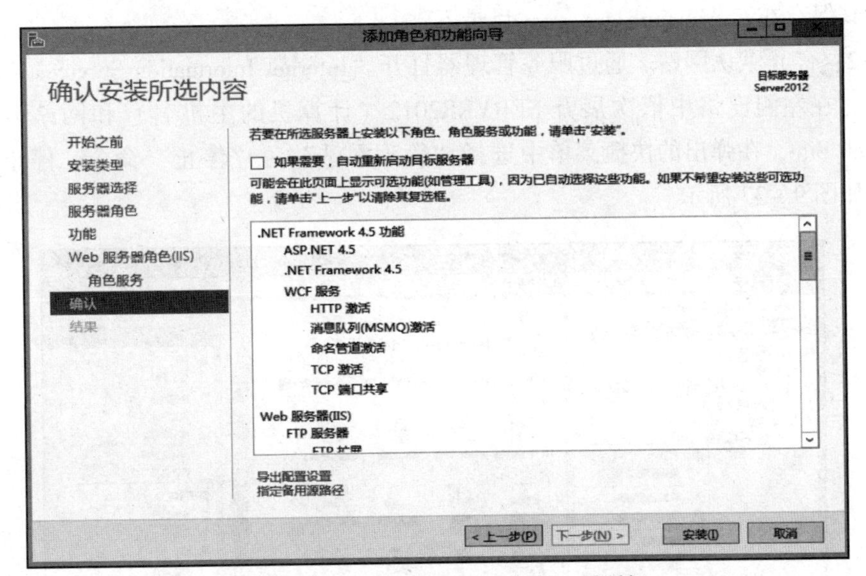

图9-35 “确认安装所选内容”对话框

步骤10：弹出“安装进度”对话框，如图9-36所示。在该对话框中可以查看安装进度，安装完毕后，单击“关闭”按钮。

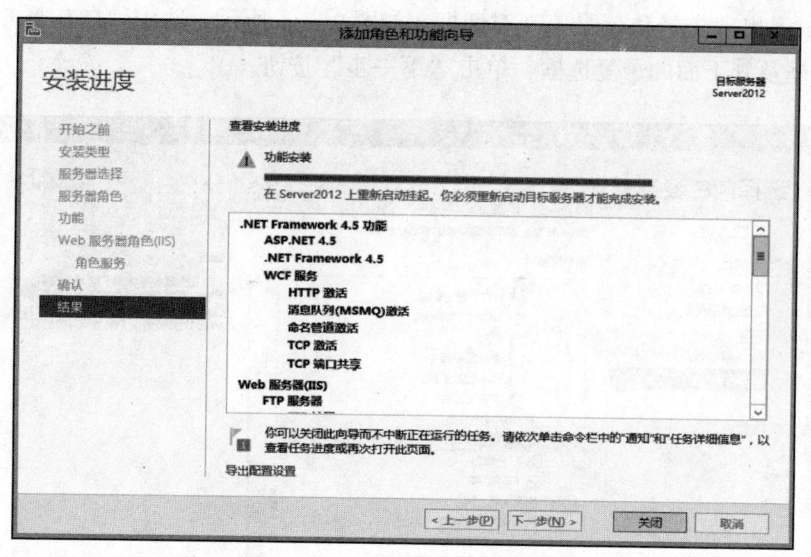

图 9 - 36　“安装进度”对话框

9.2.6　创建 Web 网站

在 Web 服务器上创建一个网站，用户在客户端计算机上即可通过服务器的 IP 地址对该网站进行访问。其具体操作步骤如下。

步骤 1：创建网页文件。用记事本或 Dreamweaver 软件新建名称为 index. html 的网页文件，并将其保存在 C:\inetpub\wwwroot 目录下。

步骤 2：停止默认网站。通过服务管理器打开“Internet Information Services（IIS）管理器”窗口，在左侧窗格中依次展开 SERVER2012（计算机的主机名）和网站节点。右击 Default Web Site，在弹出的快捷菜单中选择“管理网站”→“停止”命令，停止默认运行的网站，如图 9 - 37 所示。

图 9 - 37　停止默认运行的网站

步骤3：创建 Web 网站。

（1）在“Internet Information Services（IIS）管理器”窗口的左侧窗格中展开 SERVER2012，右击“网站”，在弹出的快捷菜单中选择“添加网站”命令，弹出“添加网站”对话框，如图9－38所示。

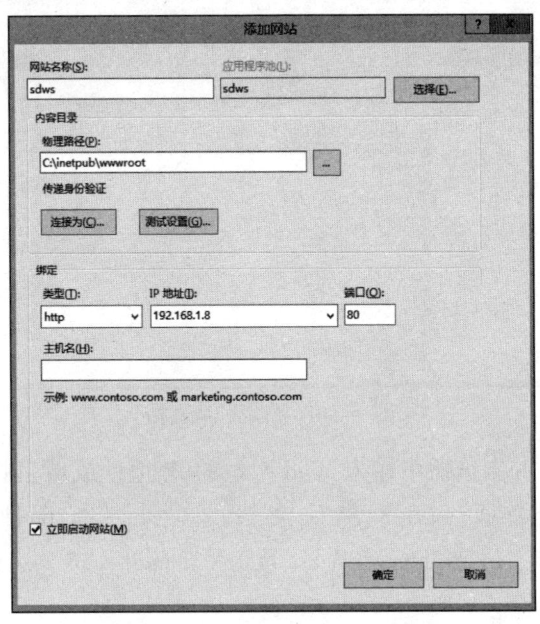

图9－38　“添加网站”对话框

（2）在“添加网站”对话框中可以设置网站名称、应用程序池、网站内容目录、传递身份验证、网站类型、IP 地址、端口号、主机名及是否启动网站等信息。本任务中将网站名称设置为 sdws，物理路径设置为 C：\ inetpub \ wwwroot，类型为 http，IP 地址为 192.168.1.8（本机的 IP 地址），默认端口号为80，选中“立即启动网站”复选框，单击“确定”按钮，完成 Web 网站的创建。

（3）返回“Internet Information Services（IIS）管理器”窗口，可以看到刚才创建的网站已启动，如图9－39所示。

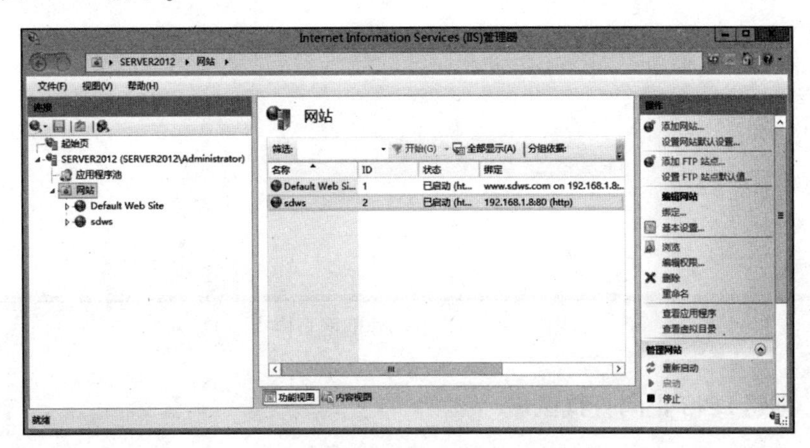

图9－39　新创建的网站已启动

（4）单击左侧窗格中的 sdws，在右侧窗格中双击“默认文档”，打开默认文档设置窗口，如图 9－40 所示。在该窗口中查看是否有名为 index. html 的文档，如果有，则将其移动至最顶端；如果没有则进行添加。添加后将其移动到最顶端，可加快浏览速度。

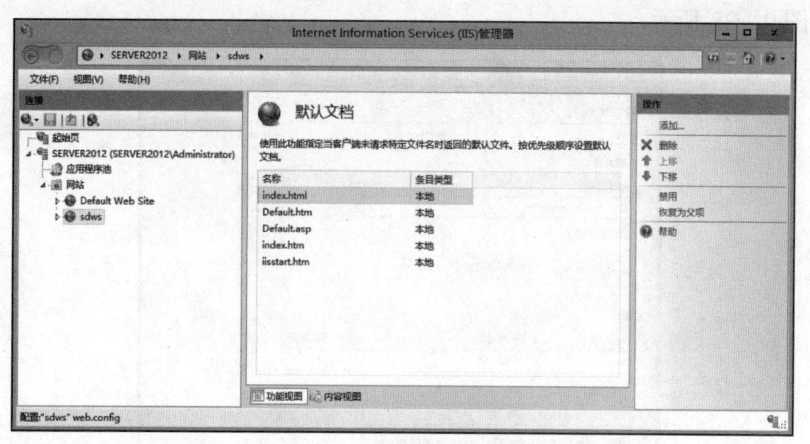

图 9－40　指定默认文档

默认文档是指在 Web 浏览器中输入 Web 网站的 IP 地址或域名打开的 Web 页面，这个页面一般称为主页或首页。IIS 8 默认文档的文件名有 6 种，分别为 index. html、Default. htm、Default. asp、Index. htm、iisstart. htm 和 default. aspx。这也是大多网站主页或首页常用的文件名。

（5）浏览网站。打开浏览器，在浏览器地址栏中输入 http://192. 168. 1. 8，即可查看刚才所创建的网页内容，如图 9－41 所示。

图 9－41　查看创建的网页内容

9. 2. 7　创建 DNS 正向查找区域

步骤 1：选择“开始”→“服务器管理”命令，打开“服务器管理器”窗口。选择

"工具"→"DNS"命令，打开"DNS管理器"窗口。在"DHCP管理器"窗口左侧窗格中右击"正向查找区域"，在弹出的快捷菜单中选择"新建区域"命令，如图9-42所示。

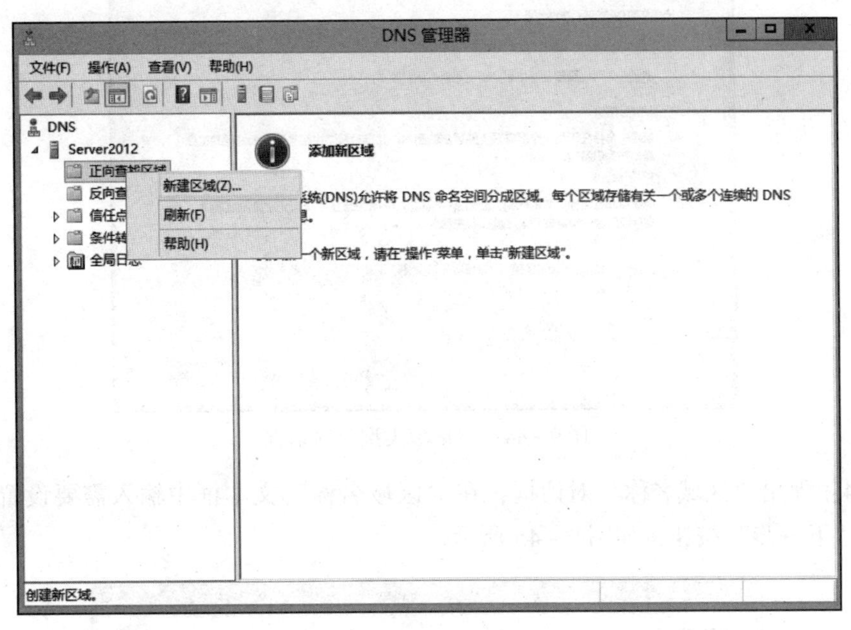

图9-42　"DNS管理器"窗口

步骤2：弹出"欢迎使用新建区域向导"对话框，单击"下一步"按钮，如图9-43所示。

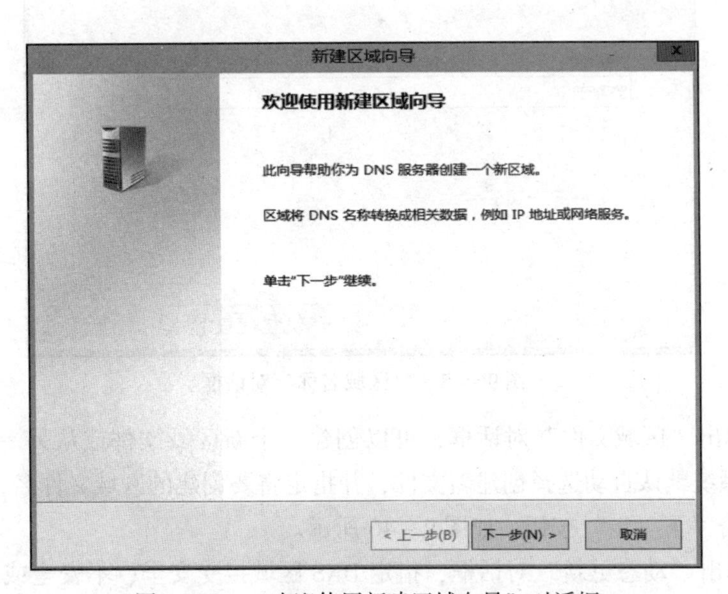

图9-43　"欢迎使用新建区域向导"对话框

步骤3：在弹出的"区域类型"对话框中选中"主要区域"单选按钮，单击"下一步"按钮，如图9-44所示。

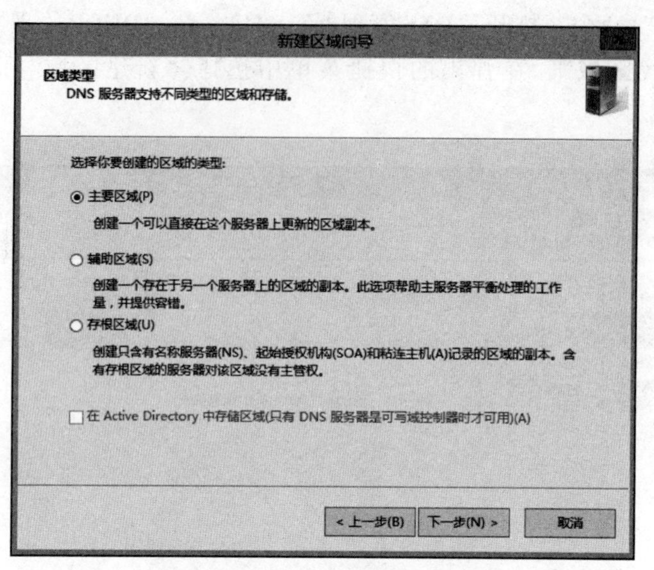

图 9－44　“区域类型”对话框

步骤 4：弹出“区域名称”对话框，在“区域名称”文本框中输入需要设置的区域名称，单击“下一步”按钮，如图 9－45 所示。

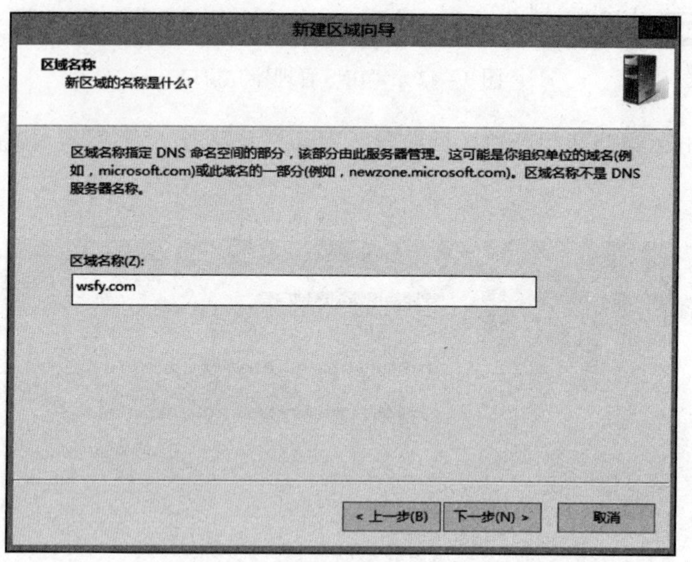

图 9－45　“区域名称”对话框

步骤 5：弹出“区域文件”对话框，可以创建一个新区域文件或从另一个 DNS 服务器复制的文件。系统默认自动选择创建新文件，并指定将要创建的区域文件名，这里采用默认设置即可，单击“下一步”按钮，如图 9－46 所示。

步骤 6：弹出“动态更新”对话框，指定 DNS 区域接受安全、不安全或非动态的更新。此处选中“不允许动态更新”单选按钮，单击“下一步”按钮，如图 9－47 所示。

步骤 7：弹出“正在完成新建区域向导”对话框，确认新建区域所设置的内容，单击“完成”按钮，如图 9－48 所示。

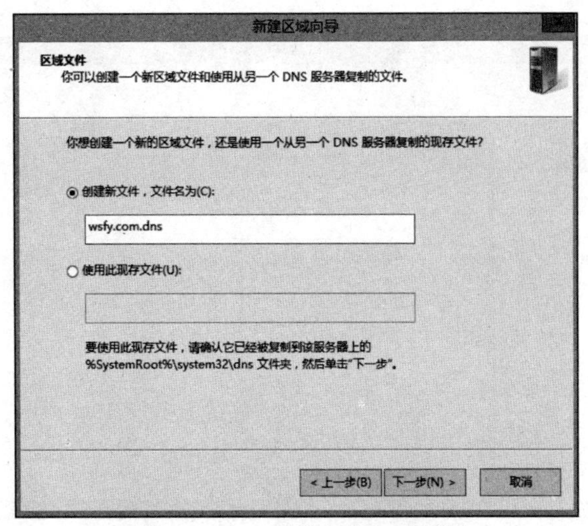

图 9－46　“区域文件”对话框

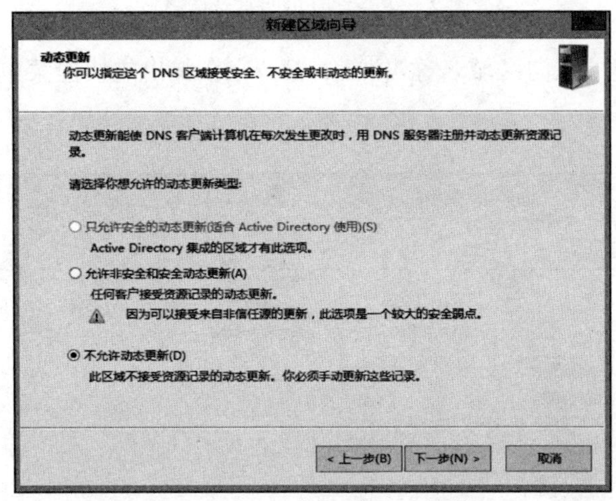

图 9－47　“动态更新”对话框

步骤 8：返回“DNS 管理器”窗口，在右侧窗格中会看到新创建的正向查找区域，如图 9－49 所示。

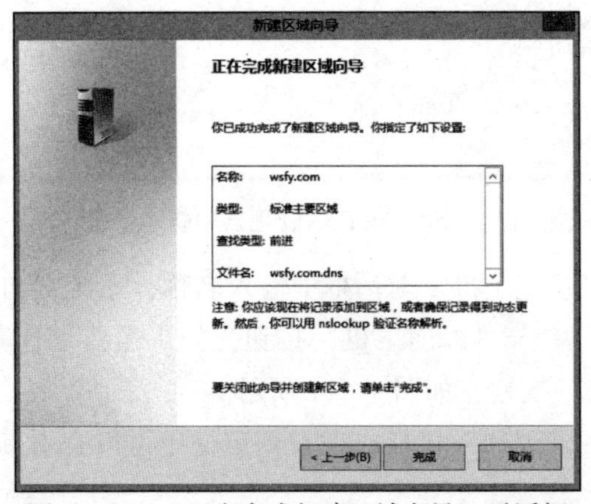

图 9－48　“正在完成新建区域向导”对话框

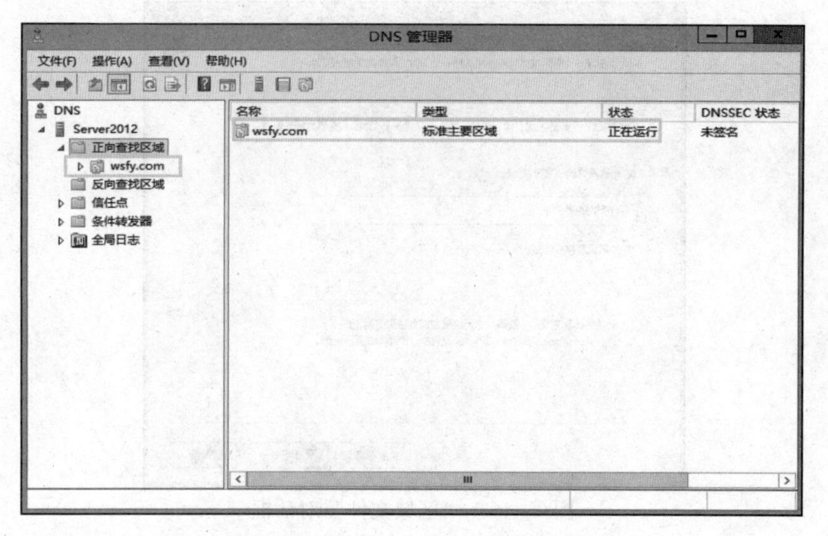

图 9－49　查看正向查找区域

步骤 9：右击新建的正向区域名称（wsfy. com），在弹出的快捷菜单中选择“新建主机”命令，如图 9－50 所示。

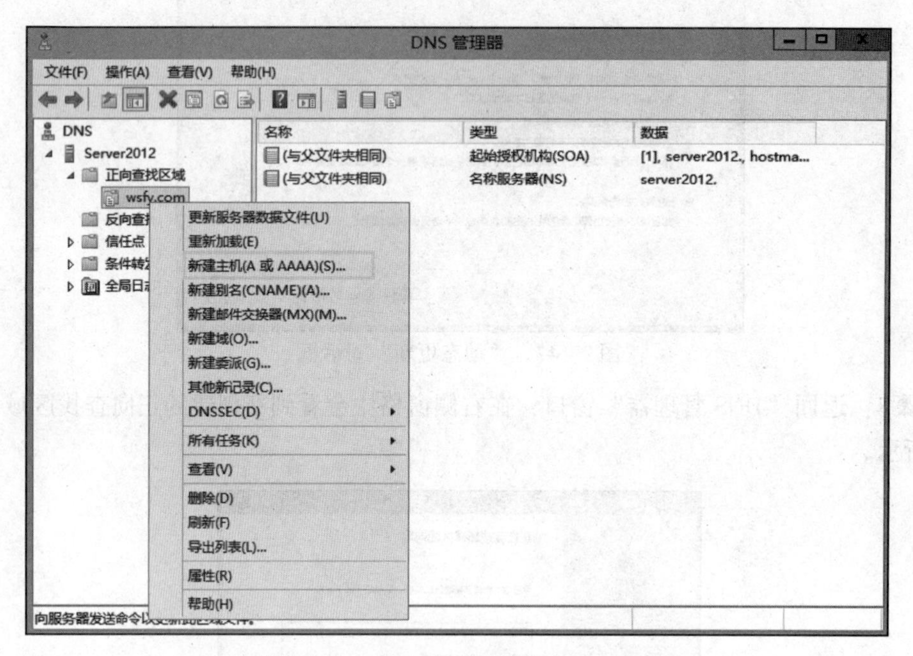

图 9－50　在 DNS 管理器中新建主机

步骤 10：在弹出的“新建主机”对话框中输入名称，系统会自动连接成一个完全限定的域名。指定 IP 地址后，单击“添加主机”按钮，如果需要创建其他主机可以继续添加。添加完毕后，单击“完成”按钮，如图 9－51 所示。

步骤 11：返回“DNS 管理器”窗口，在右侧窗格中可以查看新建主机的相关信息，如图 9－52 所示。

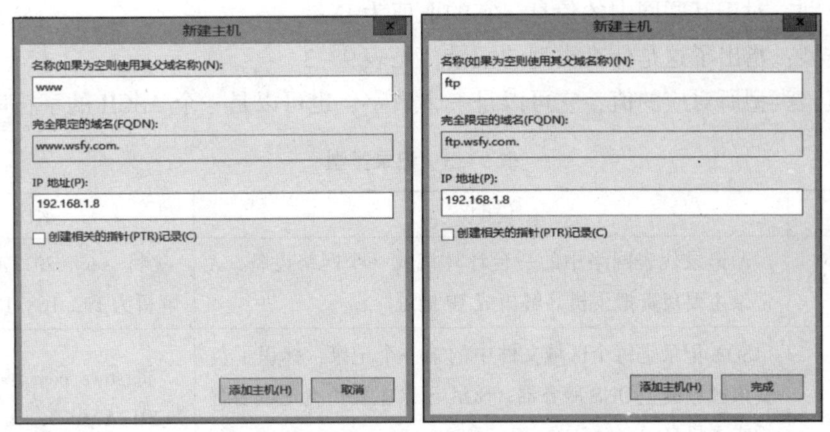

图9－51　“新建主机”对话框

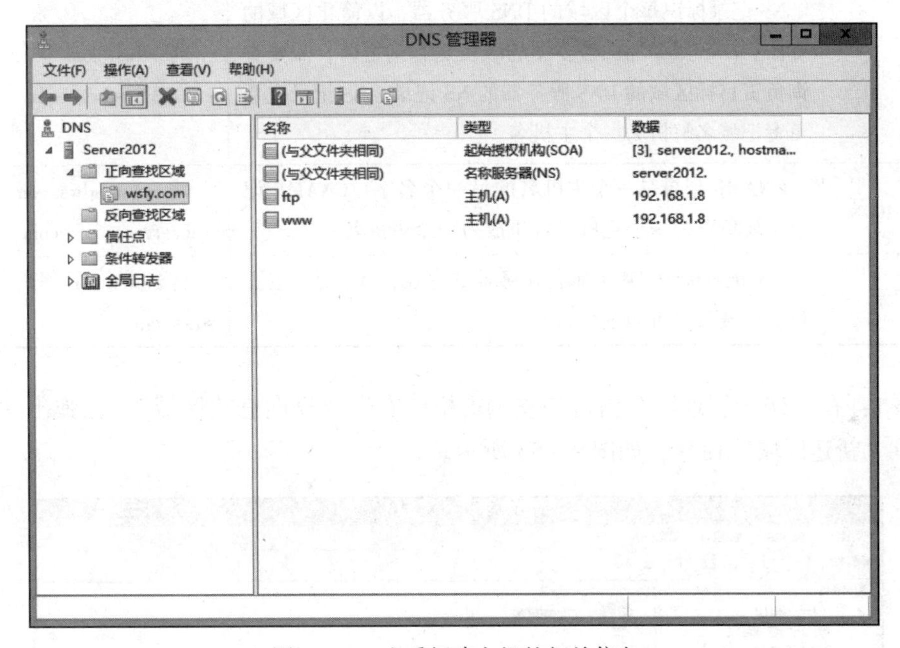

图9－52　查看新建主机的相关信息

9.2.8　创建DNS反向查找区

资源记录（Resource Records）：每个域无论是单主机域还是顶级域，都可以有一组与它相关联的资源记录。当一个解析器把域名传递给DNS时，DNS返回的是与该域名相关联的资源记录。DNS的主要功能就是将域名映射到资源记录上。

一个资源记录包括5个部分：域名、生存期、类别、类型和值。

（1）域名：指出这条记录适用哪个域。通常每个域有多条记录，数据库就保存了多个域的信息；域名字段是匹配查询条件的主要关键字；记录在数据库中的顺序是无关紧要的。

（2）生存期：指示该条记录的稳定程度。极稳定的信息会被分配一个很大的值，如86 400（一天时间的秒数）。非常不稳定的信息会被分配一个很小的值，如60（1 min）。

（3）类别：对于互联网中的信息，它的取值为 IN。

（4）类型：指出了这是什么类型的记录，见表 9－3。

（5）值：类型所对应的值，它可以是一个数字，也可以是一个 ASCII 的字符串。

表 9－3　记录类型

记录类型	说明	示例
主机记录（A）	A 记录代表网络中的一台计算机或一个网络设备，A 记录主要负责把主机名解析成 IP 地址	将 server2012A. sdws. com 解析为 192. 168. 1. 8
SOA 记录	SOA 记录是每个区域文件中的第一个记录，标识了负责该区域的主 DNS 服务器。SOA 记录主要负责把域名解析成主机名	将 sdws. com 解析为 server2012A. sdws. com
NS 记录	NS 记录标识每个区域的 DNS 服务器，以简化区域的委派。DNS 服务器向被委派的域发送查询之前，需要查询负责目标区域的 DNS 服务器的 NS 记录。NS 记录主要负责把域名解析为一个主机名	将 sdws. com 解析为 server2012A. sdws. com
CNAME 记录	CNAME 记录是一个主机名的另一个名字。CNAME 记录主要负责把一个主机名解析成另一个主机名	将 www. sdws. com 解析为 webserver. sdws. com
MX 记录	MX 记录标识 SMTP 邮件服务器的存在，MX 记录主要负责把域名解析为主机名	将 sdws. com 解析为 smtp. sdws. cm

步骤 1：在“DNS 管理器”窗口的左侧窗格中右击“反向查找区域”，在弹出的快捷菜单中选择“新建区域”命令，如图 9－53 所示。

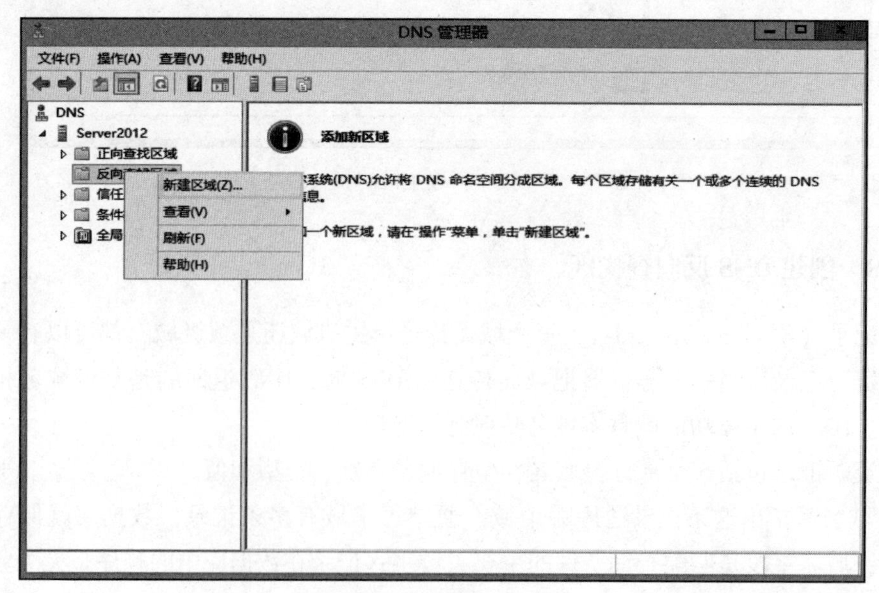

图 9－53　创建反向区域

步骤2：在弹出的“欢迎使用新建区域向导”对话框中单击“下一步”按钮，如图9－54所示。

步骤3：弹出“区域类型”对话框，选中“主要区域”单选按钮，单击“下一步”按钮，如图9－55所示。

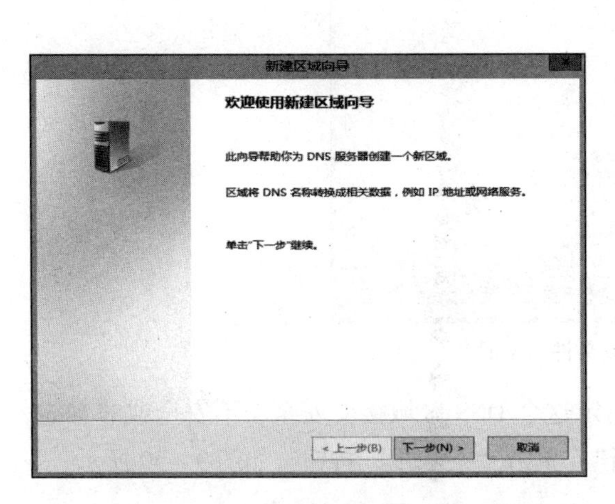

图9－54　“欢迎使用新建区域向导”对话框

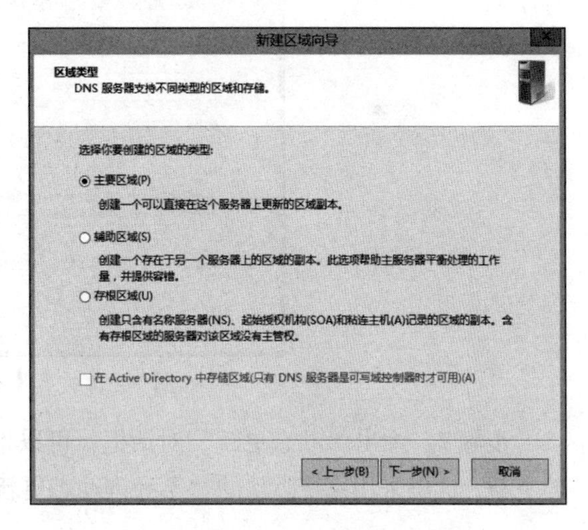

图9－55　“区域类型”对话框

步骤4：弹出“反向查找区域名称”对话框，选中“IPv4 反向查找区域”单选按钮，单击“下一步”按钮，如图9－56所示。

步骤5：在弹出的“反向查找区域名称”对话框中输入网络ID，单击“下一步”按钮，如图9－57所示。

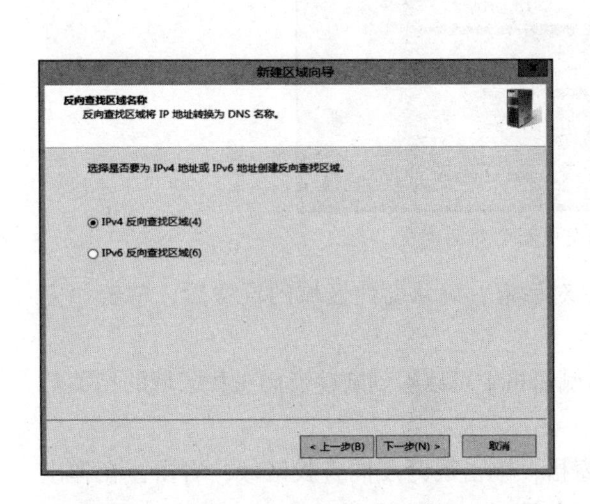

图9－56　“反向查找区域名称”对话框（一）

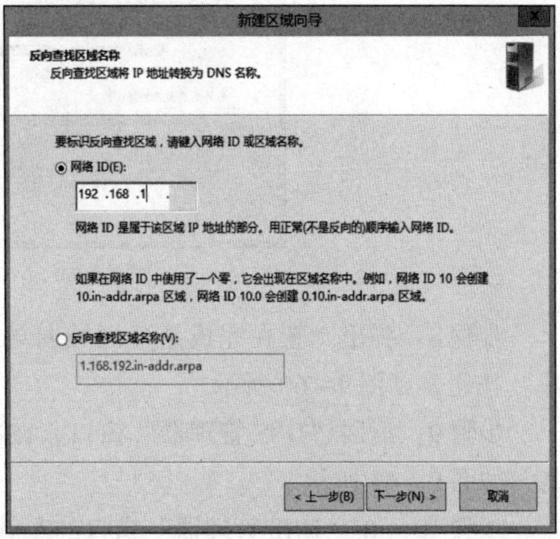

图9－57　“反向查找区域名称”对话框（二）

步骤6：弹出“区域文件”对话框，可以创建一个新区域文件或使用从另一个DNS服务器复制的文件，系统默认选择创建新文件，并自动指定新文件的名称，这里采用默认设置即可，单击“下一步”按钮，如图9－58所示。

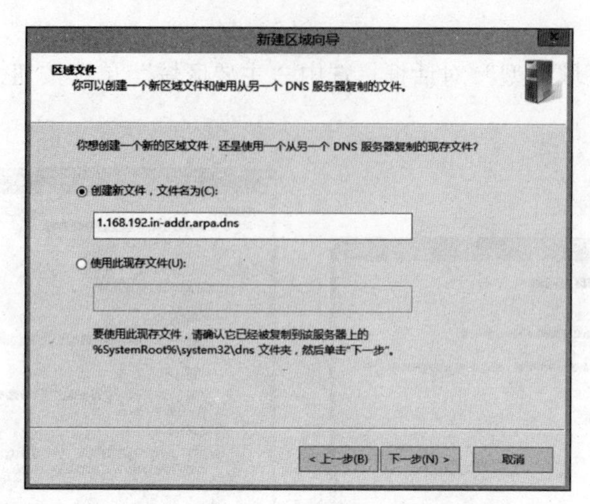

图9－58　“区域文件”对话框

步骤7：弹出“动态更新”对话框，可以指定这个DNS区域接受安全、不安全或非动态的更新，这里采用系统默认的“不允许动态更新”，单击“下一步”按钮，如图9－59所示。

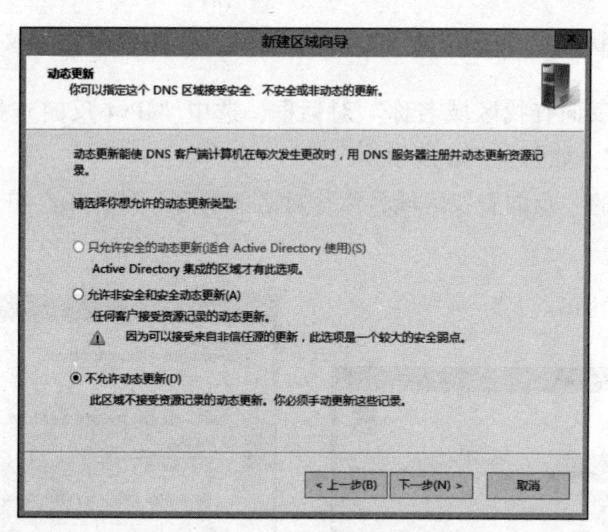

图9－59　“动态更新”对话框

步骤8：弹出“正在完成新建区域向导”对话框，确认新建区域的设置后，单击“完成”按钮，如图9－60所示。

步骤9：返回“DNS管理器”窗口，在右侧窗格中可以看到新建反向查找区域的相关信息，如图9－61所示。

步骤10：在“DNS管理器”窗口的左侧窗格，单击展开反向查找区域，右击，在弹出的快捷菜单中选择“新建指针（PTR）”命令，如图9－62所示。

步骤11：在弹出的“新建资源记录”对话框中输入主机IP地址，单击“浏览”按钮，在弹出的各对话框中依次双击“Server2012”→“正向查找区域”→“wsfy. com”→“ftp/www”，选中后依次单击“确定”按钮即可，如图9－63和图9－64所示。

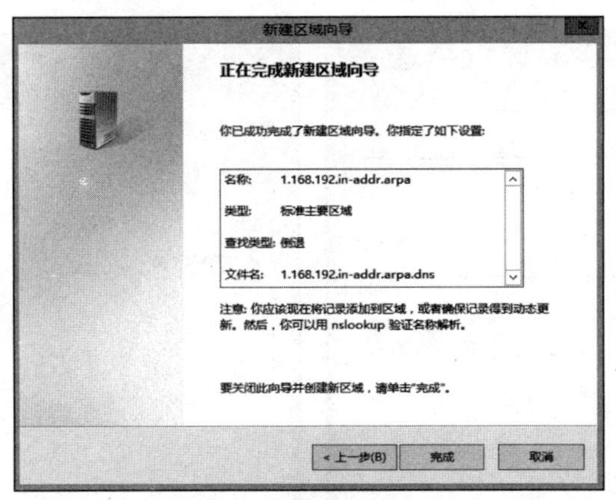

图9－60　“正在完成新建区域向导”对话框

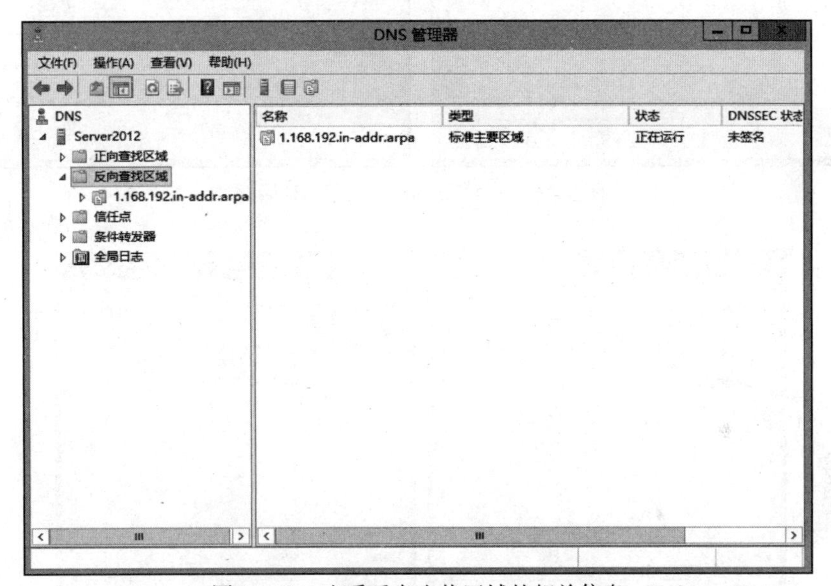

图9－61　查看反向查找区域的相关信息

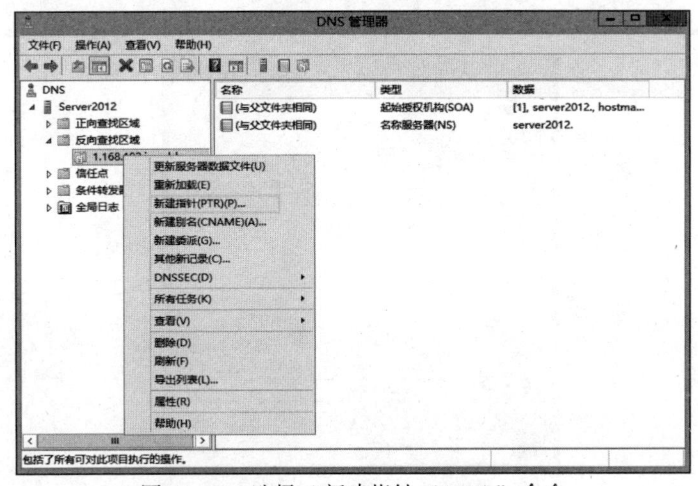

图9－62　选择“新建指针（PTR）”命令

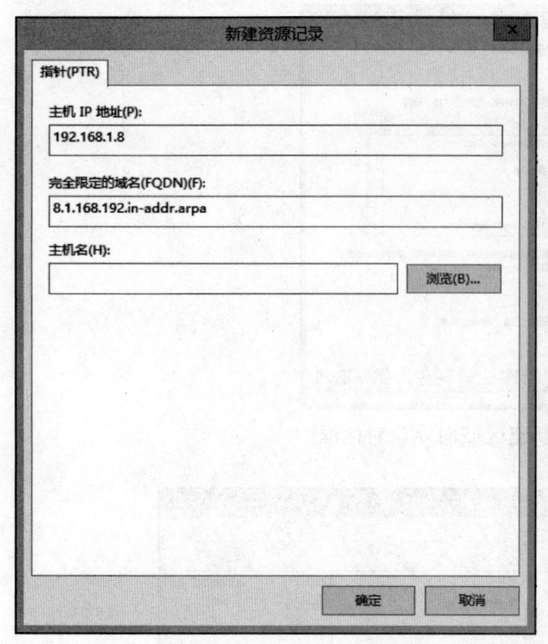

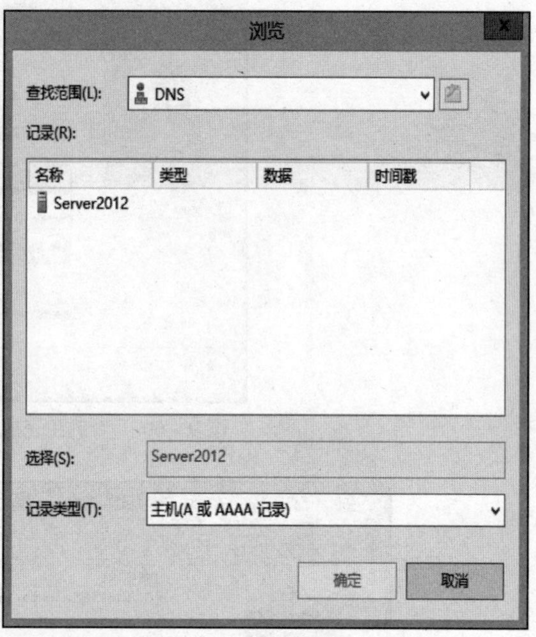

图 9－63　“新建资源记录”对话框

图 9－64　浏览

步骤12：返回“DNS管理器”窗口，在右侧窗格中可以看到新建指针的相关信息，如图9-65所示。

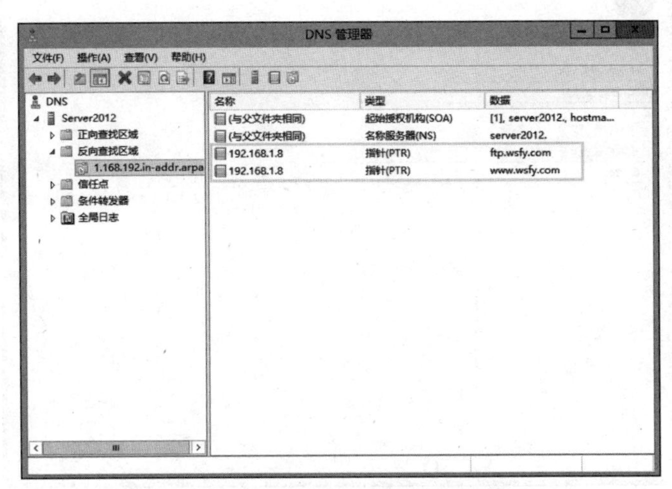

图9-65　查看新建指针的相关信息

9.2.9　创建FTP服务器

步骤1：在FTP服务器的C盘上新建一个名为ftp的文件夹，并在ftp文件夹内新建一个名为test.txt的测试文件。

步骤2：打开“Internet Information Services (IIS) 管理器”窗口，右击“网站”，在弹出的快捷菜单中选择“添加FTP站点”命令（或单击窗口右侧窗格中的“添加FTP站点…”超链接），如图9-66所示。

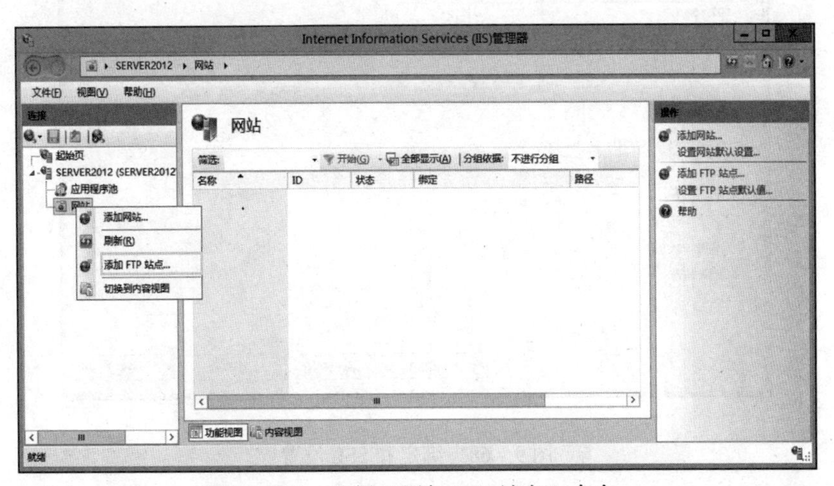

图9-66　选择“添加FTP站点”命令

步骤3：弹出“站点信息”对话框，设置FTP站点名称和物理路径，单击“下一步”按钮，如图9-67所示。

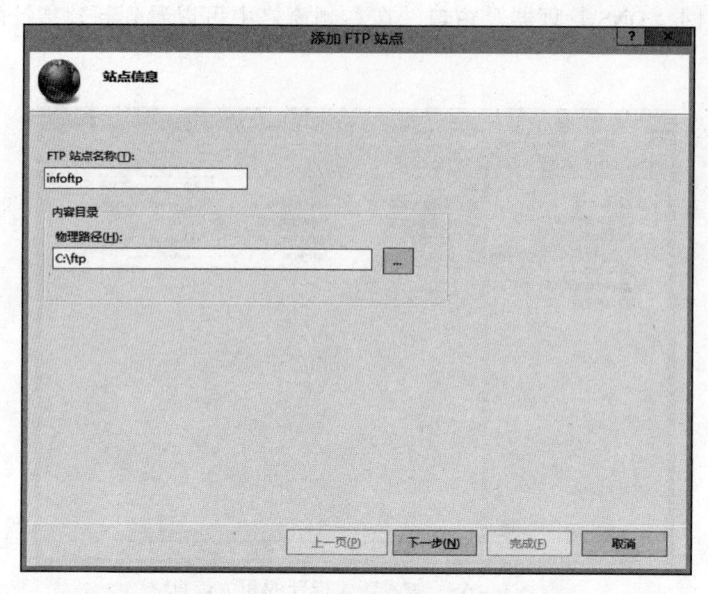

图 9-67 “站点信息”对话框

步骤 4：设置 FTP 站点绑定的 IP 地址及端口号（默认为 21），选中“无 SSL”单选按钮，如图 9-68 所示。注意，默认情况下 FTP 的数据传输是明文传输，如果需要提高安全性，可以选中“允许 SSL”或“需要 SSL”单选按钮。

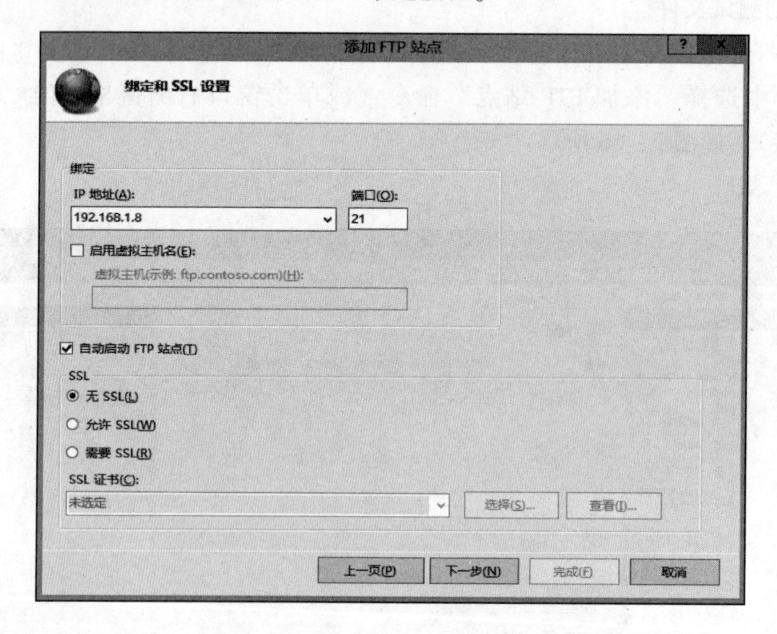

图 9-68 绑定和 SSL 设置

步骤 5：弹出“身份验证和授权信息”对话框，如图 9-69 所示。设置 FTP 站点的身份验证和授权信息。在此我们设置验证方式为“基本”，授权—允许访问中选择“指定用户”并指定用户为 normal，权限为“读取”和“写入”。做此设置的前提是在 FTP 服务器本地计

算机管理中已经添加了 normal 用户，并在 FTP 目录文件夹的 NTFS 权限中授予该用户读取和写入的权限。设置完毕后单击“完成”按钮。如果允许客户端匿名访问 FTP 服务器，则在授权—允许访问中选择“匿名用户”。

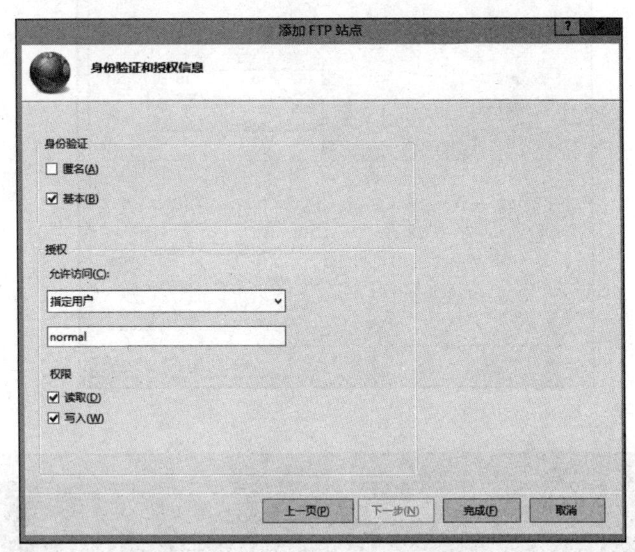

图 9－69 “身份验证和授权信息”对话框

FTP 服务的实质就是客户端读取和写入 FTP 服务器相应文件夹中的内容。从安全的角度出发，有必要对登录到 FTP 服务器上的用户进行身份验证。Windows Server 2012 R2 的 FTP 服务器提供的身份验证方式主要有以下两种。

（1）Windows 内置的身份验证：使用 Windows 的用户权限管理来进行 FTP 用户身份验证。当客户端尝试连接 FTP 服务器时，服务器会对用户身份进行本地身份验证，要求用户输入合法的用户名和密码。如果用户输入的用户名和密码在 FTP 服务器及本地 FTP 目录下有相应的权限，则访问成功，否则访问失败。

（2）FTP 服务器自带的身份验证：使用 FTP 服务器自身带有的身份验证功能来控制指定用户的读取和写入权限。

9.2.10 配置客户端访问 FTP 服务器

步骤 1：配置客户端 IP 地址，测试其与服务器的连通性，如图 9－70 所示。

步骤 2：打开浏览器，在浏览器窗口的地址栏中输入 ftp://192.168.1.8。

步骤 3：弹出“登录身份”对话框，输入正确的用户名 normal 和设置的密码，单击“登录”按钮，如图 9－71 所示。

步骤 4：成功登录 FTP 服务器后，可以选择需要的文件下载到本地计算机，也可以将本地计算机中的文件上传到 FTP 服务器，浏览 FTP 站点内容，如图9－72所示。

步骤 5：在 FTP 服务器端打开“Internet Information Services（IIS）管理器”窗口，展开左侧窗格中的“网站”，双击 infoftp，打开右侧的“FTP 当前会话”窗格。在此窗格中能够查看到当前访问会话，如图 9－73 所示。

Internet 协议（TCP/IP）属性

常规

如果网络支持此功能，则可以获取自动指派的 IP 设置。否则，您需要从网络系统管理员处获得适当的 IP 设置。

○ 自动获得 IP 地址(O)
◉ 使用下面的 IP 地址(S)：
IP 地址(I)： 192 . 168 . 1 . 18
子网掩码(U)： 255 . 255 . 255 . 0
默认网关(D)： 192 . 168 . 1 . 1

○ 自动获得 DNS 服务器地址(B)
◉ 使用下面的 DNS 服务器地址(E)：
首选 DNS 服务器(P)： 192 . 168 . 1 . 8
备用 DNS 服务器(A)：

高级(V)...
确定 取消

（a）

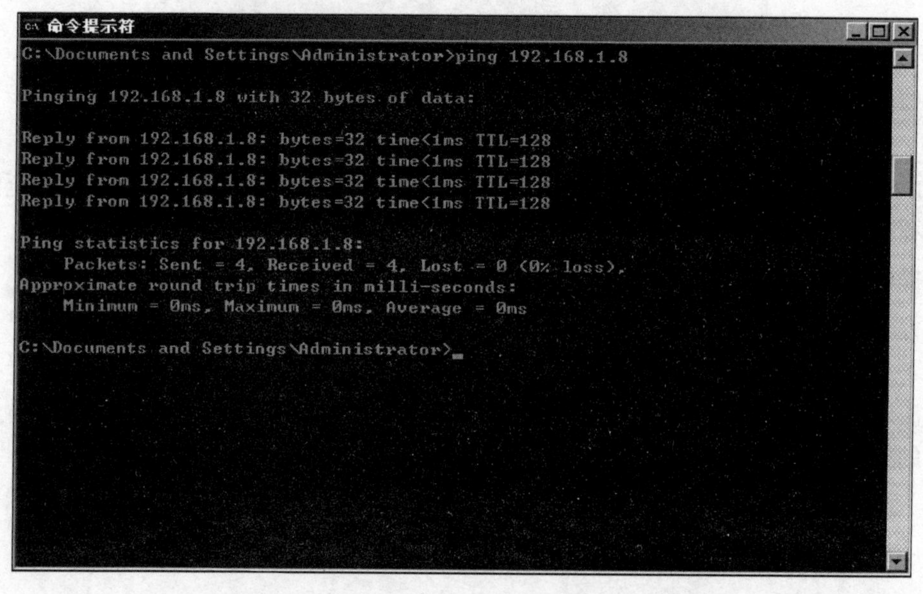

（b）

图 9－70 配置客户端 IP 地址测试其与服务器的连通性

（a）配置客户端 IP 地址；（b）测试客户端与服务器的连通性

登录身份

服务器不允许匿名登录，或者不接受该电子邮件地址。

FTP 服务器： 192.168.1.8
用户名(U)： normal
密码(P)： ***********

登录后，可以将这个服务器添加到您的收藏夹，以便轻易返回。

FTP 将数据发送到服务器之前不加密或编码密码或数据。要保护密码和数据的安全，请用 Web 文件夹(WebDAV)。

进一步了解使用 Web 文件夹。

□ 匿名登录(A) □ 保存密码(S)

登录(L) 取消

图 9－71 “登录身份”对话框

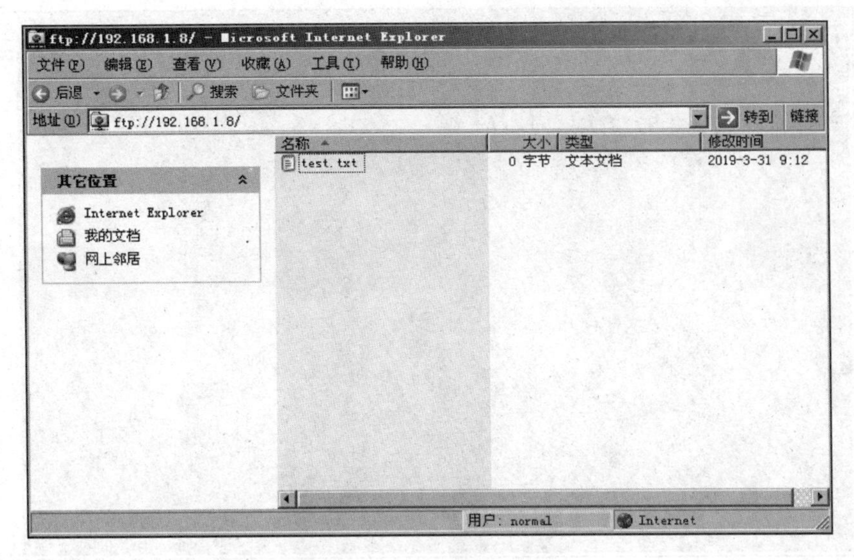

图9－72　浏览FTP站点内容

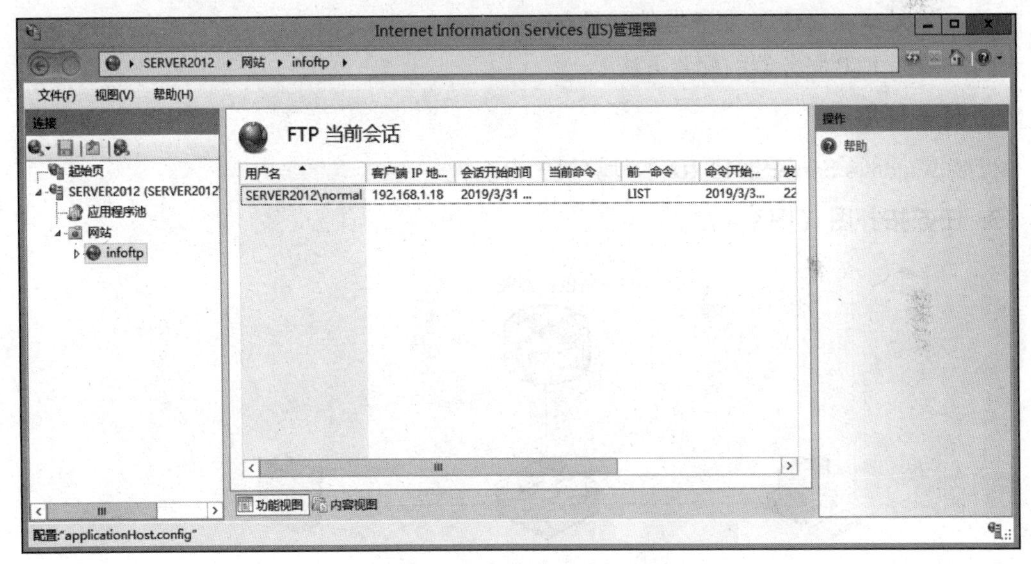

图9－73　查看FTP当前会话

步骤6：用命令行方式登录FTP服务器。在客户端的命令窗口中输入ftp 192.168.1.8，在弹出的命令行中依次输入正确的用户名和密码，即可登录成功，如图9－74所示。在“ftp >”提示符下可用put和get命令完成文件的上传和下载操作。

9.2.11　配置Windows Server 2012 R2服务器

1. 任务目的

（1）掌握DHCP服务器的配置方法。

（2）掌握DNS服务器的配置方法。

```
命令提示符 - ftp 192.168.1.8
C:\Documents and Settings\Administrator>ftp 192.168.1.8
Connected to 192.168.1.8.
220 Microsoft FTP Service
User (192.168.1.8:(none)): normal
331 Password required
Password:
230 User logged in.
ftp> dir
200 PORT command successful.
125 Data connection already open; Transfer starting.
03-31-19  09:12AM                    0 test.txt
226 Transfer complete.
ftp: 49 bytes received in 0.00Seconds 49000.00Kbytes/sec.
ftp>
```

图 9－74　登录 FTP 服务器

（3）掌握 Web（IIS）服务器的配置方法。

（4）掌握 FTP 服务器的配置方法。

2. 任务环境

安装 Windows Server 2012 R2 的计算机 1 台。

3. 任务拓扑图（图 9－75）

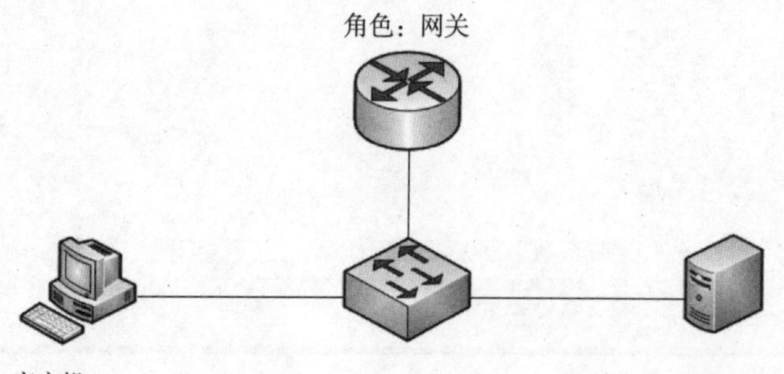

角色：客户机
操作系统：Windows 7旗舰版
计算机名：WinClient_1
IP地址：自动获取
DNS服务器：172.16.1.8

角色：DHCP服务器、DNS服务器、Web服务器、FTP服务器
操作系统：Windows Server 2012 R2
计算机名：WinServer_1
IP地址：172.16.1.8/16

图 9－75　配置 Windows Server 2012 R2 服务器拓扑图

4. 任务要求

（1）根据任务拓扑要求对服务器和客户机进行网络参数配置。

（2）安装 DHCP 服务器。

- 设置 IP 地址池为 172. 16. 1. 10～172. 16. 1. 200/16。

- 将 IP 地址 172. 16. 1. 1 ~ 172. 16. 1. 9/16 预留给系统中的服务器。
- 设置 172. 16. 1. 118 为保留地址，绑定 MAC 地址为 40 – 16 – 7E – 45 – E9 – 3D。
- 在客户机上进行自动获取 IP 地址的测试。

(3) 安装 DNS 服务器。

- 创建正向查找区域 hksd. com。
- 新建主机记录 www. hksd. com 和 ftp. hksd. com。
- 创建反向指针，指向第二步创建的两个主机记录。
- 使用 nslookup 命令进行测试。

(4) 安装 Web (IIS) 服务器。

- 在服务器 C 盘上新建名为 web 的文件夹，并在该文件夹中新建名为 index. html 的网页文件，网页内容任意。
- 创建 Web 站点。
- 在客户机上利用浏览器进行访问测试（域名和 IP 地址两种方式）。

(5) 创建 FIP 服务器。

- 在服务器 C 盘上新建一个名为 ftp 的文件夹，并在该文件夹中新建一个名为 exam. txt 的文本文件，文件内容任意。
- 创建 FTP 站点，设置为允许匿名访问。
- 在客户机上利用浏览器进行访问测试（域名和 IP 地址两种方式）。
- 在客户机上利用命令行方式对 FTP 站点进行访问测试。

练习题

一、填空题

1. DHCP 服务器分配地址的方式有__________、__________和__________。
2. DHCP 工作过程中的 4 种报文分别是______________、____________、DHCP request 和______________。
3. 在 Windows Server 2012 R2 中配置 DHCP 服务器时，默认的租用期限是________。
4. DNS 的查询模式分为____________和____________两种。
5. DNS 顶级域名的模式有__________ 和__________ 两种。
6. 用户用浏览器软件打开一个网站，看到的第一个页面称为________。
7. 通过 FTP 进行文件传输时，服务器与客户端之间建立两个 TCP 连接：__________和__________。

二、选择题

1. 使用 Windows Server 2012 R2 的 DHCP 服务时，当客户机租约使用时间超过租约的 50% 时，客户机会向服务器发送（　　）数据包，以更新现有的地址租约。

A. DHCP discover　　B. DHCP offer　　C. DHCP request　　D. DHCP ack

2. 在创建 DNS 域名时，域名的层次划分通常不超过（　　）。

A. 一级　　B. 三级　　C. 五级　　D. 七级

3. 顶级域名 . edu 代表的是（　　）。

A. 商业机构　　B. 政府部门　　C. 非营利组织　　D. 教育机构

4. DNS 中用来标识邮件服务器的资源记录为（　　）。

A. CNAME　　B. MX　　C. NS　　D. SOA

5. 配置 FTP 服务器时，其默认使用的端口号为（　　）。

A. 20　　B. 21　　C. 53　　D. 80

三、简答题

1. 简述 DHCP 的工作原理。

2. 简述 DNS 的查询模式。

3. 简述 DNS 各记录类型的作用。

四、实训练习

1. 练习目的

（1）掌握 DHCP 服务器的配置方法。

（2）掌握 DNS 服务器的配置方法。

（3）掌握 Web 服务器的配置方法。

（4）掌握 FTP 服务器的配置方法。

2. 练习环境

安装 Windows Server 2012 R2 操作系统的计算机一台，安装有 Windows 7 旗舰版操作系统的计算机两台，一台交换机，一台路由器。

3. 练习拓扑图（图 9 – 76）

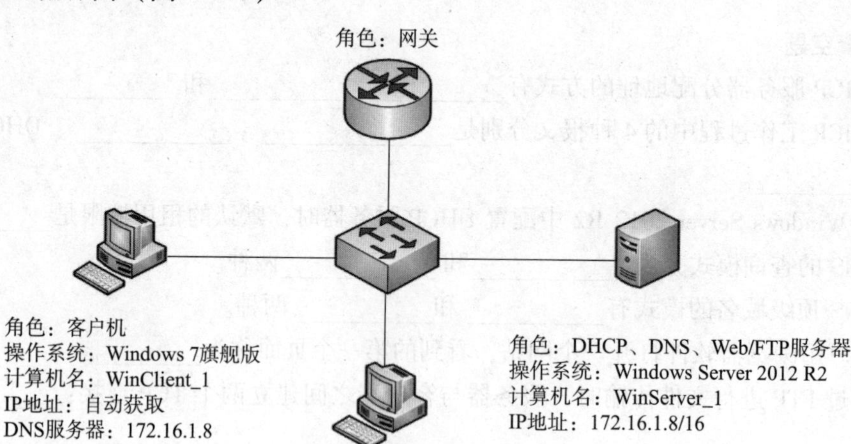

图 9 – 76　练习拓扑图

4. 练习要求

(1) 根据练习拓扑图要求对服务器和客户机进行网络参数配置。

(2) 在服务器端安装 DHCP 服务器。

- 设置 IP 地址池为 192. 168. 100 ~ 192. 168. 1. 200/24。
- 将 IP 地址 192. 168. 1. 1 ~ 192. 168. 1. 8/24 预留给系统中的服务器。
- 设置 192. 168. 1. 118 为保留地址，绑定 MAC 地址为 00 - FF - 55 - 59 - C1 - CB。
- 分别在两台客户机上进行自动获取 IP 地址的测试，并查看结果。

(3) 安装 DNS 服务器。

- 创建正向查找区域 sdws. com。
- 新建主机记录 http://www. sdws. com 和 ftp://ftp. sdws. com。
- 创建反向指针指向于第二步创建的两个主机记录。
- 使用 nslookup 命令进行测试。

(4) 安装 Web (IIS) 服务器。

- 在服务器 C 盘上新建一个名为 www 的文件夹，并在该文件夹中新建一个名为 index. html的网页文件，网页内容任意。
- 创建 Web 站点。
- 在客户端上利用浏览器进行访问测试（域名和 IP 地址两种方式）。
- 在服务器 C 盘上新建名为 FTP 的文件夹，并在该文件夹中新建一个名为 test. txt 的文本文件，文件内容任意。
- 创建 FTP 站点，设置为允许匿名访问。
- 在客户端上利用浏览器进行访问测试（域名和 IP 地址两种方式）。
- 在客户端上利用命令行方式对 FTP 站点进行访问测试。

项目 10 网络安全及防火墙技术

任务描述

佳明父亲所在公司的网络近期频繁受到计算机病毒的攻击，虽然安装了防病毒软件，但还是存在很多安全隐患。如何将公司内部网络与外部网络进行有效的隔离，保护公司内部网络免受外部网络的攻击，防止公司重要数据的泄露，成为公司急需解决的问题。

佳明父亲听说安装防火墙软件可以进一步提高计算机及网络的安全性，但他对防火墙方面的知识知之甚少，不知道市场中销售的各类防火墙的具体功能差别是什么，也不知道该如何进行防火墙的安装和配置。本项目将带领大家学习网络安全方面的知识及如何通过防火墙的设置来提高网络安全性，进而消除潜在的网络安全隐患。

学习目标

- 掌握网络安全的定义；
- 了解网络安全面临的主要威胁；
- 掌握网络安全的防范措施；
- 掌握防火墙的定义；
- 了解防火墙的技术原理及分类；
- 了解防火墙的体系结构；
- 掌握 Windows 防火墙的设置方法。

10.1 知识要点

10.1.1 网络安全概述

1. 网络安全现状

近年来，随着移动互联网、大数据、云计算机、人工智能等新一代信息技术的快速发展，围绕网络和数据的服务与应用呈爆发式增长。丰富的应用场景暴露出越来越多的网络安全风险和问题，并在全球范围内产生广泛而深远的影响。如近几年频繁发生的勒索病毒攻击、跨国电信诈骗、数据泄露、网络暴力等事件，给各国的互联网发展与治理都带来了巨大挑战。

据美国金融时报报道，世界上平均每 20 s 就发生一次网络入侵事件。国外方面，据有

关方面统计，目前，美国由于网络安全问题而遭受的经济损失每年超过170亿美元，德国和英国也都在数十亿美元以上，法国、日本、新加坡的问题也很严重；国内方面，面对网络安全的严峻形势，我国的网络安全系统在预测、反应、防范和恢复能力方面存在许多薄弱的环节。据英国《简氏战略报告》和其他网络组织对各国信息防护能力的评估，我国被列为信息防护能力极低的国家之一，大大低于美国、俄罗斯和以色列等网络安全强国。

2. **网络安全定义**

从概念上来说，网络安全所涵盖的内容和范畴越来越大，从过去简单的上网和网络传输方面的安全问题扩展到整个“网络空间”的安全问题。国际电信联盟将网络安全定义为：“网络安全是集合工具、政策、安全概念、安全保障、指南、风险管理方法、行动、培训、实践案例、技术等内容的一整套安全管理体系，用于保护网络环境、组织及用户的资产。组织和用户的资产包括连接的计算机设备、人员、基础设施、应用程序、网络服务、电信系统及网络环境中传输和/或存储的信息。”这个定义把网络安全视为一个生态系统，生态系统的良好运行需要来自技术、法律、政策、组织机构、技能、合作等多方面的保证，这一理念已经在许多国家得到认可和传播。我国在2017年6月1日正式实施的《中华人民共和国网络安全法》也对网络安全赋予了更加明确的定义：“网络安全，是指通过采取必要措施，防范对网络的攻击、侵入、干扰、破坏和非法使用以及意外事故，使网络处于稳定可靠运行的状态，以及保障网络数据的完整性、保密性、可用性的能力。”其中网络数据的安全问题成为一项重要内容。

在实际应用层面，我国也从网络安全事件类型的角度出发，制定了一系列政策、标准、条例和指南等对不同的网络安全问题进行防范、处置和应对。目前无论政府、企业还是相关行业协会都在积极推动网络安全治理能力的提升和网络安全生态的完善，但在具体实践中也面临诸多方面的挑战。

10.1.2 网络安全面临的主要威胁

1. **外部环境破坏带来的威胁**

外部环境安全是整个网络系统安全的重要前提。外部环境可能带来的威胁主要包括：地震、水灾、火灾等自然灾害给网络硬件系统带来的威胁，网络系统中的硬件故障、硬件设备被盗或被毁、电磁干扰等带来的威胁。

2. **网络自身管理和连接带来的威胁**

Internet的共享性和开放性使网络上的信息安全存在先天不足，其赖以生存的TCP/IP协议集自身就缺乏相应的安全机制。因为Internet最初设计时并没有预测到现在计算机网络具有如此广的覆盖范围，基本没有考虑安全方面的问题，导致其在安全防范、服务质量、地址数量和网络带宽方面都存在滞后性和不适应性。

Internet是由分布在世界各地的广域网、城域网与局域网，通过路由器等网络互联设备而组成的网络。如果网络中一台设备受到攻击，可能会同时影响在同一网络上的其他机器，甚至可能涉及军事、金融等安全敏感区域。因此，网络管理人员对Internet安全事故做出有效反应就变得十分重要，有必要将网络中的公开服务器同外部网络和内部网络进行必要的隔离，避免网络信息结构外泄；同时，还要对外部网络的服务请求加以过滤，允许正常通信的数据包到达目的主机，拒绝其他服务请求，以提高网络系统的安全性。

3. 网络软件系统设计的漏洞带来的威胁

网络软件系统包括网络操作系统软件和网络应用软件。对于目前我们使用的网络操作系统，无论 Windows NT 操作系统还是 UNIX、Linux 操作系统，都存在或多或少的安全漏洞。网络应用软件应用范围广，而且是动态变化的。网络应用软件的安全涉及信息的完整性、可用性、保密性和可靠性等方面。

4. 黑客恶意攻击带来的威胁

“黑客”一词来源于英文 Hacker，原指热心于计算机技术、水平高超的计算机专家，现在主要指那些利用自己掌握的计算机技术攻击网络上的主机而不暴露自己身份的计算机用户。黑客恶意攻击指黑客在未经许可的情况下通过技术手段登录他人的网络服务器或连接到网络上的单机系统，进行一些未经授权的操作。

目前随着计算机网络技术的发展，黑客攻击呈现智能化、跨国性、隐蔽性强、手段多样化和低龄化的特点，使网络安全防护面临更加严峻的挑战。

10.1.3 网络安全的防范措施

保护网络安全不仅是技术问题，还要制定严密、完整而且行之有效的安全策略。安全策略是指在一个特定的环境里，为保证提供一定的网络信息安全保护所必须遵循的规则，其包括 3 个方面的手段。

1. 法律手段

国家的法律法规是网络安全的基石。通过制定与网络信息安全相关的法律法规，非法分子忌惮于法律法规的威严，不敢轻举妄动。

2. 技术手段

先进的安全技术是网络安全的根本保障。用户根据自己所使用的网络服务类型对可能面临的安全威胁进行风险评估，选择合适的安全防范机制，然后集成先进的安全技术。针对网络设备、操作系统、应用系统、数据库和信息共享授权等提出具体的安全保护措施。

3. 管理手段

管理制度建立是网络安全中最重要的部分。各网络使用机构、企业或单位应建立相应的信息安全管理办法，对相关人员组织培训，加强内部管理，建立审计和跟踪体系，提高整体单位成员的信息安全意识。所有网络安全系统都需要人来实现，即使是最好的、最值得依赖的系统安全措施，也不能完全由计算机系统独立完成，因此，必须要建立完备的安全组织和管理制度。

10.1.4 防火墙概述

以前构筑和使用木结构房屋时，为防止火灾的发生和蔓延，人们将坚固的石块堆砌在房

屋周围作为屏障，这种防护建筑物被称为防火墙（FireWall）。

如今人们借助这个概念，使用“防火墙”来保护敏感的数据不被窃取和篡改。但是，这种防火墙是由先进的计算机系统构成的。防火墙犹如一道护栏隔在被保护的内部网与不安全的非信任网络之间，用来保护计算机网络免受非授权人员的骚扰与黑客的入侵。

防火墙可能是非常简单的过滤器，也可能是精心配置的网关，但它们的原理是一样的，都用于监测并过滤内部网络和外部网络之间所有的信息交换。防火墙通常是运行在一台单独计算机之上的一个特别的服务软件，它可以识别并屏蔽非法请求，保护内部网络中的敏感数据不被偷窃和破坏，并记录内部网络和外部网络之间通信的有关状态信息，如通信发生的时间和进行的操作等。

防火墙技术是一种有效的网络安全机制，它主要用于确定哪些内部服务允许外部访问，以及允许哪些外部服务访问内部服务。其基本准则有两条：一切未被允许的就是禁止的，一切未被禁止的就是允许的。

防火墙是建立在现代通信网络技术和信息安全技术基础上的应用性安全技术，并越来越多地被应用于专用网与公用网的互联环境之中。

防火墙应该是不同网络或网络安全域之间信息的唯一出入口，它能根据企业的安全策略控制（允许、拒绝、监测）出入网络的信息流，且本身具有较强的抗攻击能力，是提供信息安全服务、实现网络和信息安全的基础设施。在逻辑上，防火墙是一个分离器、一个限制器，也是一个分析器，它能有效监控内部网和外部网之间的任何活动，保证了内部网络的安全。防火墙的结构如图 10－1 所示。

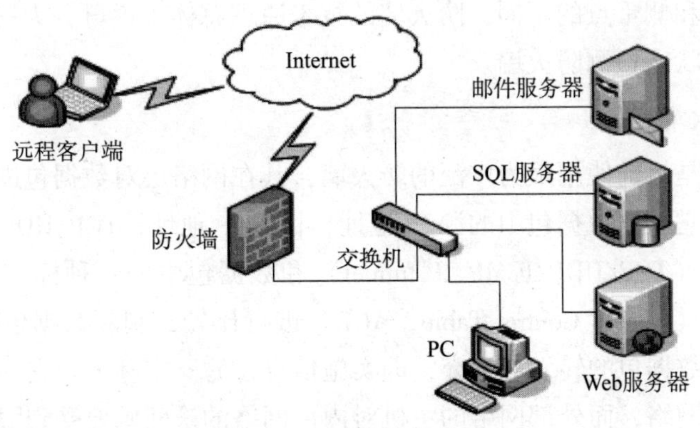

图 10－1　防火墙的结构

防火墙具有以下作用。

（1）防火墙是网络安全的屏障。由于只有经过精心选择的应用协议才能通过防火墙，因此防火墙（作为阻塞点、控制点）能极大地提高内部网络的安全性，并通过过滤不安全的服务而降低风险，使网络环境变得更安全。防火墙同时还可以保护网络免受基于路由的攻击，如 IP 选项中的源路由攻击和控制报文协议（Internet Control Message Protocol，ICMP）重定向路径等。

（2）防火墙可以强化网络安全策略。通过以防火墙为中心的安全方案配置，能将所有安全软件（如口令、加密、身份认证、审计等）配置在防火墙上。与将网络安全问题分散到各个主机上相比，防火墙的集中安全管理更经济。例如，在网络访问时的“一次一密”口令系统（每一次加密都使用不同密钥）和其他的身份认证系统完全可以集中在防火墙上。

（3）对网络存取和访问进行监控审计。如果所有的访问都经过防火墙，那么防火墙就能记录下这些访问并做出日志记录，同时也能提供网络使用情况的统计数据。当发生可疑动作时，防火墙能进行适当的报警，并提供网络是否受到探测和攻击的详细信息。

（4）防止内部信息外泄。首先，通过防火墙对内部网络的划分，可实现对内部网络重点网段的隔离，从而限制局部重点或敏感网络安全问题对全局网络造成的影响；其次，隐私是内部网络非常关心的问题，一个内部网络中不引人注意的细节可能包含了有关安全的线索而引起外部攻击者的兴趣，甚至因此而暴露了内部网络的某些安全漏洞。使用防火墙就可以隐蔽那些暴露内部细节的服务，如 Finger（用来查询使用者的资料）、DNS 等服务。Finger 显示了主机上所有用户的注册名、真名、最后登录时间和使用 shell 类型等。防火墙可以同样阻塞有关内部网络中的 DNS 信息，这样一台主机的域名和 IP 地址就不会被外界所获取。除了安全作用以外，防火墙通常还支持 VPN 功能。

防火墙也有其局限性，因为存在着一些防火墙不能防范的安全威胁，如防火墙不能防范不经过防火墙的攻击（例如，如果允许从受保护的网络内部向外拨号，一些用户就可能形成与 Internet 的直接连接）。另外，防火墙很难防范来自网络内部的攻击和病毒的威胁等。

10.1.5 防火墙的技术原理

根据防范方式和侧重点的不同，防火墙的技术原理总体来说可分为三大类：包过滤防火墙、代理防火墙和状态检测防火墙。

1. 包过滤防火墙

包过滤防火墙是目前使用最为广泛的防火墙，其在网络层对数据包进行过滤选择，通常安装在路由器上。它根据数据包中的源 IP 地址、目的 IP 地址、TCP/UDP 的源端口号和目的端口号、协议类型（TCP/UDP/ICMP/IP tunnel）和数据包中的各种标志位等参数，与用户预定的访问控制表（Access Control Table，ACL）进行比较，判断数据包是否符合预先制定的安全策略，决定数据包的转发或丢弃，即实施信息过滤。实际上，它一般允许网络内部的主机直接访问外部网络，而外部网络的主机对内部网络的访问则要受到限制。

Internet 上的某些特定服务一般都使用相对固定的端口号，因此路由器在设置包过滤规则时指定，对于某些端口号允许数据包与该端口交换，或者阻断数据包与它们的连接。

包过滤规则定义在转发控制表中，数据包遵循自上而下的次序依次运用每一条规则，直至遇到与其相匹配的规则为止。对数据包可采取的操作有转发、丢弃、报错等。根据不同的实现方式，包过滤可以在进入防火墙时进行，也可以在离开防火墙时进行，常见的包过滤转发控制表见表 10－1。

表 10 - 1　包过滤转发控制表

规则序号	传输方向	协议类型	源地址	源端口号	目的地址	目的端口号	控制操作
1	In	TCP	外部	>1023	内部	80	Allow
2	Out	TCP	内部	80	外部	>1023	Allow
3	Out	TCP	内部	>1023	外部	80	Allow
4	In	TCP	外部	80	内部	>1023	Allow
5	Both	*	*	*	*	*	Deny

注：* 表示任意。

规则 1 和规则 2 允许外部主机访问本站点的 WWW 服务器，规则 3 和规则 4 允许内部主机访问外部的 WWW 服务器。由于服务器可能使用非标准端口号，因此，会给防火墙允许的配置带来一些麻烦。实际使用的防火墙都直接对应协议进行过滤，即管理员可在规则中指明是否允许 HTTP 通过，而不是只关注 80 号端口。

规则 5 表示除了规则 1 ~4 允许的数据包通过外，其他所有数据包一律禁止通过，即一切未被允许的就是禁止的。

包过滤防火墙的优点是简单、方便，速度快，对用户透明，对网络性能影响不大；其缺点是不能彻底防止 IP 地址欺骗，一些应用协议不适合用数据包过滤，缺乏用户认证机制，正常的数据包过滤路由器无法执行某些安全策略，因此，包过滤防火墙的安全性较差。

2. 代理防火墙

首先介绍代理服务器。代理服务器作为一个为用户保密或者突破访问限制的数据转发通道，在网络上应用广泛。一个完整的代理设备包含一个代理服务器端和一个代理客户端，代理服务器端接收来自用户的请求，调用自身的代理客户端模拟一个基于用户请求的连接到目标服务器，再把目标服务器返回的数据转发给用户，完成一次代理工作过程，如图 10 - 2 所示。

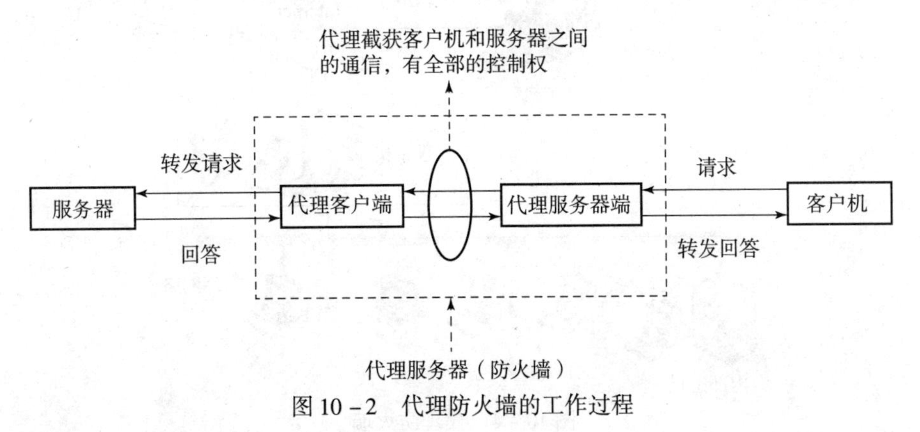

图 10 - 2　代理防火墙的工作过程

也就是说，代理服务器通常运行在两个网络之间，是客户机和真实服务器之间的中介。代理服务器彻底隔断内部网络与外部网络的“直接”通信，内部网络的客户机对外部网络的服务器的访问变成了代理服务器对外部网络的服务器的访问，然后由代理服务器转发给内部网络的客户机。代理服务器对内部网络的客户机来说像是一台服务器，而对于外部网络的服务器来说又像是一台客户机。

如果在一台代理设备的代理服务器端和代理客户端之间连接一个过滤措施，就成了“应用代理”防火墙，这种防火墙实际上就是一台小型的带有数据“检测、过滤”功能的透明代理服务器，但是并不是单纯地在一个代理设备中嵌入包过滤技术，而是一种被称为“应用协议分析”(Application Protocol Analysis)的技术。因此，经常把代理防火墙称为代理服务器、应用网关，代理防火墙工作在应用层，适用于某些特定的服务，如 HTTP 代理、FTP 代理、PCP3 代理，Telent 代理、SSL 代理、Socks 代理等，其工作原理如图 10－3 所示。

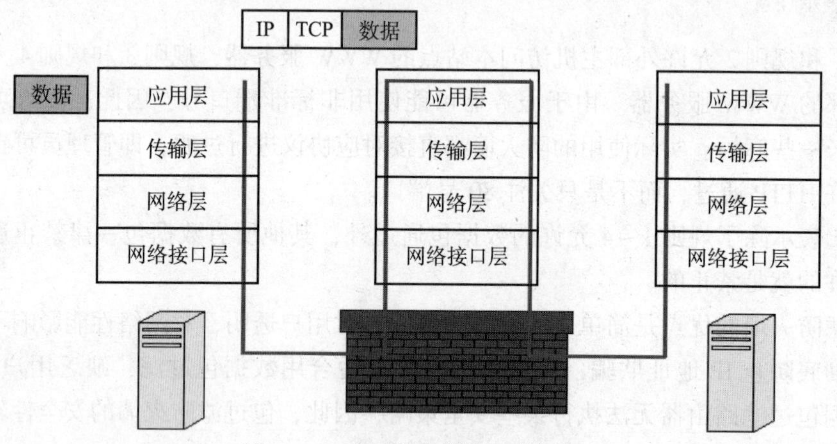

图 10－3　代理服务器的工作原理

代理防火墙的特点是完全“阻隔”了网络通信流，通过对每种应用服务编制专门的代理程序，实现监视和控制应用层通信流的作用。其与包过滤防火墙不同之处在于，内部网和外部网之间不存在直接连接，同时提供审计和日志服务。现实中代理防火墙的功能通常由专用工作站来实现，如图 10－4 所示。

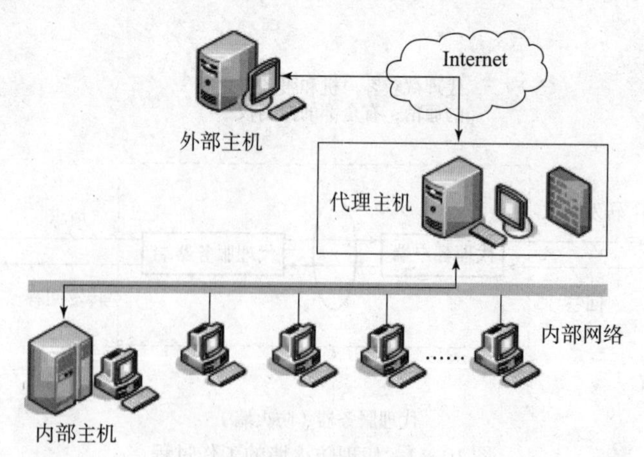

图 10－4　代理防火墙

代理防火墙是内部网络与外部网络的隔离点，工作在 OSI/RM 的最高层。其掌握着应用系统中可用作安全决策的全部信息，起着监视和隔绝应用层通信流的作用。代理防火墙的优

点是可以检查应用层、传输层和网络层的协议特征，对数据包的检测能力比较强；其缺点主要是难于配置，处理速度较慢。

3. **状态检测防火墙**

状态检测技术是基于会话层的技术。其对外部的连接和通信行为进行状态检测，阻止可能具有攻击性的行为，从而可以抵御网络攻击。

Internet上传输的数据都必须遵循TCP/IP。根据TCP，每个可靠连接的建立都需要经过“客户端同步请求”“服务器应答”“客户端再应答”3个阶段（即3次握手）。如常用的Web浏览、文件下载和收发邮件等都要经过这3个阶段，这反映出数据包并不是独立的，而是前后之间有着密切的状态联系，基于这种状态变化，引出了状态检测技术。

状态检测防火墙摒弃了包过滤防火墙仅检查数据包的IP地址等几个参数，而不关心数据包连接状态变化的缺点，在防火墙的核心部分建立状态连接表，并将进出网络的数据当成一个个会话，利用状态连接表跟踪每一个会话状态。状态检测对每一个数据包的检查不仅根据规则表，还考虑了数据包是否符合会话所处的状态，因此，提供了完整的对传输层的控制能力。

状态检测技术采用了一系列优化技术，使防火墙性能大幅度提升，能应用在各类网络环境中，尤其是在一些规则复杂的大型网络上。任何一款高性能的防火墙都会采用状态检测技术。国内著名的防火墙公司，如北京天融信等公司于2000年就开始采用状态检测技术，并在此基础上创新推出了核检测技术，在实现安全目标的同时可以得到极高的性能。

10.1.6 防火墙的体系结构

网络防火墙的安全体系结构基本上可以分为4种：包过滤路由器防火墙结构、双宿主主机防火墙结构、屏蔽主机防火墙结构和屏蔽子网防火墙结构。

1. **包过滤路由器防火墙结构**

在传统的路由器中增加包过滤功能就能形成这种简单的包过滤防火墙。这种防火墙的好处是完全透明，但由于是在单机上实现，因此形成了网络中的“单失效点”。由于路由器的基础功能是转发数据包，一旦过滤机能失效，被入侵就会形成网络直通状态，任何非法访问都可以进入内部网络。这种防火墙尚不能提供有效的安全功能，仅在早期的网络中应用，包过滤路由器防火墙结构如图10－5所示。

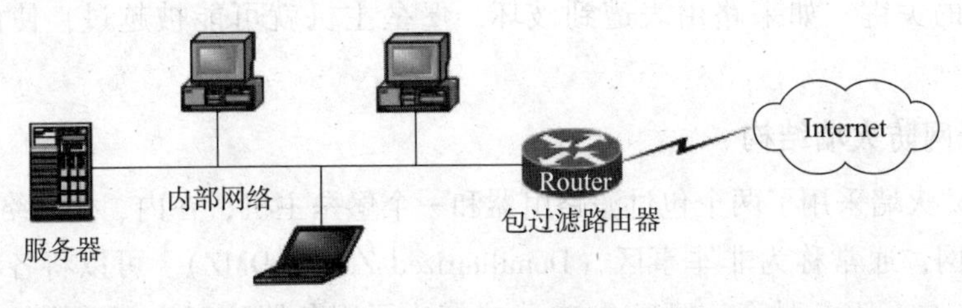

图10－5 包过滤路由器防火墙结构

2. **双宿主主机防火墙结构**

双宿主主机防火墙结构至少由具有两个接口（两块网卡）的双宿主主机（堡垒主机）组成。双宿主主机的一个接口接内部网络，另一个接口接外部网络。内、外网络之间不能直接通信，必须通过双宿主主机上的应用层代理服务来完成。一旦黑客侵入堡垒主机并使其具有路由功能，防火墙将变得无用。

双宿主主机防火墙结构的优点是网络结构简单，有较好的安全性，可以实现身份鉴别和应用层数据过滤。但当外部用户入侵堡垒主机时，可能导致内部网络处于不安全的状态。双宿主主机防火墙结构如图 10－6 所示。

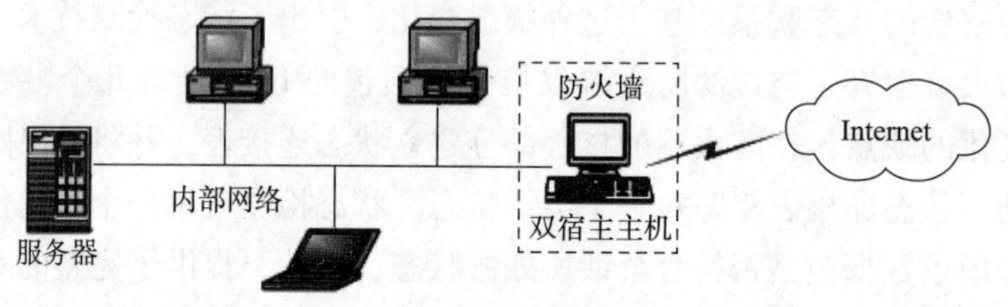

图 10－6　双宿主主机防火墙结构

3. **屏蔽主机防火墙结构**

屏蔽主机防火墙结构的防火墙由包过滤路由器和运行网关软件的堡垒主机组成。该结构提供安全保护的堡垒主机仅与内部网络相连，而包过滤路由器位于内部网络和外部网络之间。屏蔽主机防火墙结构如图 10－7 所示。

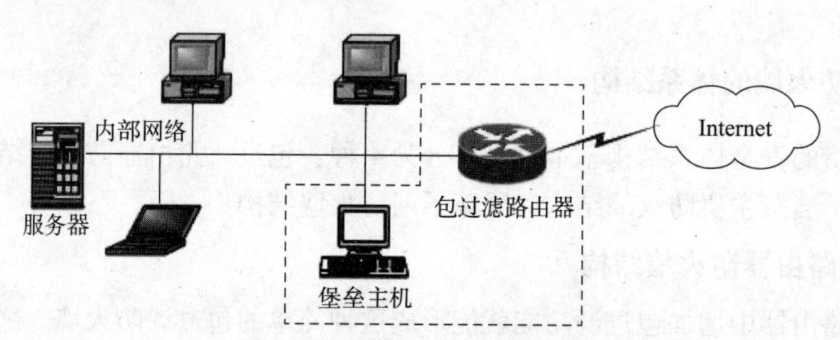

图 10－7　屏蔽主机防火墙结构

通常在路由器上设立过滤规则，使得堡垒主机成为从外部网络唯一可直接到达的主机，这确保了内部网络不受未被授权的外部用户的攻击。屏蔽主机防火墙实现了网络层和应用层的安全，因而比单纯的包过滤路由器防火墙更安全。包过滤路由器的配置是否正确是这种防火墙安全与否的关键。如果路由表遭到破坏，堡垒主机就可能被越过，使内部网络完全暴露。

4. **屏蔽子网防火墙结构**

屏蔽子网防火墙采用了两个包过滤路由器和一个堡垒主机，在内、外网络之间建立了一个被隔离的子网，通常称为非军事区（Demilitarized Zone，DMZ）。可以将各种服务器（如 WWW 服务器、FTP 服务器等）置于 DMZ 中，解决了服务器位于内部网络带来的不安全问题。屏蔽子网防火墙结构如图 10－8 所示。

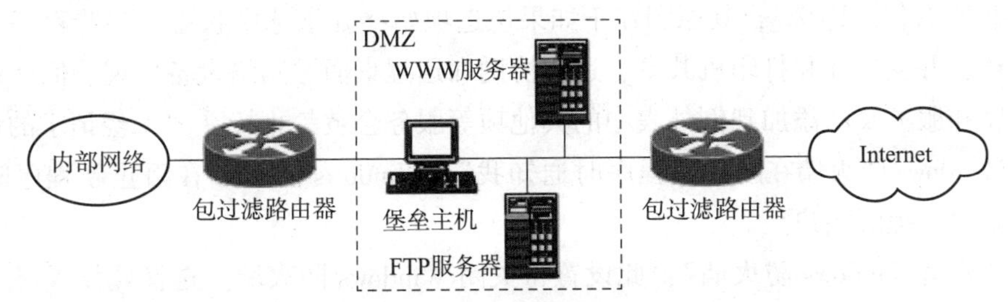

图10－8　屏蔽子网防火墙结构

由于采用了两个路由器，内部网络得到了双重保护，因此外部攻击数据很难进入内部网络。外网用户通过DMZ中的服务器访问企业的网站，而不需要进入内网。

上述几种防火墙结构是允许调整和改动的，如合并内外路由器、合并堡垒主机和外部路由器、合并堡垒主机和内部路由器等，由防火墙承担这些设备合并之前所要实现的功能。

10.1.7　Windows防火墙

Windows 7为连接到Internet上的小型网络提供了增强的防火墙安全保护。默认情况下，操作系统会自动启用Windows防火墙，防止黑客或恶意软件通过Internet或其他网络访问用户的计算机。用户还可以下载并安装自己选择的防火墙。用户可以将防火墙视为一道屏障，它检查来自Internet或其他网络中的信息，然后根据防火墙设置，拒绝信息或允许信息到达计算机。Windows防火墙的工作方式如图10－9所示。

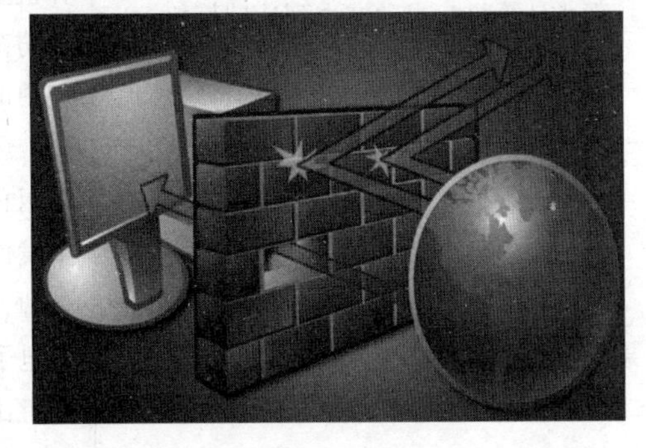

图10－9　Windows防火墙的工作方式

当互联网或网络上的某人尝试连接到用户的计算机时，这种尝试称为“未经请求的请求”。当收到“未经请求的请求”时，Windows防火墙会阻止该连接。如果运行的程序（如即时信息程序或多人网络游戏）需要从互联网或网络接收信息，那么防火墙会询问阻止连接还是取消（允许）连接。如果选择取消阻止连接，Windows防火墙将创建一个“例外”，这样当该程序日后需要接收信息时，防火墙就会允许信息到达用户的计算机。虽然可以为特定互联网连接和网络连接关闭Windows防火墙，但这样就会增加计算机安全性受到威胁的风险。

Windows防火墙有两种设置：“启动Windows防火墙”和“关闭Windows防火墙”。

（1）“启动Windows防火墙”：Windows防火墙在默认情况下处于打开状态，而且通常应当保留此设置不变。选择此设置时，Windows防火墙阻止所有未经请求的连接，但不包括那些位于允许程序列表中的程序或服务发出的请求。

- “阻止所有传入连接，包括位于允许程序列表中的程序”：Windows防火墙会阻止所有“未经请求的连接”，包括那些在“允许程序列表中的程序”窗口中列出的程序发出的请求。当需要为计算机提供最大限度的保护时（例如，当用户连接到旅馆或机场中的公用网络时，或者当危险的病毒或蠕虫正在互联网上扩散时），可以使用该设置。但是，不必始终选中“阻止所有传入连接”，其原因在于如果该选项始终处于选中状态，某些程序可能会无法正常工作，并且文件和打印机共享、远程协助和远程桌面、网络设备发现、例外列表上预配置的程序和服务及已添加到例外表中的其他项等服务会被禁止接受“未经请求的请求”。

- “Windows 防火墙在阻止新程序时通知我”：Windows 防火墙在阻止新程序时会弹出安全警告窗口，提醒用户。

（2）“关闭 Windows 防火墙”：此设置将关闭 Windows 防火墙。选择此设置时，计算机更容易受到未知入侵者或 Internet 病毒的侵害。此设置只应在高级用户用于计算机管理目的，或者在计算机有其他防火墙保护的情况下使用。

Windows 防火墙只阻截所有传入的未经请求的流量，对主动请求传出的流量不采取任何动作。而第三方防火墙软件一般都会对两个方向的访问进行监控和审核，这是它们之间最大的区别。Windows 防火墙具备和不具备的功能情况见表 10－2。

表 10－2　Windows 防火墙的功能

具备	不具备
阻止计算机病毒和蠕虫到达计算机	检测或禁止计算机病毒和蠕虫（如果它们已经在用户的计算机上）。基于此，还应该安装反病毒软件并及时进行更新，以防范病毒、蠕虫和其他安全威胁破坏用户的计算机或使用用户的计算机将病毒扩散到其他计算机
请求用户的允许，以阻止或取消阻止某些连接请求	阻止用户打开带有危险附件的电子邮件，不要打开来自陌生发件人的电子邮件附件。即使用户知道并信任电子邮件的来源，仍然要格外小心。如果用户认识的某个人向用户发送了电子邮件附件，请在打开附件前仔细查看主题行。如果主题行比较杂乱或者用户认为没有任何意义，那么请在打开附件前向发件人确认
创建记录（安全日志），可用于记录对计算机的成功连接尝试和不成功的连接尝试，可用作故障排除工程	阻止垃圾邮件或未经请求的电子邮件出现在用户的收件箱中，某些电子邮件程序也可以帮助用户做到这一点

10.2　实训任务

10.2.1　Windows Server 2012 R2 的安全配置

1. 任务目标

掌握 Windows Server 2012 R2 中与网络安全有关的配置。

2. 任务准备

安装有 Windows Server 2012 R2 的计算机 1 台。

3. 任务实施

步骤1：账户管理。提高 Windows Server 2012 R2 身份认证系统安全的方法有为不同用户分配不同账户，删除与运行、维护等工作无关的账户，重命名 Administrator（管理员）和禁用 Guest（来宾）账户。可以通过本地策略来重命名来宾和系统管理员账户，如图 10－10 所示。

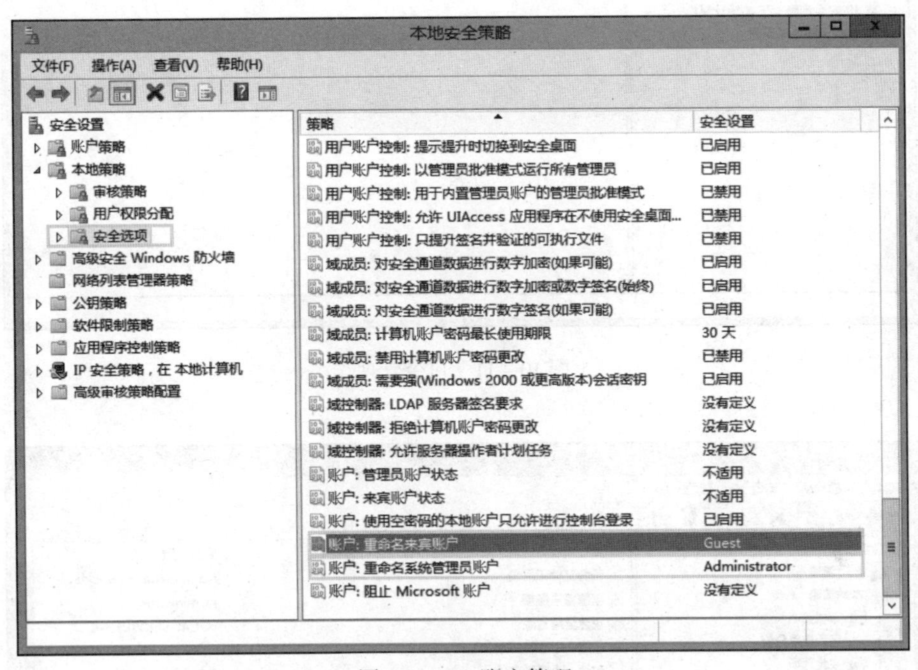

图 10－10　账户管理

步骤2：口令管理。选择“开始”→“管理工具”命令，弹出“管理工具”窗口，双击“本地安全策略”，打开“本地安全策略管理”窗口，通过账户策略来设置用户的密码策略和账户锁定策略，如图 10－11 所示。

步骤3：用户权限分配管理。通过“本地安全策略”窗口中的“本地策略”→“用户权限分配”进行用户权限分配管理，主要包括系统权限设置。如本地和远端系统的系统关机只指派给 Administrators 组，在本地安全设置中取得文件或其他对象的所有权仅指派给 Administrators，在本地安全设置中只允许授权账户本地、远程访问登录此计算机等，如图 10－12 所示。

步骤4：系统补丁。在不影响业务的情况下，应及时安装官方更新的 Service Pack 补丁集，对服务器系统进行兼容性测试。

步骤5：安装防病毒软件。安装防病毒软件并及时更新病毒库。

步骤6：日志安全设置。网络操作系统应配置日志功能，对用户登录进行记录，记录内容包括用户登录使用的账户、登录是否成功、登录时间和远程登录时用户使用的 IP 地址。

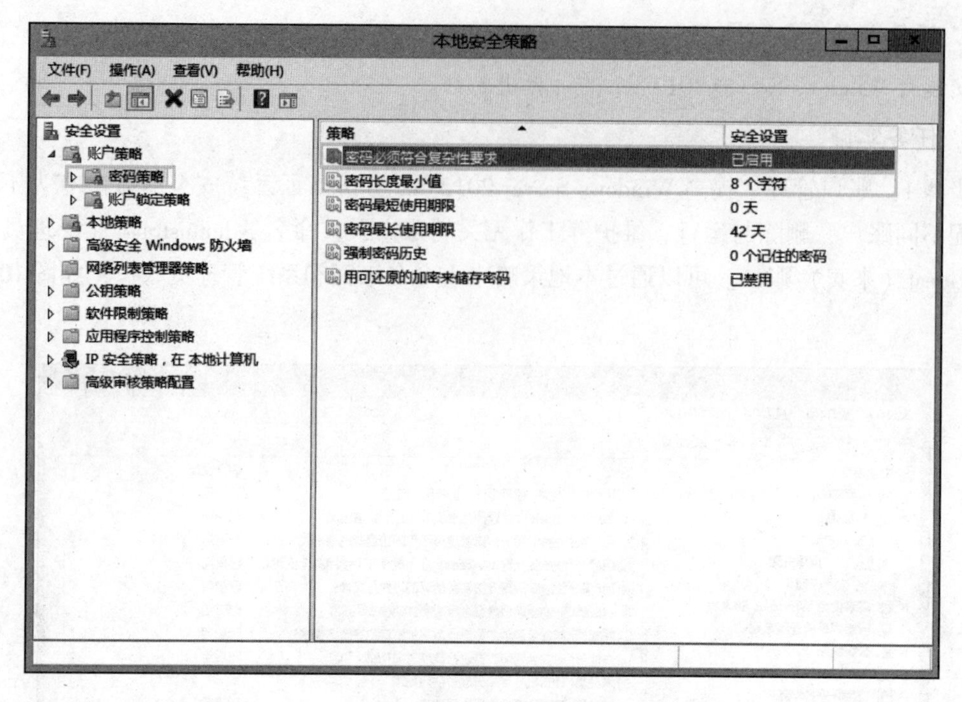

图 10－11　口令管理

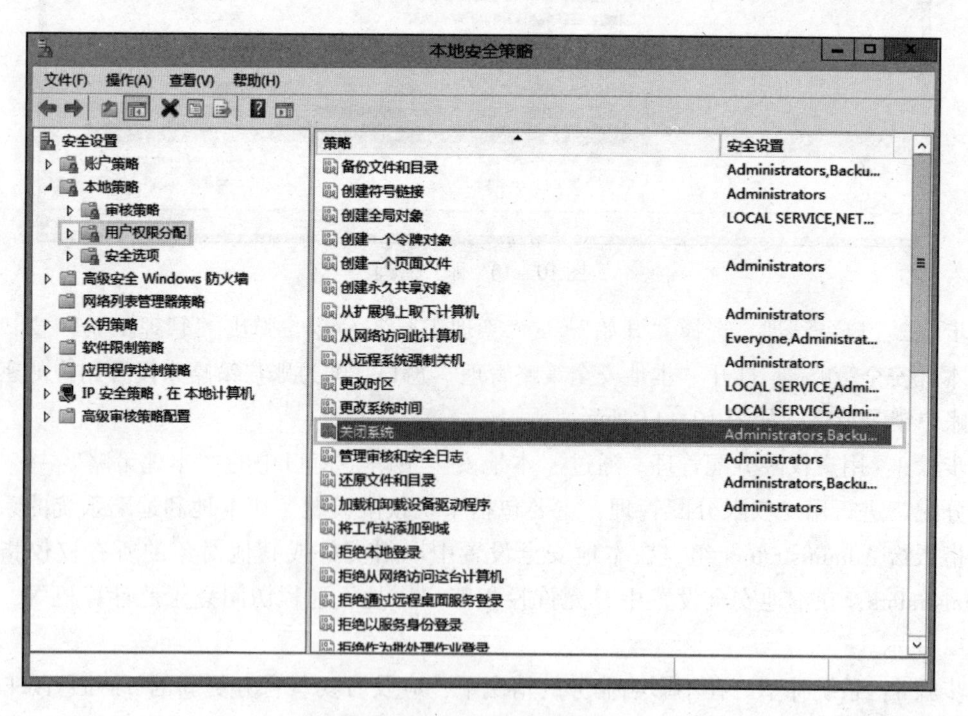

图 10－12　用户权限分配管理

设置日志容量和覆盖规划，保证日志存储。日志安全可在“本地安全策略”窗口中的“本地策略”→“审核策略”下设置。例如，要设置审核登录事件，右击“审核登录事件”，在

弹出的快捷菜单中选择“属性”命令，弹出“审核登录事件　属性”对话框，选中“审核这些操作”列表框中的“成功”和“失败”复选框，单击“确定”按钮。设置后的效果如图 10－13 所示，“安全设置”栏由原来的“无审核”变为“成功，失败”。

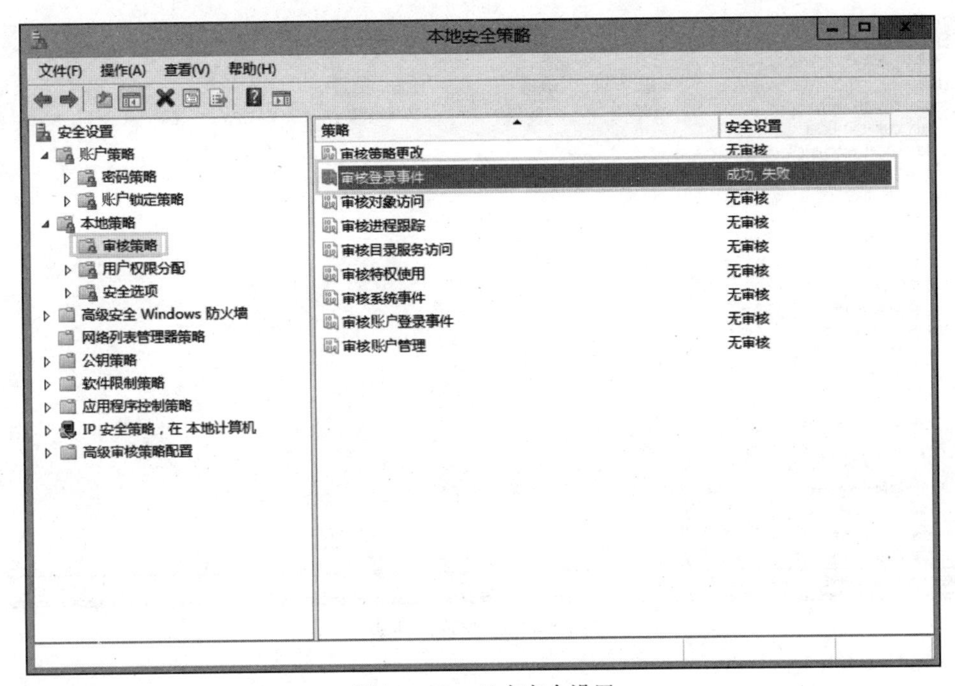

图 10－13　日志安全设置

步骤 7：禁用不必要的服务、端口及启动项。选择“开始”→“管理工具”命令，打开“管理工具”窗口，双击“系统配置”，可在弹出的“系统配置”对话框中对不必要的服务进行禁用，如图 10－14 所示。例如，要对互联网开放 Windows Terminal 服务（Remote Desktop）从安全角度出发，需要修改默认服务端口号，还可以关闭不必要的启动项。

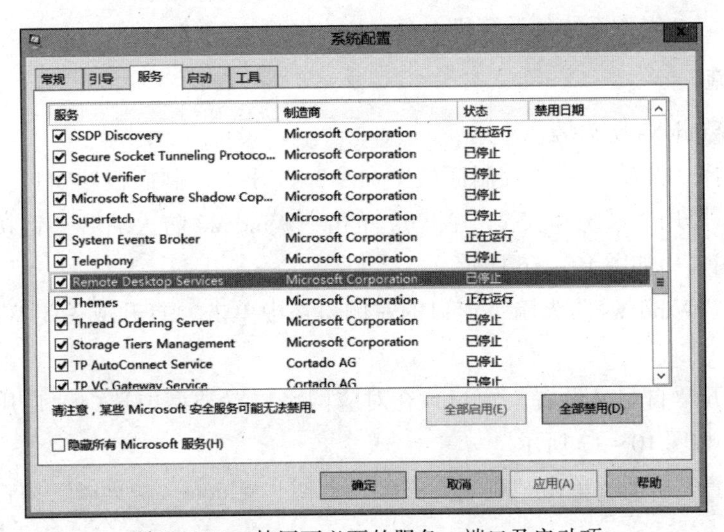

图 10－14　禁用不必要的服务、端口及启动项

步骤8：配置注册表。在不影响系统稳定运行的前提下，对注册表中相应的信息进行更新。选择“开始”→“运行”命令，在弹出的“运行”窗口中输入regedit，调出注册表编辑器，进行相应配置，如图10－15所示。

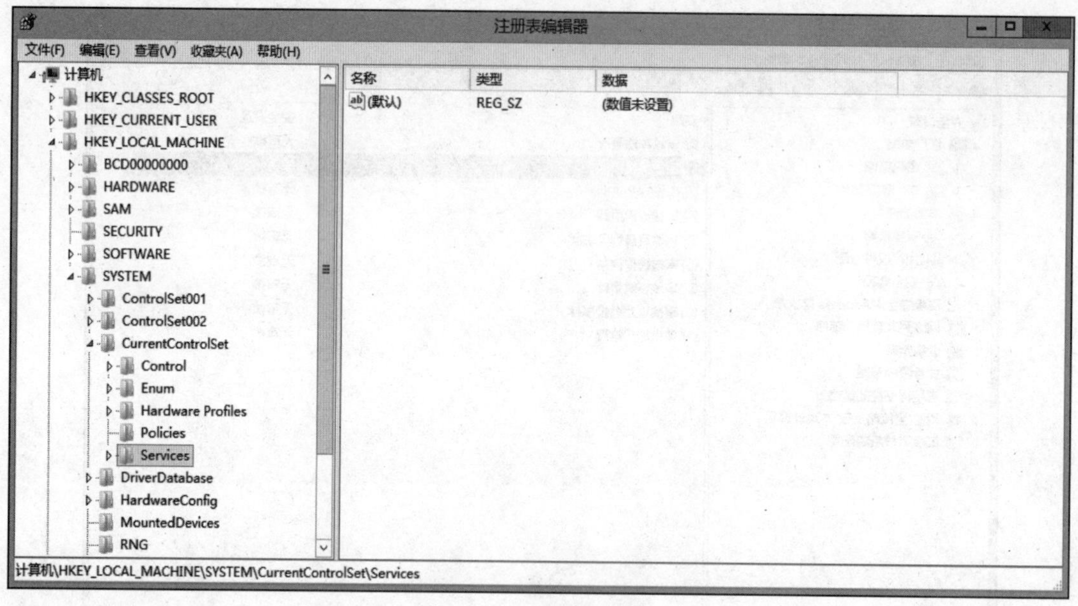

图10－15　配置注册表

10.2.2　Windows防火墙的应用

1. 任务目标

掌握Windows 7操作系统防火墙的启用及相关的配置。

2. 任务准备

装有Windows 7操作系统的计算机1台。

3. 任务实施

（1）启用Windows防火墙。

步骤1：选择“开始”→“控制面板”命令，打开“控制面板”窗口，单击“系统和安全”超链接，打开“系统和安全”窗口，单击“Windows防火墙”超链接，打开“Windows防火墙”窗口，如图10－16所示。

步骤2：在“Windows防火墙”窗口的左侧窗格中单击“打开或关闭Windows防火墙”超链接。

步骤3：打开“自定义设置”窗口，在对应网络位置类型中选中“启用Windows防火墙”单选按钮，如图10－17所示。

步骤4：设置完毕后，单击“确定”按钮，返回“Windows防火墙”窗口，即可完成防火墙的启用。

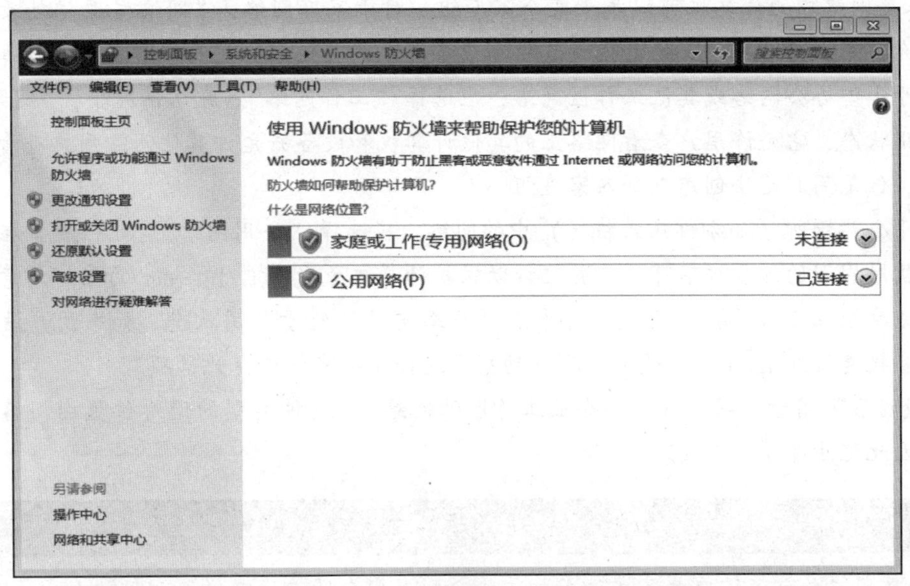

图 10－16　“Windows 防火墙”窗口

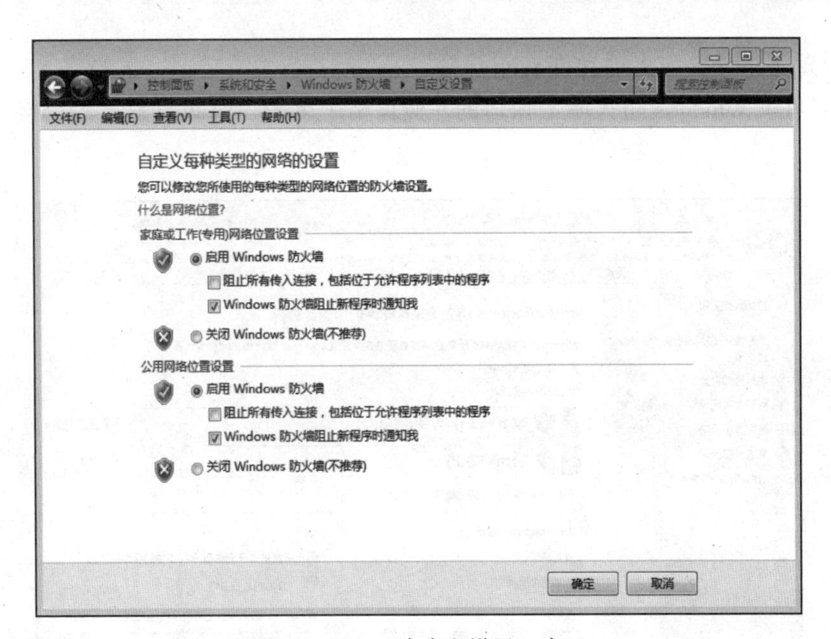

图 10－17　“自定义设置”窗口

小知识：网络位置类型

利用 Windows 7 操作系统第一次连接网络时，必须选择网络位置，这将为所连接网络的类型自动设置适当的防火墙和安全设置。如果用户在不同位置（如家庭、本地咖啡店或办公室）连接网络，选择一个网络位置则可帮助确保始终将用户的计算机设置为适当的安全级别。Windows 防火墙设置中有 4 种网络位置类型，分别是家庭网络、工作网络、公用网络和域网络。

如果网络上的所有计算机都在用户家中，且用户能识别这些计算机，应选择“家庭网络”。家庭网络中的计算机可以属于某个家庭组。对于家庭网络，“网络发现”处于启用状态，它允许用户查看网络上的其他计算机和设备并允许其他网络用户查看用户的计算机。

对于小型办公网络或其他工作区网络，应选择“工作网络”。默认情况下，“网络发现”处于启用状态，它允许用户查看网络上的其他计算机和设备并允许其他网络用户查看用户的计算机，但是用户无法创建或加入家庭组。

对于公共场所（如咖啡店或机场）中的网络，应选择“公用网络”。此位置旨在使用户的计算机对周围的计算机不可见，并且帮助保护计算机免受来自 Internet 的任何恶意软件的攻击。家庭组在公用网络中不可用，并且“网络发现”处于禁用状态。如果用户没有使用路由器直接连接到 Internet，或者具有移动宽带连接，也应该选择此选项。

“域网络”用于域网络（如在企业工作区的网络）。这种类型的网络位置由网络管理员控制，因此无法选择或更改。

注　　意

如果用户知道不需要共享文件或打印机，则最安全的选项是“公用网络”。

（2）设置 Windows 防火墙允许 ping 命令。

步骤1：在“Windows 防火墙”窗口的左侧窗格中单击“高级设置”超链接，如图10－18所示。

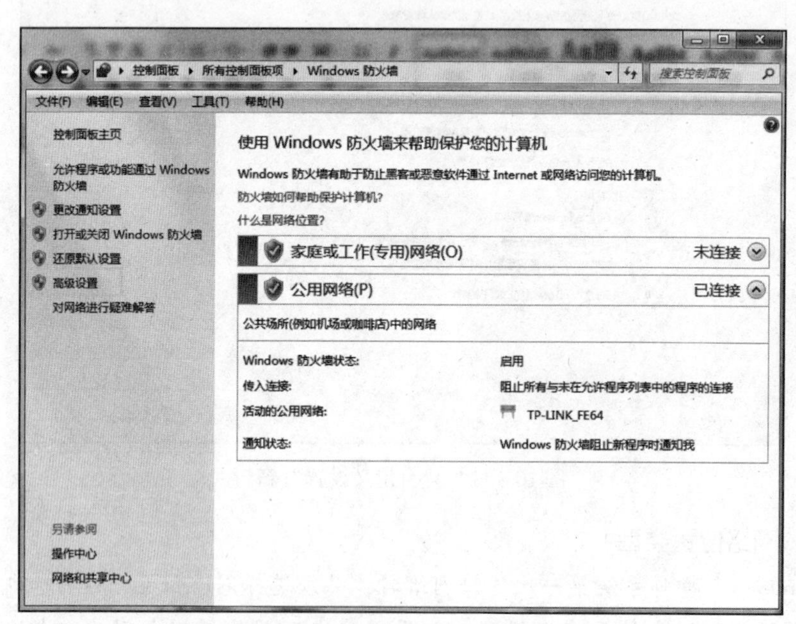

图10－18　Windows 防火墙（高级设置）

步骤2：在打开的“高级安全 Windows 防火墙”窗口的左侧窗格中选择“入站规则”，右侧窗格中选择“新建规则”，如图10－19所示。

步骤3：在弹出的“新建入站规则向导”对话框中进行如下设置。

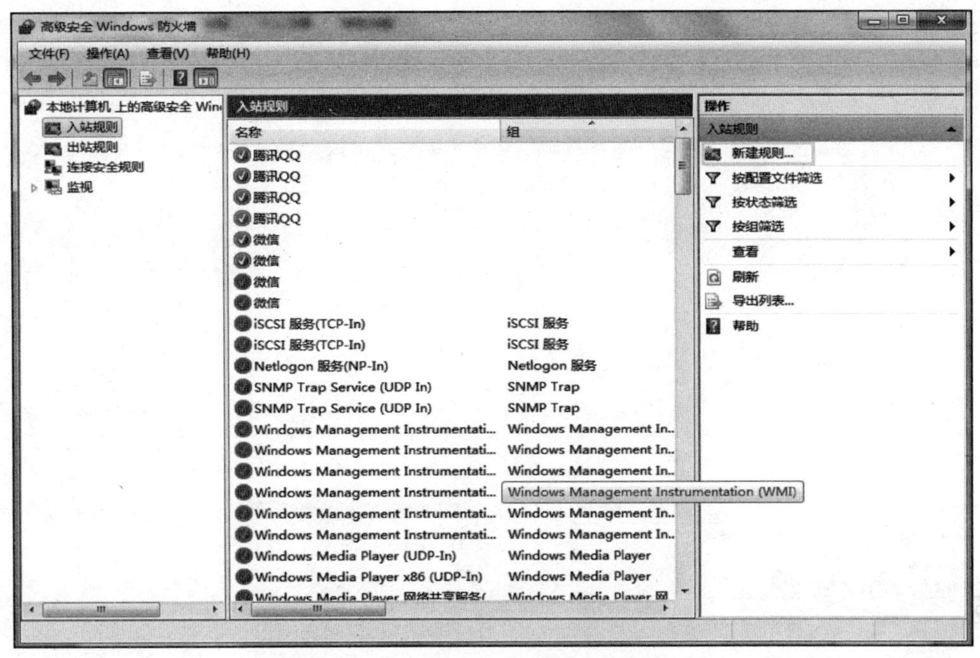

图 10－19　“高级安全 Windows 防火墙”窗口

• 在“规则类型”选项卡中选中“自定义”单选按钮。

• 在“协议和端口”选项卡中设置协议类型为“ICMPv4”，单击 Internet 控制消息协议（ICMP）设置后面的“自定义”按钮。

• 弹出“自定义 ICMP 设置”对话框，选中“特定 ICMP 类型”单选按钮及“回显请求”复选框。

• 在“作用域”选项卡中采用默认设置，在“此规则应用于哪些本地 IP 地址?”和“此规则应用于哪些远程 IP 地址?”中选中“任何 IP 地址”单选按钮。后期如果需要增加系统安全性，可选中“下列 IP 地址”单选按钮，设置允许对本机执行 ping 操作的本地 IP 地址和远程 IP 地址。

• 在“操作”选项卡中选中“允许连接”单选按钮。

• 在“配置文件”选项卡中设置何时应用该规则，在此可以设置为域、专用和公用网络位置类型。

• 在“名称”选项卡中为该规则命名，如命名为“网络－回显请求（ICMPv4）”，设置完毕后，单击“完成”按钮。

上述操作步骤步骤如图 10－20 所示。

步骤 4：在“高级安全 Windows 防火墙”窗口的中间窗格中右击新建的“网络－回显请求（ICMPv4）”规则，在弹出的快捷菜单中选择“属性”命令，弹出“网络－回显请求（ICMPv4）属性”对话框，可以看到该规则已经启用，如图 10－21 所示。

（3）设置 Windows 防火墙允许微信程序运行。

步骤 1：在“Windows 防火墙”窗口的左侧窗格中单击“允许程序或功能通过 Windows 防火墙”超链接。

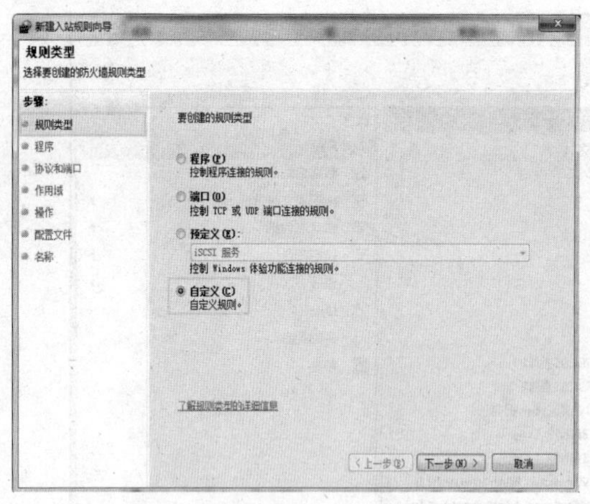

(a)

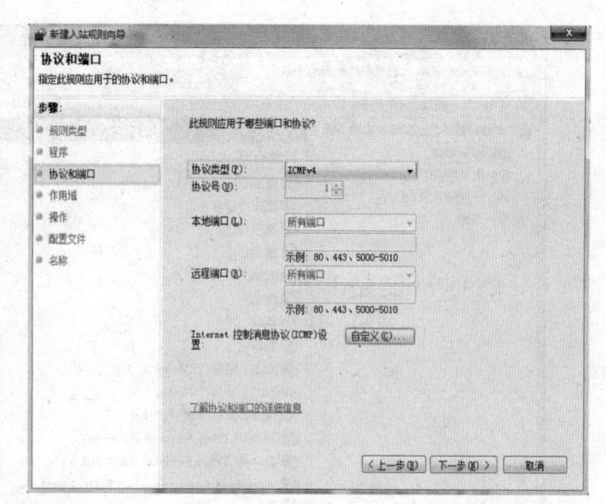

(b)

(c)

(d)

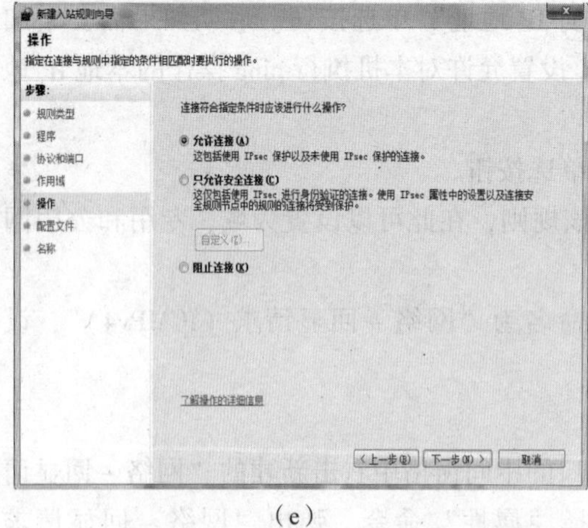

(e)

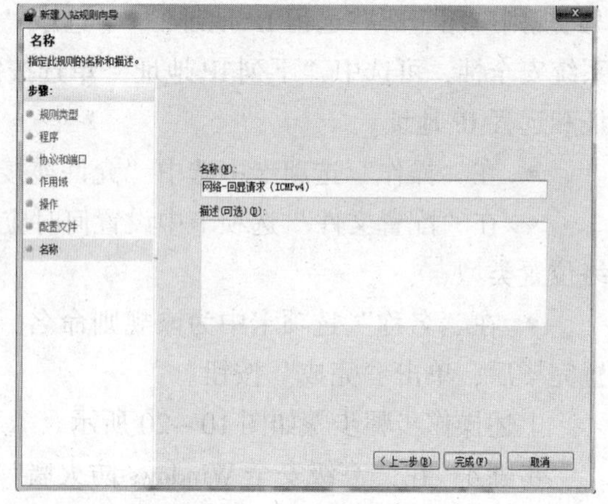

(f)

图 10-20　新建入站规则向导

(a) 选择规则类型；(b) 选择协议类型和端口号；(c) 自定义 ICMP 设置；(d) 设置作用域；(e) 选择采取的动作；(f) 命名规则名称

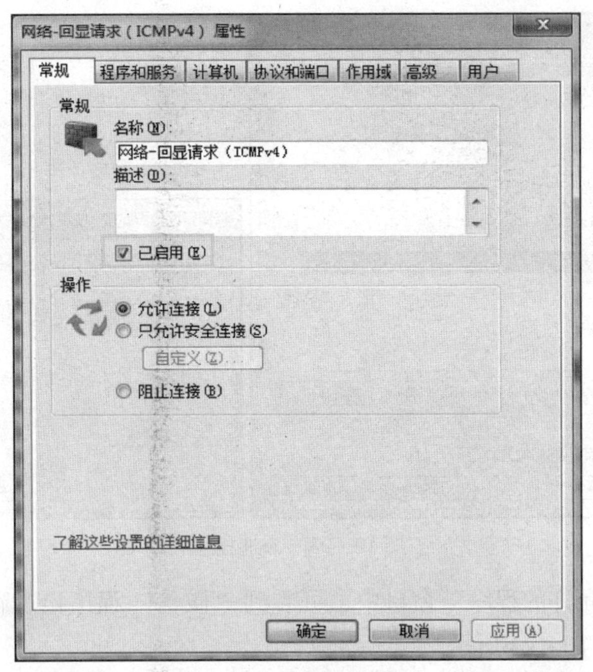

图 10－21　“网络－回显请求（ICMPv4）属性”对话框

步骤2：在打开的“允许的程序”窗口（图 10－22）中单击“允许运行另一程序”按钮。

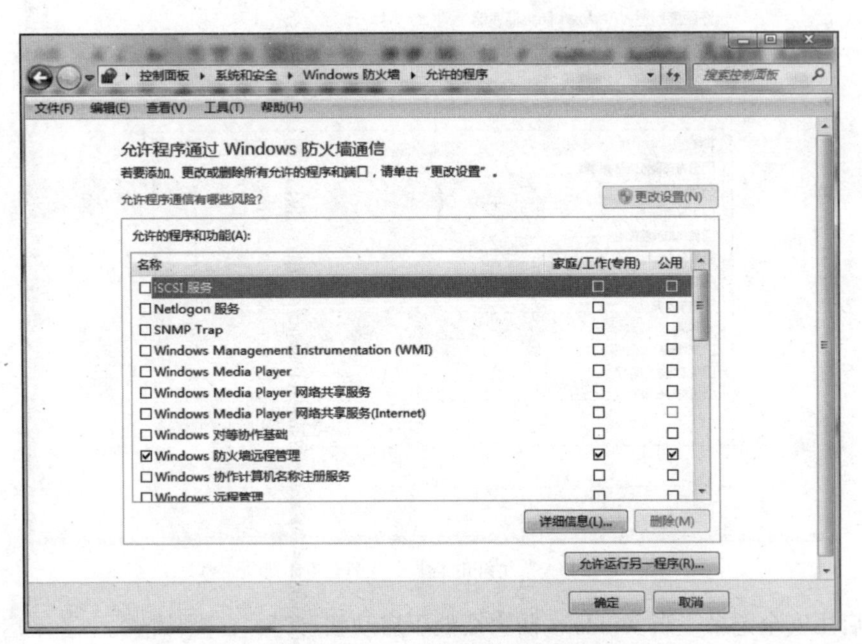

图 10－22　“允许的程序”窗口

步骤3：弹出“添加程序”对话框，在“程序”列表框中选择“微信”，单击“添加”按钮，在弹出的“选择网络位置类型”对话框中选中“家庭/工作（专用）”和“公用”复选框，单击“确定”按钮，如图 10－23 所示。

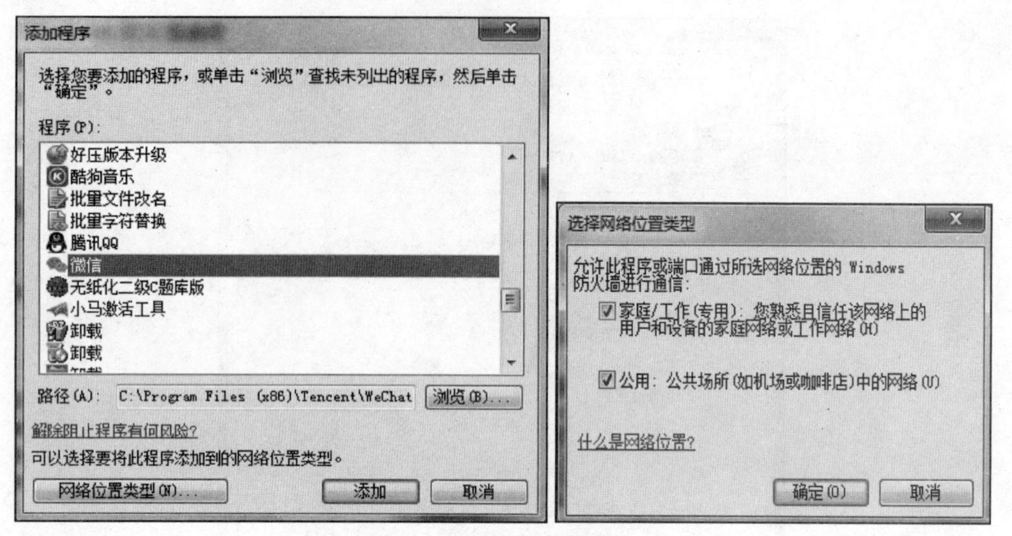

图 10－23　添加程序

步骤 4：返回“允许的程序”窗口中，可看到“微信”程序出现在“允许的程序和功能”列表框中，如图 10－24 所示。

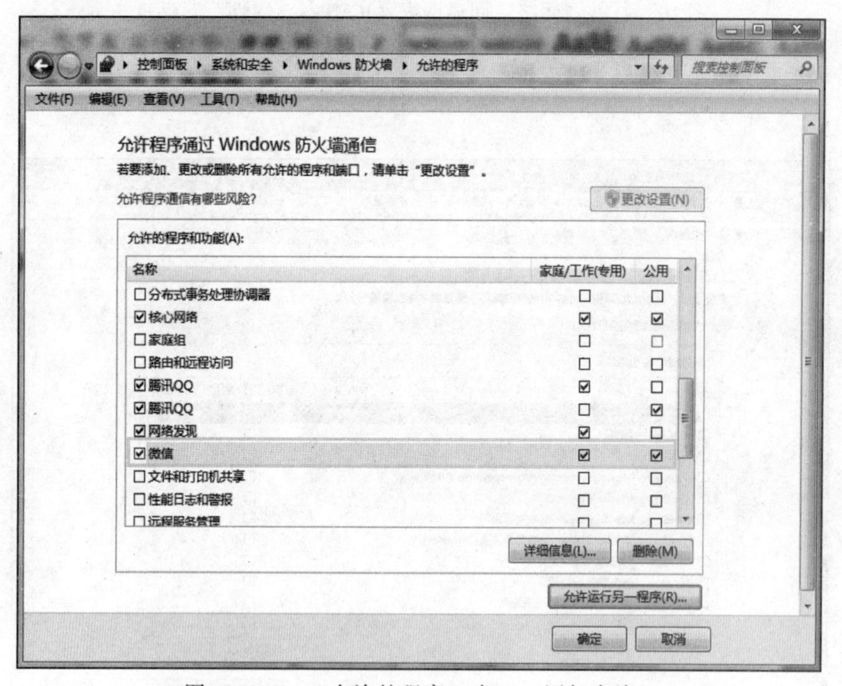

图 10－24　“允许的程序”窗口（添加完毕）

(4) 启用安全记录。当 Windows 防火墙处于启动状态时，在默认情况下并不启用安全记录，但是，无论安全记录是否被启用，防火墙都能正常工作。只有启用了 Windows 防火墙的网络连接，才能使用日志记录功能。

步骤 1：在“高级安全 Windows 防火墙”窗口的中间窗格中单击“Windows 防火墙属性”超链接，如图 10－25 所示。

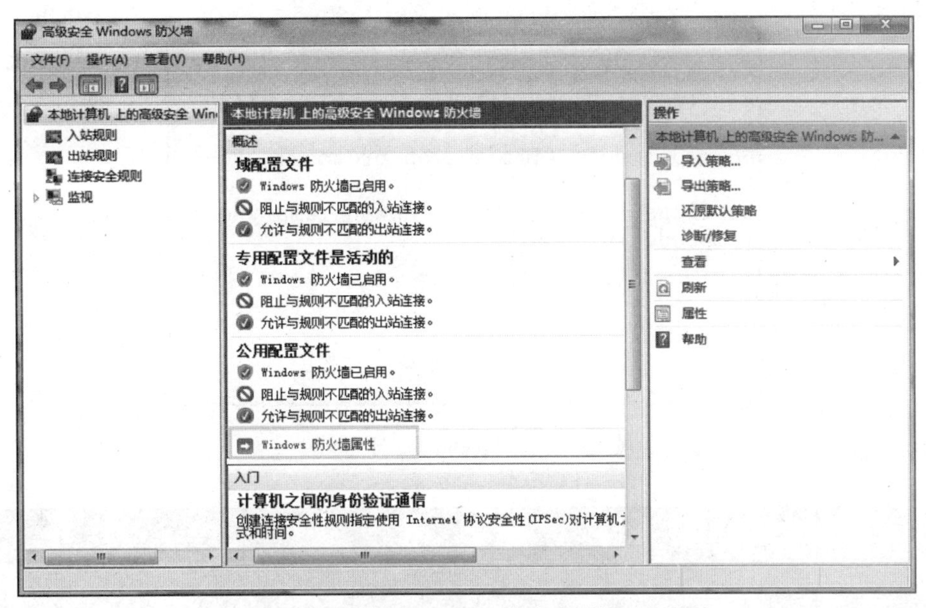

图 10－25　单击“Windows 防火墙属性”超链接

步骤 2：弹出“高级安全 Windows 防火墙－本地计算机　属性”对话框，选择“公用配置文件”选项卡，单击日志中的“自定义”按钮。

步骤 3：弹出“自定义　公用配置文件　的日志设置”对话框，将“记录被丢弃的数据包”和“记录成功的连接”设置为“是”，默认是否，如图 10－26 所示。

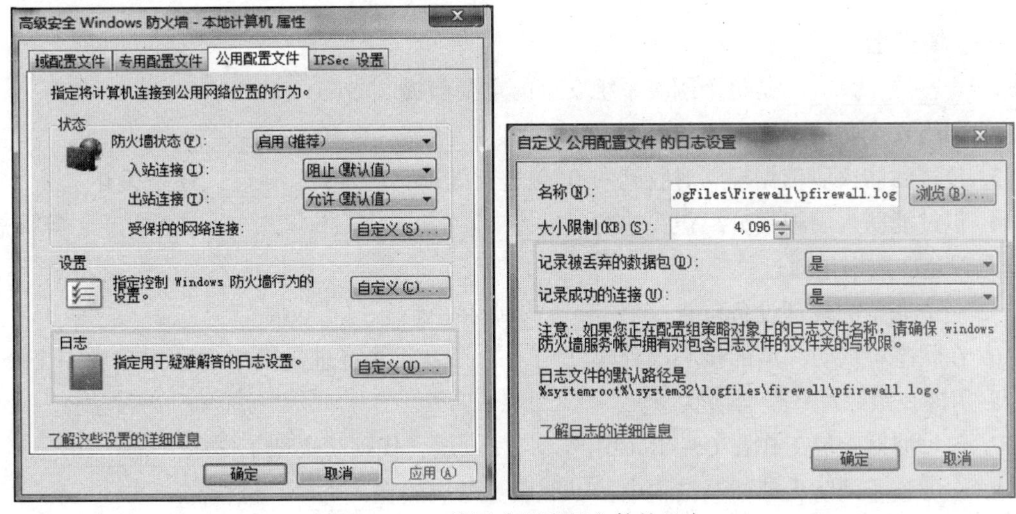

图 10－26　设置公用配置文件的日志

（5）查看安全日志。

防火墙安全日志文件名为 pfirewall. log，存放在% systemroot% \Windows\system32\LogFiles\Firewall\文件夹中（% systemroot% 表示系统盘），但是，必须将“记录被丢弃的数据包”或“记录成功的连接”设置为“是”，才能使 pfirewall. log 日志文件出现在系统盘 Windows 文件夹中。在文件夹中找到该文件，双击打开，如图 10－27 所示。

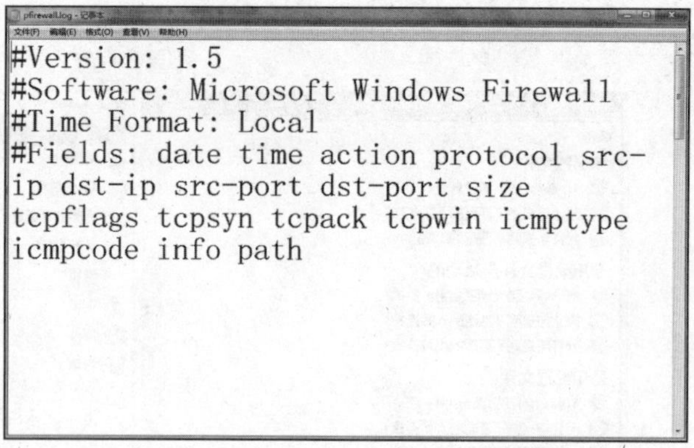

```
#Version: 1.5
#Software: Microsoft Windows Firewall
#Time Format: Local
#Fields: date time action protocol src-ip dst-ip src-port dst-port size tcpflags tcpsyn tcpack tcpwin icmptype icmpcode info path
```

图 10-27　pfirewall. log 日志文件

说　明

如果日志文件超过了 pfirewall. log 可允许的最大大小（4 096 KB），则日志文件中原有的信息将转移到一个新文件中，并用文件名 pfirewall. log. old 进行保存；新的信息将保存在 pfirewall. log 文件中。

练习题

一、填空题

1. ______________是整个网络系统安全的重要前提。

2. 网络安全防范手段主要包括__________、__________和__________。

3. 包过滤防火墙依据规则对收到的 IP 包进行处理，决定是________还是丢弃。

4. 包过滤防火墙根据分组包头中的________、________、________、________等标志，确定是否允许数据包通过。

5. 一个完整的代理设备包含一个________端和一个________端。

6. 在状态检测防火墙的核心部分建立________表，并将进出网络的数据当成一个个会话，利用该表跟踪每一个会话状态。

7. 包过滤防火墙工作在 OSI/RM 中的________层，代理防火墙工作在________层。

8. 在屏蔽子网防火墙体系结构中，Web 服务器应放在________位置。

二、选择题

1. Linux 操作系统常被用作服务器网络操作系统，是绝对安全的。(　　)。

A. 正确　　　　B. 错误

2. 为保障网络安全，防止外部网对内部网的侵犯，多在内部网络与外部网络之间设置(　　)。

A. 密码认证　　　　B. 入侵检测　　　　C. 数字签名　　　　D. 防火墙

3. 防火墙是指（　　）。

A. 一种特定软件　　B. 一种特定硬件

C. 执行访问控制策略的一组系统　　D. 一批硬件的总称

4. 以下（　　）不是实现防火墙的主流技术。

A. 包过滤技术　　B. 状态检测技术

C. 代理服务器技术　　D. NAT 技术

5. 关于防火墙，以下（　　）是错误的。

A. 防火墙能隐藏内部 IP 地址

B. 防火墙能阻止来自内部的威胁

C. 防火墙能提供 VPN 功能

D. 防火墙能控制进出内网的信息流向和信息包

6. 关于防火墙技术的描述中，正确的是（　　）。

A. 防火墙可以查杀各种病毒

B. 防火墙可以布置在企业内部网和 Internet 之间

C. 防火墙不能支持 NAT 功能

D. 防火墙可以过滤各种垃圾文件

7. 在防火墙的访问控制中，内网、外网、DMZ 三者的访问关系不可设置为（　　）。

A. 内网可以访问外网　　B. 内网可以访问 DMZ 区

C. DMZ 区可以访问内网　　D. 外网可以访问 DMZ 区

8. 包过滤防火墙可以部署在（　　）。

A. 集线器　　B. 网桥　　C. 交换机　　D. 路由器

三、简答题

1. 简述网络安全的定义。

2. 简述网络安全面临的主要威胁。

3. 简述防火墙的主要功能。

4. 简述包过滤防火墙的优缺点。

5. 比较防火墙与路由器的区别。

四、实训练习

1. 练习目的

掌握 Windows 防火墙安全规则的设定。

2. 练习环境

安装 Windows 7 操作系统的计算机 1 台。

3. 练习要求

设计一条防火墙安全规则，防范远程主机使用 Telnet（TCP 端口号为 23）登录计算机。

项目 11
诊断与排除网络故障

任务描述

佳明父亲公司的网络搭建完毕后，在运行过程中，网络服务器突然无法实现资源共享。佳明父亲找到放假在家的佳明，让他来公司帮忙排除网络故障。在面对实际工作或生活中发生的网络故障时，应当从哪些方面入手来发现故障并采用合理的手段来排除故障呢？本项目将带领大家学习网络故障的诊断与排除方法。

学习目标

- ➢ 掌握网络故障诊断的步骤；
- ➢ 掌握常用的网络测试命令；
- ➢ 掌握常见网络故障的现象及排除方法。

11.1　知识要点

11.1.1　网络故障概述

网络故障（Network Failure）是指由于硬件问题、软件漏洞、病毒侵入等引起网络无法提供正常服务或降低服务质量的状态。一旦网络发生故障，就会给用户的工作带来很大麻烦，轻则影响工作效率，重则会给企业带来重大经济损失，需要引起足够的重视。

11.1.2　网络故障的诊断步骤与排除方法

当网络发生故障时，如果想要迅速诊断并排除故障，首先要有一个明确的策略。当故障发生时，首先要重视故障重现并尽可能地收集故障信息，再对故障现象进行分析，根据分析结果定位故障范围并对故障进行隔离，最后根据具体情况排除故障。网络故障诊断与排除大致可以从以下几个方面入手。

1. **重现故障**

当网络中出现故障时，如果可能，第一步应该是重现故障，这是获取故障信息的最好方法。

在重现故障的过程中主要考虑以下几个问题。

- 每次操作都会发生故障吗？

- 在多次操作中故障是偶然出现的吗？
- 故障是在特定的操作环境下出现的吗？

重现故障时，应严格按照发现问题的用户操作步骤进行，也可请用户亲自演示，这是因为计算机的功能可以用不同方式实现。例如，在登录时，可以用命令行的方式登录，也可以从一个包含批处理文件的预备脚本登录，或者从客户软件提供的窗口中登录。如果试图用不同于用户的操作重现故障，也许不能发现用户所描述的故障现象，而认为是用户人为操作所导致的错误，从而找不到真正的故障原因。

在重现故障时，一方面应仔细询问用户在故障发生前做过什么操作，如故障发生时他正在运行的程序、浏览的网页及计算机中运行的其他程序；另一方面，要判断重现故障可能会对计算机造成的影响，如重现故障会不会影响到网络中其他计算机而造成网络瘫痪、会不会造成计算机中数据丢失、会不会损坏网络设备等。

2. 分析故障现象

收集了足够的故障信息后，就可以开始从以下几个方面对故障进行分析了。

（1）检查物理连接。物理连接是网络连接中可能存在的最直接的错误，但它非常容易被发现或修复。物理连接包括从服务器或工作站到接口的连接、从数据接口到信息插座模块的连接、从信息插头模块到信息插头模块的连接、从信息插头模块到物理设备的连接、设备的物理安装（网卡、集线器、交换机、路由器）。

回答以下问题将有助于确认物理连接是否存在故障。

- 设备打开了吗？
- 网卡安装正确吗？
- 设备的电缆线与网卡或插座连接有松动吗？
- 集线器、交换机或路由器正确地连接到主干网了吗？
- 所有的电缆线都是好的吗（有无老化或损坏）？
- 所有的接头都处在完好状态吗？

（2）检查逻辑连接。如果物理连接中没有发现故障原因，就必须检查逻辑连接，包括软硬件的配置、设备、安装和权限。逻辑上的问题复杂一些，比物理问题更难以分离和解决。例如，一个用户反映已有3个小时不能登录网络，而检查物理连接后没有发现异常，并且用户说没做什么改动，这时就可能需要检查逻辑连接。某些与网络连接有关的基于软件的可能原因有资源与网卡的配置冲突、某个网卡的配置不恰当、安装或配置客户软件不正确及安装或配置的网络协议或服务不正确。

回答以下问题有助于诊断逻辑连接错误。

- 出错信息是否表明发现了损坏的或找不到的文件、设备驱动程序？
- 出错信息表明是资源（如内存）不正常或不足吗？
- 最近操作系统中的配置、设备驱动程序改动过吗？
- 添加、删除过应用程序吗？
- 故障只出现在一个设备还是多个相似设备上？

（3）参考网络最近的变化。参考网络最近的变化并不是一个独立的步骤，而是诊断和排除故障过程中需要经常考虑并且相互关联的一个步骤。开始排除故障时，应该了解网络中最近有什么样的变动，包括添加新设备、修复已有设备、卸载已有设备、在已有设备上安装新元件、在网络上安装新服务或应用程序、设备移动、地址或协议改变、服务器连接设备或工作站上软件配置改变、工作组或用户改变等。

回答以下问题有助于找出网络变动所导致的故障。

- 服务器、工作站或连接设备上的操作系统或配置改动过吗？
- 服务器、工作站或连接设备的位置移动过吗？
- 服务器、工作站或连接设备上添加新元件了吗？
- 服务器、工作站或连接设备移走了旧元件吗？
- 服务器、工作站或连接设备上安装了新软件吗？
- 服务器、工作站或连接设备上删除了旧软件吗？

3. **定位故障范围**

在对故障现象进行分析之后，就可以根据分析结果来定位故障范围了。也就是说，要确定故障的范围是否仅在特定的计算机、某一地区的机构或某一时间段中。例如，如果问题只影响某一网段内的用户，则可以推断出问题出在该网段的网线、配置、端口或网关等方面；如果问题仅限于影响一个用户，则只需要关注一条网线、计算机软硬件的配置或用户个人。

回答以下问题有助于定位故障范围。

- 有多少用户或工作组受到了影响？是一个用户或工作站、一个工作组、一个部门、一个组织地域还是整个组织？
- 什么时候出现的故障？
- 网络、服务器或工作站曾经正常工作过吗？
- 故障是在很长一段时间内有规律地出现吗？
- 故障是仅在一天、一周、一月中的特定时段出现吗？

定位故障范围排除了其他的原因或对其他范围问题的关注，可以帮助区分是工作站问题还是网络问题。如果故障只影响到机构中某个部门或某个楼层，就需要检测该网段，包括它的交换机接口、网线及为那些用户提供服务的计算机；如果故障影响到一个远程用户，则应检测广域网连接或路由器结构；如果故障影响到所有部门和所有用户，这时就应检查关键部件，如核心交换机和主干网连接。

4. **隔离故障**

定位故障范围以后，还有一项非常重要的工作，就是隔离故障。隔离故障主要有以下 3 种情况。

（1）如果故障影响到整个网段，则应通过减少可能的故障源来隔离故障。除两个节点外断开所有其他节点，如果这两个节点能正常通信，再连接上其他节点；如果这两个节点不能通信，就要对物理层的有关部分，如电缆的接头、电缆本身或与它们相连的集线器和网卡等进行检查。

（2）如果故障能被隔离至一个节点，则可以更换网卡、使用其他好的网卡驱动程序或是用一条新的电缆与网络相连。如果网络的连接没有问题，则检查是否只是某一个应用出现了问题。使用相同的驱动器或文件系统运行其他应用程序。

（3）如果只是一个用户出现了使用问题，则检查涉及该节点的网络安全系统。是否对网络安全系统进行了改变以致影响该用户？是否删除了与该用户安全等级相同的其他用户？该用户是否被网络中的一个安全组所删除？是否某项应用被移到网络中的其他部分？是否改变了系统的注册方法或是改变了用户的注册方法？比较该用户与其他执行相同任务的用户。

5. 排除故障

一旦确定了故障类型，排除故障就比较容易了。

对于硬件故障来说，最方便的措施就是直接进行更换，对损坏部分的维修可以推迟。故障排除的目的就是尽可能迅速地恢复网络的所有功能。

对于软件故障来说，解决办法是重新安装有问题的软件，删除可能有问题的文件并且确保拥有全部所需的文件。如果问题是单一用户的问题，通常最简单的方法是完整删除该用户，然后重新开始安装与配置，使该用户重新获取之前出现故障的那个应用。

在故障排除以后，还应请操作人员测试故障是否依然存在，这样可以确保是否整个故障都已排除。操作人员只需简单地按正常方法操作有关网络设备，同时快速地执行其他几种正常操作即可。

11.1.3 网络故障的测试命令

1. ping 命令

ping 命令是利用回应请求/应答 ICMP 报文来测试目的主机或路由器的可达性的命令。通过执行 ping 命令，可实现以下功能。

监测网络的连通性，检验与远程计算机或本地计算机的连接。

确定是否有数据报被丢失、复制或重传。ping 命令在所发送的数据中设置唯一的序列号，以此检查其接收到应答报文的序列号。

ping 命令在其所发送的数据报中设置时间戳，根据返回的时间戳信息可以计算数据包交换的时间，即 RTT（Round Trip Time）。

ping 命令校验每一个收到的数据报，据此可以确定数据是否损坏。

ping 命令的用法：

```
ping [ -t] [ -a] [ -n count] [ -l size] [ -f] [ -I TTL] [ -v TOS]
  [ -r count] [ -s count] [ -w timeout] [ -S srcaddr] [ -4] [ -6] tar-
  get_name
```

ping 命令常用选项的含义见表 11 – 1。

表 11－1 ping 命令常用选项的含义

选项	含义
－t	ping 指定的主机，直到停止（停止可按 Control＋C 组合键）
－a	将 IP 地址解析为主机名
－n count	要发送的回显请求数（默认值为 4）
－l size	发送缓冲区大小（默认值为 32B）
－f	在数据包中设置“不分段”标志（默认允许分段，仅适用于 IPv4）
－i TTL	生存时间
－v TOS	服务类型（仅适用于 IPv4，一般不进行设置）
－r count	记录计数跃点的时间戳（仅适用于 IPv4）
－s count	使用时间戳选项
－w timeout	等待每次回复的超时时间（ms）
－S srcaddr	要使用的源地址
－4	强制使用 IPv4
－6	强制使用 IPv6
/?	在命令提示符下显示帮助信息

当网络发生故障时，可用 ping 命令来进行检测。ping 不同 IP 地址时的作用是不一样的，常用的有以下几种情况。

（1）测试本机 TCP/IP 是否正常安装。执行 ping117. 0. 0. 1 命令，如果能 ping 成功，表示 TCP/IP 正确安装。

（2）测试本机 IP 地址是否正确配置或者网卡是否正常工作。执行 ping 本机 IP 地址命令，如果能 ping 成功，表示本机 IP 地址配置正确，并且网卡工作正常。

（3）测试与网关之间的连通性。执行 ping 网关 IP 地址命令，如果能 ping 成功，表示本机到网关之间的物理线路是连通的。

（4）测试能否访问 Internet。执行 ping 202. 102. 152. 3 命令。如果能 ping 成功，表示本机能访问 Internet。202. 102. 152. 3 是山东省济南市某运营商提供的 DNS 服务器地址之一。

（5）测试 DNS 服务器是否正常工作。执行 ping www. 163. com 命令，如果能 ping 成功，表示 DNS 服务器正常工作，能够把 www. 163. com 正向解析为 IP 地址 113. 118. 14. 112；否则说明主机的 DNS 未设置或设置有误。

示例：利用 ping 命令测试本机 TCP/IP 是否正常安装。执行 ping 127. 0. 0. 1 命令，如图 11－1 所示。

2. ipconfig **命令**

ipconfig 命令可查看主机当前的 TCP/IP 配置信息，如 IP 地址、子网掩码、默认网关和 DNS 服务器地址等。

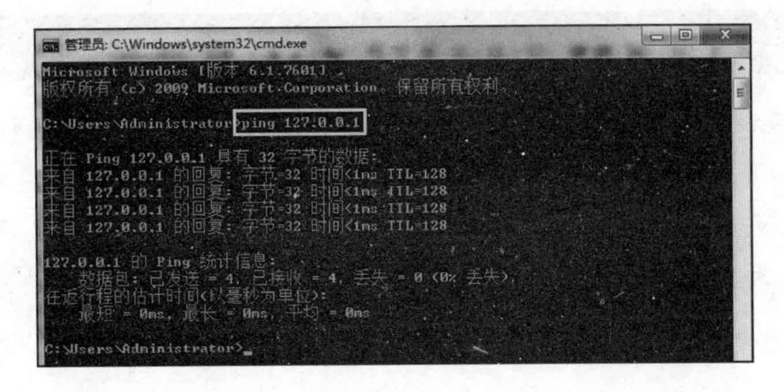

图 11－1　利用 ping 命令测试本机 TCP/IP 是否正常安装

ipconfig 命令的用法：

```
ipconfig [/allcompartments] [/? | /all |
                              /renew [adapter] | /release [adapter] |
                              /renew6 [adapter] | /release6 [adapter] |
                              /flushdns | /displaydns | /registerdns |
                              /showclassid adapter |
                              /setclassid adapter [classid] |
                              /showclassid6 adapter |
                              /setclassid6 adapter [classid] ]
```

ipconfig 命令各选项的含义见表 11－2。

表 11－2　ipconfig 命令各选项的含义

选项	含义
/all	显示
/release [adapter]	释放所有适配器或特定适配器的 IPv4 地址
/release6 [adapter]	释放所有适配器或特定适配器的 IPv6 地址
/renew [adapter]	更新所有适配器或特定适配器的 IPv4 地址
/renew6 [adapter]	更新所有适配器或特定适配器的 IPv6 地址
/flushdns	清除 DNS 解析程序缓存
/registerdns	刷新所有 DHCP 租约并重新注册 DNS 名称
/displaydns	显示 DNS 解析程序缓存的内容
/showclassid	显示适配器的所有允许的 DHCP 类 ID
/setclassid	修改 DHCP 类 ID
/showclssid6	显示适配器允许的所有 IPv6 DHCP 类 ID
/setclassid6	修改 IPv6 DHCP 类 ID
/?	在命令提示符下显示帮助信息

注　　意

（1）默认不加任何参数的情况下，仅显示绑定到 TCP/IP 的适配器的 IP 地址、子网掩码和默认网关。

（2）对于 Release 和 Renew，如果未指定适配器名称，则会释放或更新所有绑定到 TCP/IP 的适配器的 IP 地址租约。

（3）对于 Setclassid 和 Setclassid6，如果未指定 Classid，则会删除 Classid。

示例：

- 利用 ipconfg 命令查看当前主机网络配置信息，执行 ipconfig 命令，如图 11－2 所示。

3. arp 命令

arp 命令用于查看、添加和删除缓存中的 ARP 表项。

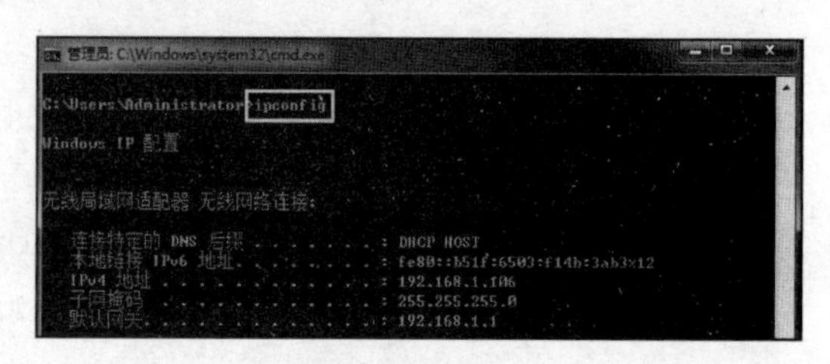

图 11－2　利用 ipconfig 命令查看当前主机网络配置信息

ARP 表可以包含动态和静态表项，用于存储 IP 地址与 MAC 地址的映射关系。其中动态表项随时间推移自动添加和删除；而静态表项则一直保留在高速缓存中，直到人为删除或重新启动计算机为止。每个表项的潜在生命周期是 10 min，新表项加入定时器开始计时，如果某表项添加后 2 min 内没有被再次使用，则此表项过期并从 ARP 表中删除；如果某个表项始终在使用，则它的最长生命周期为 10 min。

arp 命令的用法：

```
arp -a [inet_addr] [-N if_addr] [-v]
arp -s inet_addr eth_addr [if_addr]
arp -d inet_addr [if_addr]
```

arp 命令各选项的含义见表 11－3。

表 11－3　arp 命令各选项的含义

选项	含义
－a	显示当前 ARP 项
－s	添加主机并且将 IP 地址与物理地址相关联
－d	删除 IP 地址指定的主机
inet_addr	指定 Internet 地址
Eth_addr	指定物理地址
－N if_addr	显示 if_addr 指定的网络接口的 ARP 项

注　　意

- 使用 -a 时，如果指定 inet_addr，则只显示指定计算机的 IP 地址和物理地址；如果不止一个网络接口使用 ARP，则显示每个 ARP 表项。
- 使用 -d 时，inet_addr 可以是通配符 *，表示删除所有主机。

示例：

- 利用 arp 命令显示当前主机的 ARP 表。执行 arp - a 命令，如图 11 -3 所示。

```
管理员: C:\Windows\system32\cmd.exe

C:\Users\Administrator>arp -a

接口: 192.168.1.106 --- 0xc
  Internet 地址         物理地址              类型
  192.168.1.1           b8-f8-83-ae-a4-d9     动态
  192.168.1.255         ff-ff-ff-ff-ff-ff     静态
  224.0.0.2             01-00-5e-00-00-02     静态
  224.0.0.22            01-00-5e-00-00-16     静态
  224.0.0.251           01-00-5e-00-00-fb     静态
  224.0.0.252           01-00-5e-00-00-fc     静态
  239.255.255.250       01-00-5e-7f-ff-fa     静态
  255.255.255.255       ff-ff-ff-ff-ff-ff     静态

接口: 192.168.2.1 --- 0xe
  Internet 地址         物理地址              类型
  192.168.2.255         ff-ff-ff-ff-ff-ff     静态
  224.0.0.2             01-00-5e-00-00-02     静态
  224.0.0.22            01-00-5e-00-00-16     静态
  224.0.0.251           01-00-5e-00-00-fb     静态
  224.0.0.252           01-00-5e-00-00-fc     静态
  239.255.255.250       01-00-5e-7f-ff-fa     静态

接口: 192.168.43.1 --- 0xf
  Internet 地址         物理地址              类型
  192.168.43.255        ff-ff-ff-ff-ff-ff     静态
  224.0.0.2             01-00-5e-00-00-02     静态
  224.0.0.22            01-00-5e-00-00-16     静态
  224.0.0.251           01-00-5e-00-00-fb     静态
  224.0.0.252           01-00-5e-00-00-fc     静态
  239.255.255.250       01-00-5e-7f-ff-fa     静态
```

图 11 -3　利用 arp 命令显示 ARP 表

- 利用 arp 命令添加静态表项。执行 arp - s 57. 55. 85. 212 00 - aa - 00 - 62 - c6 - 09 命令，如图 11 -4 所示。

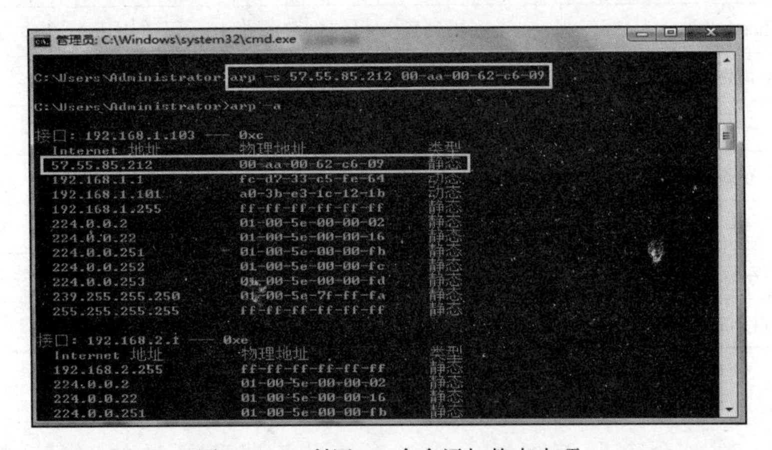

图 11 -4　利用 arp 命令添加静态表项

- 利用 arp 命令删除静态表项。执行 arp - d 57. 55. 85. 212 命令，如图 11 -5 所示。

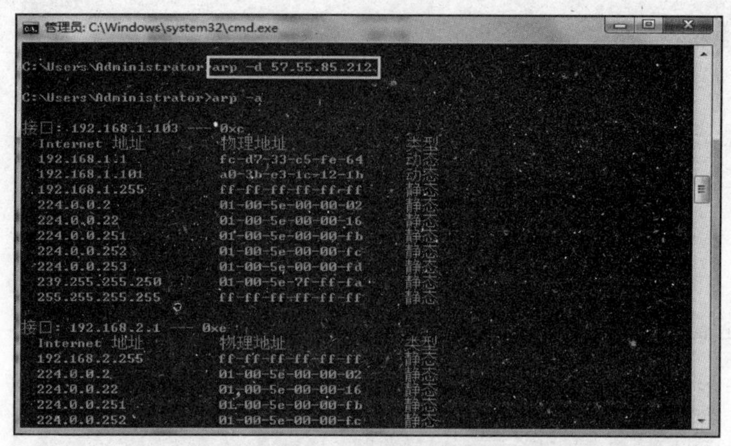

图 11－5 利用 arp 命令删除静态表项

4. tracert 命令

tracert 命令是路由跟踪实用程序，用于获得 IP 数据报访问目标时从本地计算机到目的主机的路径信息。

tracert 命令的用法：

```
tracert [-d] [-h maximum_hops] [-j host-list] [-w timeout] [-R]
   [-S srcaddr] [-4] [-6] target_name
```

tarcert 命令中各选项的含义见表 11－4。

表 11－4 tarcert 命令中各选项的含义

选项	含义
-d	不将地址解析成主机名
-h maximum_hops	搜索目标的最大跃点数
-j host-list	与主机列表一起的松散源路由（仅适用于 IPv4）
-w timeout	等待每个回复的超时时间（以 ms 为单位）
-R	跟踪往返行程路径（仅适用于 IPv6）
-S srcaddr	要使用的源地址（仅适用于 IPv6）
-4	强制使用 IPv4
-6	强制使用 IPv6
target_name	目标主机地址，可以是 IP 地址或主机名

示例：

- 利用 tracert 命令跟踪到 www.163.com 服务器所经过的路径，执行 pathping www.163.com 命令，如图 11－6 所示。

```
管理员: C:\Windows\system32\cmd.exe

C:\Users\Administrator>tracert www.163.com

通过最多 30 个跃点跟踪
到 www.163.com.lxdns.com [27.195.145.120] 的路由:

  1    19 ms    19 ms    36 ms  192.168.1.1
  2     2 ms     1 ms     1 ms  10.254.1.1
  3    37 ms    17 ms    64 ms  124.128.247.65
  4     3 ms     2 ms     9 ms  119.163.108.113
  5    24 ms    21 ms    15 ms  112.230.161.185
  6     *        *        *     请求超时。
  7   199 ms    92 ms    78 ms  221.1.4.242
  8    89 ms    65 ms    69 ms  61.133.95.14
  9    13 ms     8 ms    10 ms  27.195.145.120

跟踪完成。

C:\Users\Administrator>
```

图 11－6　利用 tracert 命令跟踪到 www. 163. com 服务器所经过的路径

5. pathping **命令**

pathping 命令是一个路由跟踪工具，它将 ping 和 tracert 命令的功能和这两个工具不能提供的其他信息结合起来。pathping 命令在一段时间内将多个回应请求报文发送到源地址和目标地址之间的各个路由器，然后根据各个路由器返回的数据包计算结果。由于该命令显示数据包在任何给定路由器或链接上丢失的程度，因此可以很容易地确定可能导致网络问题的路由器或链接。

pathping 命令的用法：

```
pathping [ -g host-list] [ -h maximum_hops] [ -I address] [ -n] [ -p
  period] [ -q num_queries] [ -w timeout] [ -4] [ -6]
```

pathping 命令各选项的含义见表 11－5。

表 11－5　pathping 命令各选项的含义

选项	含义
－g host－list	与主机列表一起的松散源路由
－h maximum_hops	搜索目标的最大跃点数
－i address	使用指定的源地址
－n	不将地址解析成主机名
－p period	两次 ping 之间等待的时间（以 ms 为单位）
－q num_queries	每个跃点的查询数
－w timeout	每次回复等待的超时时间（以 ms 为单位）
－4	强制使用 IPv4
－6	强制使用 IPv6

示例：

- 用 pathping 命令跟踪到 www. 163. com 服务器主机的路径。执行 pathping www. 163. com 命令，如图 11－7 所示。

```
管理员: C:\Windows\system32\cmd.exe

C:\Users\Administrator>pathping www.163.com

通过最多 30 个跃点跟踪
到 www.163.com.lxdns.com [27.195.145.120] 的路由:
  0  SKY-20181216XYY.DHCP HOST [192.168.1.106]
  1  192.168.1.1
  2  10.254.1.1
  3  124.128.247.65
  4  119.163.108.113
  5  112.230.161.185
  6     *        *        *
正在计算统计信息，已耗时 125 秒...
            指向此处的源    此节点/链接
跃点  RTT     已丢失/已发送 = Pct  已丢失/已发送 = Pct  地址
  0                                           SKY-20181216XYY.DHCP HOST [192.168
.1.106]
                                0/ 100 =  0%   |
  1   98ms     0/ 100 =  0%     0/ 100 =  0%  192.168.1.1
                                0/ 100 =  0%   |
  2  109ms     0/ 100 =  0%     0/ 100 =  0%  10.254.1.1
                                0/ 100 =  0%   |
  3  156ms     0/ 100 =  0%     0/ 100 =  0%  124.128.247.65
                                0/ 100 =  0%   |
  4  136ms     0/ 100 =  0%     0/ 100 =  0%  119.163.108.113
                                0/ 100 =  0%   |
  5  152ms     0/ 100 =  0%     0/ 100 =  0%  112.230.161.185

跟踪完成。

C:\Users\Administrator>
```

图 11－7　利用 pathping 命令跟踪到 www. 163. com 服务器主机的路由

6. netstat 命令

netstat 命令可以显示当前活动的 TCP 连接、计算机侦听的端口、以太网统计信息、IP 路由表、IPv4 统计信息及 IPv6 统计信息等。

netstat 命令的用法：

```
netstat [-a] [-b] [-e] [-f] [-n] [-o] [-p protocol] [-r] [-s]
  [-t] [-interval]
```

netstat 命令各选项的含义见表 11－6。

表 11－6　netstat 命令各选项的含义

选项	含义
－a	显示所有连接和侦听端口
－b	显示在每个键、每个连接或侦听端口时涉及的可执行程序
－e	显示以太网统计，可与－s 合用
－f	显示外部地址的完全限定域名（FQDN）
－n	以数字形式显示地址和端口号
－o	显示拥有的与每个连接关联的进程 ID
－p protocol	显示 protocol 指定的协议连接
－r	显示路由表
－s	显示每个协议的统计
－t	显示当前连接卸载状态
intervel	重新显示选定的统计

示例：

- 利用 netstat 命令查看当前主机的 TCP 连接、计算机侦听的端口、以太网统计信息、IP 路由表、IPv4 统计信息及 IPv6 统计信息。执行 netstat - a 命令如图 11－8 所示。

图 11－8　利用 netstat 命令查看当前主机的活动信息

- 显示所有活动的 TCP 连接及计算机侦听的 TCP 和 UDP：netstat －a。
- 显示以太网统计信息：netstat －e －s。

状态信息说明。

（1）LISTENING 状态：FTP 服务启动后首先处于侦听（LISTENING）状态。

（2）ESTABLISHED 状态：建立连接，表示两台机器正在通信。

（3）CLOSE_WAIT 状态：对方主动关闭连接或者网络异常导致连接中断，这时我方状态会变成 CLOSE_WAIT，此时我方要调用 close( ) 使连接正确关闭。

（4）TIME_WAIT 状态：我方主动调用 close( ) 断开连接，收到对方确认后状态变为 TIME_WAIT。

11.1.4　常见网络故障及排除方法

1. 网卡工作不正常

（1）故障分析。网卡不能正常工作的原因可能有以下几方面：网卡与 PCI 插槽接触不良、I/O 或 IRQ 与其他设备冲突、网卡驱动程序未正确安装、网卡物理故障。网卡属性如图 11－9 所示。

（2）排除办法。将网卡从主板的插槽中拔下，重新插入。一般可通过查看网卡的指示灯来初步判断网卡与主板是否接触良好。选择“开始”→“运行”命令，在弹出的“运行”对话框中输入 cmd，打开命令行输入窗口，输入 ping 命令来 ping 本机的 IP 地址。如果网卡指示灯不闪烁，基本可以判定是网卡问题或接触问题。

计算机中安装了其他类型的接口卡，可能会造成I/O或IRQ冲突。此时可以尝试将网卡换一个PCI插槽或者先将其他不重要的卡拔下来，插入网卡，最后再安装其他接口卡。

利用工具软件（如驱动精灵）查看网卡驱动程序是否工作正常，如果不正常，则卸载后重新进行安装。

排除以上原因，如果还不能解决问题，考虑是网卡的物理故障，可更换网卡。

图11-9　网卡属性

2. 客户端无法连接服务器

（1）故障分析。

客户端无法连接服务器有以下几种可能。

系统网络属性设置不正确。如果是在对等网中，可能是由于客户端IP地址与服务器IP地址不在同一个网段或子网掩码不同；如果是在C/S网络中，可能是客户端的网关设置错误或没有设置网关。

物理链路不正常，如网卡与传输介质连接有问题、传输介质与交换机连接有问题、交换机与服务器或路由器连接有问题。

（2）排除办法。

查看客户端与服务器端的网络属性设置，发现问题，更改后进行通信测试。

检查网线和网卡是否接触良好。将网线拔出，检查水晶头压制是否合格。如果怀疑水晶头没有压制好，可重新制作水晶头，制作完毕将其插入网卡，在主机通电情况下查看网卡的指示灯是否闪烁。如果故障仍然存在，进行下一步检查。

检查网卡与交换机的连接网线。可以用测线仪的子母端分别连接网线两头，如果距离较远，也可以把网线一端连接交换机或网卡（计算机通电），另一端连接测线仪的母端，如果测线仪的1、2、3、6指示灯闪烁，则可以排除网络问题。如果故障仍然存在，进行下一步检查。

检查网线与交换机是否接触良好。给客户机通电，网卡的指示灯亮，查看交换机对应的端口指示灯是否也亮或闪烁。如果故障仍然存在，可考虑更换端口或更换交换机，再行检查。

3. 客户端可以ping通服务器的IP地址，但ping不通域名

（1）故障分析：可能是客户端TCP/IP中的DSN服务器设置错误或没有设置。

（2）排除办法：对客户端DNS服务器配置项进行相应修改。

4. 无法在网络上共享文件或打印机

（1）故障分析：可能是没有安装文件或打印机共享服务组件、文件或打印机共享服务没有启用，如图11-10和图11-11所示。

图 11－10　本地连接属性

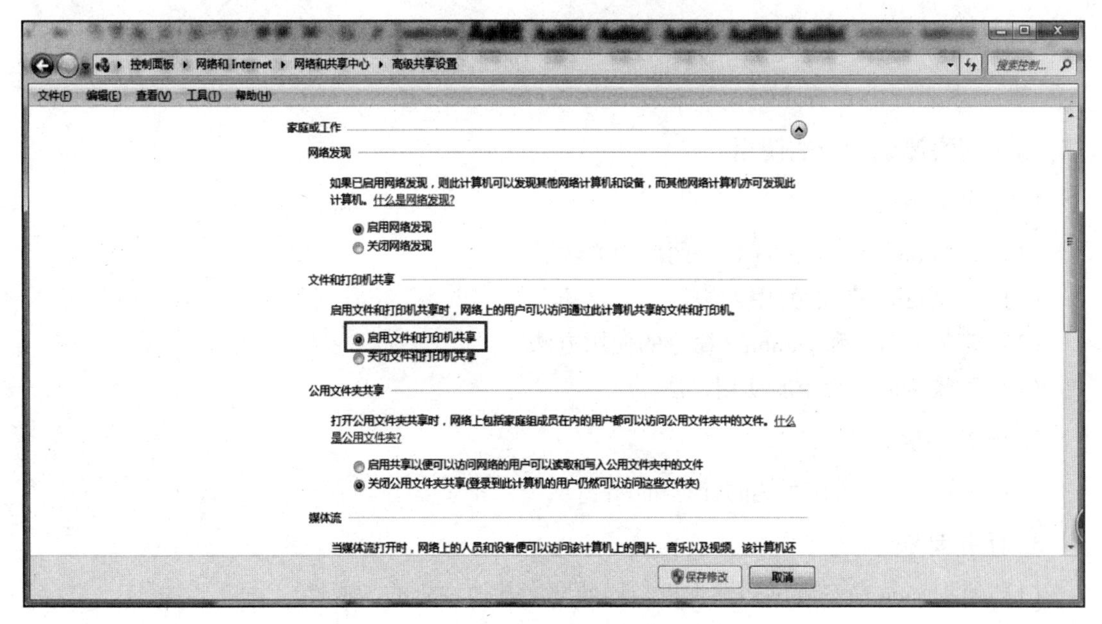

图 11－11　启用文件和打印机共享

（2）排除方法。

在本机上安装"Microsoft 网络上的文件与打印机共享 "服务，并对该服务进行选择。以 Windows 7 操作系统为例，选择"开始"→"控制面板"命令，打开"控制面板"窗口，单击"网络和 Internet"超链接，打开"网络和 Internet"窗口，单击"网络和共享中心"超链接，打开"网络和共享中心"窗口，"本地连接"→"属性"。查看是否有"Microsoft 网络上的文件与打印机共享 "选项，如果没有则单击下方的"安装"按钮进行安装；如果有，则确保已经选中。

启用网络发现功能。以 Windows 7 操作系统为例，选择"开始"→"控制面板"命令，打开“控制面板”窗口，单击“网络和 Internet”超链接，打开“网络和 Internet”窗口，单击“网络和共享中心”超链接，打开“网络和共享中心”窗口，单击“更改高级共享设置”超链接，打开“高级共享设置”窗口，选中“启用网络发现”单选按钮。

启用文件和打印机共享。以 Windows 7 操作系统为例，选择“开始”→“控制面板”命令，打开“控制面板”窗口，单击“网络和 Internet”超链接，打开“网络和 Internet”窗口，单击“网络和共享中心”超链接，打开“网络和共享中心”窗口，单击“更改高级共享设置”超链接，打开“高级共享设置”窗口，选中“启用文件和打印机共享”单选按钮，如图 11 – 11 所示。

5. 系统网络属性设置完毕后，客户端连网速度变慢

（1）故障分析：可能是在本地连接属性中的 TCP/IP 中设置其 IP 地址获取方式为“自动获取”。当客户端每次启动时需要搜索当前网络中的 DHCP 服务器，从服务器地址池获取自己的 IP 地址，导致连接网络的速度变慢。

（2）排除方法：将客户端 IP 地址的获取方式改为手动指定 IP 地址。

11.2 实训任务

常用网络测试命令的使用

1. 任务目标

（1）掌握 ping 和 ipconfig 命令的使用方法。

（2）掌握 arp 命令的使用方法。

（3）掌握 tracert 和 pathping 命令的使用方法。

（4）掌握 netstat 命令的使用方法。

2. 任务环境

安装 Windows 7 操作系统的计算机 1 台。

3. 任务要求

（1）使用 ping 命令测试当前主机与局域网中其他主机的连通性。

（2）使用 ping 命令测试当前主机与百度网站的连通性。

（3）使用 ipconfig 命令查看当前主机的网络属性。

（4）使用 arp 命令查看当前主机的 ARP 缓存情况。

（5）使用 tracert 命令测试当前主机到百度网站的路径。

（6）使用 pathping 命令测试当前主机到百度网站之间跃点数的情况。

（7）使用 netstat 命令查看当前主机的网络连接情况。

练习题

一、填空题

1. ________命令可以用来测试两台主机的连通性。

2. ping 命令是利用回应请求/应答________报文来测试目的主机或路由器的可达性的命令。

3. 实现释放所有适配器或特定适配器的 IPv4 地址的命令是__________。

4. ARP 命令的作用是____________________。

5. ________是一个路由跟踪工具，可以确定可能导致网络问题的路由器或链接。

二、选择题

1. 正常运行的网络出现故障时，首先应该采取的行动是（　　）。

A. 重现故障　　B. 发现故障　　C. 定位故障　　D. 排除故障

2. ping 127. 0. 0. 1 通常用来（　　）。

A. 测试本机网卡是否正常工作　　B. 测试本机 TCP/IP 是否正常运行

C. 测试 DNS 是否设置正确　　D. 测试本机到网关的连通性

3. 使用 ipconfig 命令查看计算机网络配置信息时，看不到的信息是（　　）。

A. IP 地址　　B. 子网掩码

C. 默认网关　　D. 物理地址

4. 用于获得 IP 数据报访问目标时从本地计算机到目的主机的路径信息的命令是（　　）。

A. ipconfig　　B. tracert　　C. pathping　　D. netstat

5. netstat 命令的功能是（　　）。

A. 显示与 IP、TCP、UDP 和 ICMP 相关的统计信息

B. 解决 NetBIOS 名称解析问题

C. 显示数据包到达目标主机所经过的路径

D. 是一个路由跟踪工具，可以确定可能导致网络问题的路由器或链接

三、简答题

1. 简述排除故障的步骤。

2. 简述采用 ping 命令排除网络故障时的步骤及各步的作用。

3. 简述 tracert 命令与 pathping 命令的区别。

4. 简述网卡不能正常工作的故障原因及排除方法。

5. 简述客户端不能连接网络的故障原因及排除方法。

6. 简述无法在网络上共享文件或打印机的故障原因及排除方法。

四、实训练习

1. 练习目的

（1）掌握排除网络故障的基本步骤。

（2）掌握导致网络故障硬件连接方面的因素。

（3）掌握导致网络故障软件配置方面的因素。

（4）掌握利用网络测试命令来发现网络故障点的方法。

2. 练习环境

安装有 Windows 7 操作系统的计算机 1 台，该计算机通过连接交换机和路由器连接Internet。

3. 练习要求

（1）如果该计算机不能够正常上网，请写出排查网络故障的基本步骤。

（2）如果判定为硬件故障，应检查哪些硬件设备？为排除不同类别硬件故障可采取的措施有哪些？

（3）在排除硬件故障的前提下，要求利用网络测试命令来进行排查网络故障点。如何选择测试命令，排查步骤是怎样进行的？

附录一　练习题参考答案

项目1　初识计算机网络

一、填空题

1. 开放系统互连参考模型（OSI/RM）
2. 计算机　通信
3. 资源　通信
4. 局域网　城域网　广域网
5. 双绞线　同轴电缆　光纤
6. 语义、语法、时序
7. 比特流　帧　分组（包）
8. 交叉线　直通线
9. 光波　光源　光发送机　光接收机

二、选择题

1～5　D　A　B　C　D　6～9　B　B　B　C

项目2　组建小型对等网络

一、填空题

1. 总线型　星型　环型　树状
2. 介质访问控制子层（MAC子层）逻辑链路控制子层（LLC子层）
3. 载波侦听多路访问/冲突检测
4. 中继器　集线器
5. 网桥　交换机

二、选择题

1～5　A　C　A　C　C　6～7　B　D

项目3　组建无线局域网

一、填空题

1. 无线局域网（WLAN）
2. 5 GHz　54 Mbit/s
3. WAN　LAN
4. Ad－Hoc模式　Infrastructure模式
5. 5.5 Mbit/s　11 Mbit/s
6. PCI总线无线网卡　PCMCIA总线无线网卡
7. 数据传输速率　抗干扰
8. 接收器　桥接器
9. 定向天线　全向天线

二、选择题

1～5　A　D　B　A　D　6～10　C　D　D　A　A

项目4　划分网络地址

一、填空题

1. 网络接口层　网际层　传输层
2. SMTP
3. 网络地址　主机地址
4. 32　128
5. 网络
6. 网际协议
7. 子网掩码
8. 单播　组播　泛播

二、选择题

1～5　B　B　D　D　C

6～11　C　B　A　C　B　C

项目5　组建虚拟局域网

一、填空题

1. 数据链路
2. 冲突　广播
3. VLAN　广播
4. system－view　Ctrl＋Z
5. Tab　上下方向键

二、选择题

1～5　A　C　A　B　B

项目6　广域网技术

一、填空题

1. 物理层　数据链路层　网络层

2. 128 Kbit/s
3. 非对称用户线路 1 Mbit/s 8 Mbit/s
4. Telnet rlogin
5. 距离矢量路由选择算法 链路状态路由选择算法

二、选择题

1~6 D C B D D C

项目7 安装 Windows Server 2012

一、填空题

1. 基础版 标准版
2. 1.4 GHz 64 512 MB 32 GB
3. 全新安装 服务器核心安装
4. 6 英文大写字母 英文小写字母 非英文字符
5. 15
6. 重新启动计算机
7. 自动获取 IP 地址 静态 IP 地址
8. 网络发现

二、选择题

1~6 C D B B A D

项目8 Windows Server 2012 R2 中用户和组的管理

一、填空题

1. 域账户 本地账户
2. Administrator Guest
3. Users
4. 英文大小写字母 数字 合法的非字母数字的字符

二、选择题

1~4 A B D C

项目9 配置 Windows Server 2012 R2 网络服务

一、填空题

1. 手工动配 自动分配 动态分配
2. DHCP Discover DHCP Offer DHCP ACK
3. 8 天
4. 递归查询 迭代查询
5. 地域模式 组织模式
6. 主页（首页）
7. 控制连接 数据连接

二、选择题

1~5 C C D B B

项目10 网络安全及防火墙技术

一、填空题

1. 外部环境安全
2. 法律手段 技术手段 管理手段
3. 转发
4. 源 IP 地址 目的 IP 地址 TCP/UDP 的源端口号和目的端口号 协议类型
5. 代理服务器 代理客户
6. 状态连接表
7. 网络层 应用层
8. DMZ（非军事区）

二、选择题

1~5 B D C D B 6~8 A C D

项目11 网络故障的诊断与排除

一、填空题

1. ping
2. ICMP
3. ipconfig/release
4. 用于查看、添加和删除缓存中的 ARP 表项
5. pathping

二、选择题

1~5 A B D B A

附录二　专有名词

A

AP（Access Point）	接入点
ACL（Access Control List）	访问控制列表
Ad – Hoc	点对点模式（无线局域网的互联模式）
ADSL（Asymmetric Digital Subscriber Line）	非对称数字用户线路
ANSI（AMERICAN NATIONAL STANDARDS INSTITUTE）	美国国家标准协会
APIPA（Automatic Private IP Addressing）	自动专用 IP 寻址
APNIC（Asia – Pacific Network Information Center）	亚太互联网络信息中心
Application Layer	应用层
ARCNET	ARCNET 网络（典型的令牌总线网络）
ARP（Address Resolution Protocol）	地址解析协议
ARPA（Advanced Research Projects Agency）	美国国防部高级研究计划署
ARPANET	阿帕网

B

Bluetooth	蓝牙
BSIG（Blueteooth Special Interest Group）	蓝牙特别兴趣小组

C

Cable Modem	线缆调制解调器
CATV（Community Antenna Television）	社区公共电视天线系统（一般指广电有线电视系统）
CCK（Complementary Code Keying）	补码键控
CCU（Communication Control Unit）	通信控制器
CERNET（China Education and Research Network）	中国教育和科研计算机网
CHINANET	中国公用计算机互联网
CHINAGBN（China Golden Bridge Network）	中国金桥网
CNNIC（China Internet Network Information Center）	中国互联网络信息中心
CSMA/CD（Carrier Sense Multiple Access/collision detection）	载波侦听多路访问/冲突检测
CSTNET（China Science and Technology Network）	中国科技网

D

Data Link Layer	数据链路层

DDN（Digital Data Network） 数字数据网
DHCP（Dynamic Host Configuration Protocol） 动态主机配置协议
DMZ（Demilitarized Zone） 非军事区
DNS（Domain Name System） 域名系统
DQDB（Distributed Queue Dual Bus） 分布式队列双总线
DSSS（Direct Sequence Spread Spectrum） 直接序列扩频

E

E - mail 电子邮件
ENIAC（Electronic Numerical Integrator And Computer） 电子数字积分计算机
ETSI（European Telecommunications Standards Institute） 欧洲电信标准化协会

F

FDDI（Fiber Distributed Data Interface） 光纤分布式数据接口
FEP（Front End Processor） 前端处理器
FR（Frame Relay） 帧中继
FTP（File Transfer Protocol） 文件传输协议

G

Gateway 网关
Gopher 在 WWW 出现之前，Internet 上最主要的信息检索工具
GPRS（General Packet Radio Service） 通用分组无线服务
GSM（Global System for Mobile Communications） 全球移动通信系统

H

HomeRF 家庭射频
HTTP（HyperText Transfer Protocol） 超文本传输协议
Hub 集线器
Hypermedia 超媒体
Hypertext 超文本

I

IANA（The Internet Assigned Numbers Authority） 互联网数字分配机构
ICMP（Internet Control Message Protocol）Internet 网际控制报文协议
ICP（Internet Content Provider） Internet 内容服务商
IEEE（Institute of Electrical and Electronics Engineers） 电气和电子工程师协会
IETF（The Internet Engineering Task Force） 国际互联网工程任务组
IIS（Internet Information Services） Internet 信息服务
InterNIC（Internet Network Information Center） 国际互联网络信息中心

IPAddress（Internet Protocol Address）　网际协议地址
IP（Internet Protocol）　网际协议
IPAM（IP Address Management）　IP 地址管理
IPv6（Internet Protocol Version 6）　互联网协议第六版
ISCSI（Internet Small Computer System Interface）　Internet 小型计算机系统接口
ISDN（Integrated Services Digital Network）　综合业务数字网
ISO（International Organization for Standardization）　国际标准化组织
IVD LAN　综合声音数据的局域网

L

LAN（Local Area Network）　局域网
LLC Logical Link Control　逻辑链路控制子层
LPT（Line Print Terminal）　打印终端
LSA（Link – State Advertisement）　链路状态广播

M

MA（Multiple Access）　多路访问
MAC（Medium Access Control）　介质访问控制
MAN（Metropolitan Area Network）　城域网
MIB（MIB，Management Information Base）　管理信息库
MIMO（Multi Input Multi Output）　多输入多输出
Modem　调制解调器

N

Network Layer　网络层
NFS（Network File System）　网络文件系统
NIC（Network Interface ontroller）　网络接口控制器
NIC（Network Interface Card）　网卡
NIC（Network Information Center）　网络信息中心
NII（National Information Infrastructure，NII）　国家信息基础设施
NNTP（Network Message Transfer Protocol）　网络信息传送协议
NVT（Network Virtual Terminal）　网络虚拟终端

O

ODX（Open Diagnostic Data Exchange）　开放式诊断数据交换
OFDM（Orthogonal Frequency Division Multiplexing）　正交频分复
Omni – direction　全向
OSI/RM（Open System Interconnect/ Reference Model）　开放系统互连参考模型

P

PBCC（Packet Binary Convolutional Code）　分组二进制卷积码

Physical Lay 物理层
POP3 Post Office Protocol - Version 3 邮局协议版本 3
Presentation Layer 表示层
PSTN（Public Switched Telephone Network） 公共交换电话网

R

RARP（Reverse Address Resolution Protocol） 逆向地址转换协议
RFC（Request For Comments） 请求评论（是一系列以编号排定的文件，包含了关于 Internet 的几乎所有重要的文字资料）
RIP（Routing Information Protocol） 路由信息协议
Router 路由器
RTT（Round - Trip Time） 往返时延

S

SAGE（Semi - Automatic Ground Environment） 半自动地面防空系统
SDH（Synchronous Digital Hierarchy） 同步数字体系
Session Layer 会话层
SMTP（Simple Mail Transfer Protocol） 简单邮件传输协议
SNA（Systems Network Architecture） 系统网络体系结构
SNMP（Simple Network Management Protocol） 简单网络管理协议
SONET（Synchronous Optical Network） 同步光纤网络
Spread Spectrum Communication 扩展频谱通信
SSL（Secure Sockets Layer） 安全套接层
STP（Spanning Tree Protocol） 生成树协议
STP（Shielded Twisted Pair） 屏蔽双绞线

T

TCP（Transmission Control Protocol） 传输控制协议
TCP/IP（Transmission Control Protocol/Internet Protocol） 传输控制协议/网际协议
TDMA（Time Division Multiple Access） 时分多址
Telnet 远程登录
Token Bus 令牌总线
Token Ring 令牌环

U

UDP（User Datagram Protocol） 用户数据报协议
Uni - direction 定向
URL（Uniform Resource Locator） 统一资源定位符
UTP（Unshielded Twisted Paired） 非屏蔽双绞线

V

VLAN（Virtual Local Area Network）	虚拟局域网

W

WAIS（Wide Area Information System）	广域信息查询系统
WAN（Wide Area Network）	广域网
WLAN（Wireless Local Area Network）	无线局域网
WWW（World Wide Web）	万维网

参考文献

[1] 严争，疏凤芳. 计算机网络基础教程 [M]. 4版. 北京：电子工业出版社，2017.
[2] 谢希仁. 计算机网络 [M]. 7版. 北京：电子工业出版社，2017.
[3] 王协瑞. 计算机网络技术 [M]. 4版. 北京：高等教育出版社，2018.
[4] 杨明福. 计算机网络原理 [M]. 北京：经济科学出版社，2007.
[5] 刘敬贤，高静，周建坤. 网络设备配置项目教程 [M]. 北京：清华大学出版社，2015.
[6] 杨云，杨欣斌. 计算机网络技术与实训 [M]. 3版. 北京：中国铁道出版社，2014.
[7] 刘丹宁，田果，韩士良. 路由与交换技术 [M]. 北京：人民邮电出版社，2017.
[8] 黄林国，章仪. 网络安全技术项目化教程 [M]. 北京：清华大学出版社，2012.